河蟹栖息处

河蟹室内育苗

河蟹育苗大棚

2   河蟹交配

抱卵蟹

蟹苗捕捞

3

蟹苗出售

4

商品蟹之一

河蟹增养殖技术

张列士 李 军 编著

金盾出版社

内 容 提 要

本书由上海市水产研究所研究员张列士等编著。内容包括:河蟹的生物学特性,河蟹的自然繁殖和生态习性,蟹苗资源及开发利用,河蟹人工育苗,蟹种培育,商品蟹养殖,河蟹疾病的防治。这是笔者收集大量资料并结合自己几十年的科研、教育和生产实践经验编写而成。内容丰富,技术先进,可操作性强。适于河蟹养殖单位、养蟹专业户人员阅读,也可供水产科技工作者和有关院校师生参考。

图书在版编目(CIP)数据

河蟹增养殖技术/张列士等编著.—北京:金盾出版社,2002.6

ISBN 978-7-5082-1942-4

Ⅰ. 河… Ⅱ. 张… Ⅲ. 养蟹-淡水养殖 Ⅳ. S966.16

中国版本图书馆 CIP 数据核字(2002)第 020924 号

金盾出版社出版、总发行

北京太平路 5 号(地铁万寿路站往南)

邮政编码:100036 电话:68214039 83219215

传真:68276683 网址:www.jdcbs.cn

彩色印刷:北京 2207 工厂

黑白印刷:北京金盾印刷厂

装订:科达装订厂

各地新华书店经销

开本:787×1092 1/32 印张:11.875 彩页:4 字数:262 千字

2009 年 6 月第 1 版第 5 次印刷

印数:22001—30000 册 定价:19.00 元

(凡购买金盾出版社的图书,如有缺页、
倒页、脱页者,本社发行部负责调换)

目　　录

前　言

　　《河蟹增养殖技术》一书终于出版了。本书属科普性读物，融应用性、趣味性和技术性于一体，目的是让广大养蟹专业户从中汲取先进的养蟹技术和可操作性的增养殖工艺，达到发家致富；让广大青少年读者在览阅后增进对河蟹增养殖的生物学知识，促进热爱大自然和热爱生物学；让广大水产科技工作者在参阅后丰富河蟹增养殖的基础知识，以利于水产科学、教育和技术的推广。

　　本书共分七章，约 26 万余字。包括河蟹的生物学特性，河蟹的自然繁殖和生态习性，蟹苗资源及开发利用，河蟹人工育苗，蟹种培育，商品蟹养殖和河蟹的疾病防治等。

　　本书在编著过程中，作者收集了国内外近百部（篇）有关这方面的资料，并结合自身 30 余年来从事河蟹增养殖方面的科研、教育、生产和开发等方面的知识和经验编写而成，对列入本书作为主要参考资料的各师辈和朋辈所给予的支持谨表谢意。

　　本书由张列士主编，李军合编疾病防治部分及负责设计和参绘全部墨线图。

　　书中涉及有关传统性理论或见解的商榷，有唐突和不妥之处请批评指正。

编著者

2001 年 11 月

第一章　河蟹的生物学特性

一、河蟹的分类地位和地理分布

(一)河蟹的分类地位

河蟹学名中华绒螯蟹(*Eriocheir sinensis*)。在动物分类字上属节肢动物门,甲壳纲,软甲亚纲,十足目,爬行亚目,方蟹科的绒螯蟹属。因此它具有上述分类归属上所包容的形态特征。

节肢动物是动物界中庞大的一门,共约计 675 000 种,其中仅甲壳纲共约 27 000 种,内包括软甲亚纲 18 000 种,十足目接近 9 000 种,爬行亚目共约 6 000 种,短尾族共约 4 500 种,方蟹科约 250 种。蟹类全世界共 40 科,方蟹科是蟹类(短尾类)中的一个大科,共 40 属,占整个蟹类数量的 1/18。

我国蟹类共约 600 种,占全世界数量的 2/15。根据它们的系统发育,在现代分类上隶属 4 个类群,即蛙蟹类、绵蟹类、尖口类和方口类。绝大多数的蟹类生活在海洋中,小部分生活在半咸水中,少数的如河蟹在淡水中生长肥育,但它们要到河口浅海的半咸水中去繁育。更有少数的蟹类如溪蟹能终生生活在淡水中,它们是传播肺吸虫的中间宿主,不宜生食。

绒螯蟹属在方蟹科中是一个小属,共 4 种,河蟹仅是这个属中的一个种。但由于这些近缘的属种其外部形态比较相似,在沿海地区购买天然蟹种时,买方常常容易误以为这是河蟹种从而使养殖商品蟹的生产者受骗上当,经济上蒙受损失。因正确鉴别这些种间的形态特征,需要应用分类学上的一些术语和专有名词,故本书将这部分内容在编次上放在河蟹形态特征的描述之后,以利这项技术的掌握。

(二)河蟹的地理分布

1. **国内分布** 河蟹在我国分布很广。按传统的报道,在沿南北海岸线的纬度方向上,从渤海湾北部(北纬42°)的鸭绿江口起直到福建省中部(北纬27°)的九龙江止都有它的踪迹。河蟹在东西经度方向上可纵深入内陆水系,其纵深程度与所在水系中河蟹的资源量和水系长度流程有关,从长江口数起达1 500公里。三峡口以上因水流湍急,河床比降大,由河口上溯呈塔形轨迹分布的河蟹,因密度锐减而断其踪影。

河蟹在我国的分布,就其资源量来说,以长江水系为最大。

近30年来,随着对我国沿海各地河蟹苗放流的兴起,使许多原来无河蟹分布的沿海省份或地区出现了新的分布区,如福建省以南各水系及珠江口,在20世纪70~80年代已成为河蟹新的分布区。目前,一般认为我国河蟹的自然分布从冰雪严寒的鸭绿江起可直到广西北部湾与越南交界处的河口水系。从福建南部沿海直至广西北部湾,除内陆水域外,有河蟹新的自然分布区的证实,是30余年来广大水产科技工作者和渔业生产者通过不断调查,不断在沿海水系移植放流蟹苗的结果。

2. **国外分布** 河蟹原产亚洲东部,主要分布区以中国为中心,除我国邻邦朝鲜和越南等国外,目前整个欧洲的大部分地区,包括莱茵河、威悉河、易北河、奥德河、泰晤士河等欧洲著名的河流均有其踪迹,并且已形成从数十吨到数百吨不等的年捕捞量的资源水平。

河蟹从亚洲东部向欧洲分布的历史,一般认为始于 20 世纪初。

河蟹从亚洲移植到北美洲的可靠依据是在 20 世纪的 60~70 年代,当时在美国底特律河和伊利湖(Lake Erie)均捕到了河蟹。

非洲、南美洲、澳洲、南极洲因气候条件和地理隔离等原因,迄今尚未有河蟹分布的报道。

二、河蟹的外部形态和内部结构

(一)河蟹的外部形态

河蟹体平扁,头部和胸部愈合成头胸部,腹部向后下方卷折,覆盖在头胸部的腹甲下方,头部原为 6 节,因第一节已愈合退化,故剩 5 节。胸部 8 节,腹部 7 节,共 20 节。除腹部外,各体节均有一对附肢伸出,行感觉、取食、行动(爬行、游泳)和生殖等功能,包括味觉、触角 2 对,口器 6 对,步足 5 对和生殖肢 2(雄蟹)~4(雌蟹)对等,这样河蟹的体躯共 20 节,总共有 15(雄蟹)~17(雌蟹)对附肢(图 1-1)。

1. **头胸部** 河蟹头胸部在背方外披几丁质的外骨骼,称头胸甲。头胸甲近方形或亚圆形,由前缘、后缘和左右侧缘所组成。额齿左右为眼眶,眼眶外为左右眼齿(第一侧齿),并以此为界向后折向下方为左右侧缘,其上各具 4 齿,内以第一侧齿(眼齿)最大,第四侧齿最小。自第四侧齿起左右侧缘向内侧靠拢,称后侧缘。后侧缘边缘厚而光滑无齿,直达左右后侧

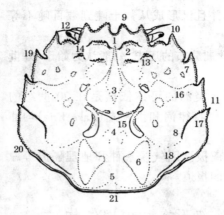

图 1-1 头胸甲背面观

1. 额区　2. 额后区　3. 胃区　4. 心区

5. 肠区　6. 三角瓣　7. 肝后叶　8. 鳃区

9. 内外额齿　10. 第一侧齿　11. 第四侧齿

12. 眼　13. 前胃叶　14. 瘤状突　15. 颈沟

16. 第一龙骨脊　17. 第二龙骨脊

18. 第三龙骨脊　19. 前侧缘

20. 后侧缘　21. 后缘

角,与后缘相接,因此整个河蟹的头胸甲外形实似六边形。

河蟹头胸甲的上述额缘和左右侧缘,向下包裹着整个头胸部的体躯部分,使头胸甲形成一个兜状物,称蟹兜。

头胸甲正面形似锅底,背部隆起,具许多凹凸不平的脊、叶、沟及穴。

河蟹头胸甲腹面为由一块坚硬的几丁质甲壳构成的腹甲所覆盖。腹甲由 7 节组成,前三节已愈合为一节,属于第二至四胸节。后四节为第五至八胸节,各节之间的接缝线明显。腹甲中央部分因骨片愈合而消失了接缝线,变成一个浅凹的骨甲,称为腹甲沟,使弯曲的腹部可嵌入其中。在腹甲四周外侧的节与节之间交界处,左右各具 4 块外腹甲(副甲),用来支撑四对步足的自重。主腹甲四周密生绒毛(图1-2)。

2. 腹部　河蟹腹部俗称蟹脐。雌雄异形,外形平扁而退化,共 7 节。其中雌蟹性成熟后腹部为圆形,称圆脐(团脐)。雄蟹腹部钟形(狭长三角形),称长脐(尖脐)。河蟹在性成熟

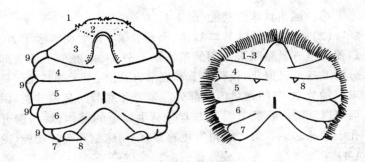

图 1-2　腹甲（仿）

左:雄蟹　右:雌蟹　1～7.节轮　8.生殖孔　9.外腹甲

过程中,雄蟹腹部外形不变。雌蟹在幼蟹阶段为两侧边不内凹的塔形或狭长三角形,而在以后逐渐发育过程中,特别是第三至六节不断向两侧膨扩,整个腹部由卵圆形、亚圆形直到圆形(图 1-3)。

3. 附　肢

（1）第一对附肢（第一触角、小触角）

着生在额缘下方、口盖线上方的两眼之间,双肢型。基部为原肢部分,由亚基节、基节和底节构成。亚基节短而扁,略成三角形,内有平衡囊。

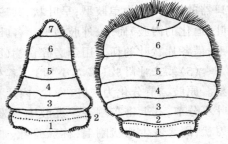

图 1-3　腹部（仿）

左:雄蟹　右:雌蟹　1～7.腹节

顶部(即原肢的底节以上)为"Y"形的分叉部分,由内鞭和外鞭(内外肢)组成。内鞭细小分节呈鞭状,上具少数感觉毛。外鞭宽而扁平,基部不分节而顶部分节,其内侧面有许多感觉毛。第一触角具味觉功能(图1-4)。

(2)第二对附肢(第二触角、大触角) 着生在额缘下方、口盖线上方紧靠两眼之间的第一触角外侧,单肢型。原肢部分的亚基节已退化,仅具基节和底节,由此向上无外肢而仅具末端约分20节的鞭状内肢部分。基节和底节间有关节膜,因而可以活动。在关节膜下方有一丛生短毛的盖体,触角腺开孔于毛丛之下。第二触角为化感器官,司味觉和嗅觉功能(图1-4)。

(3)第三对附肢(大颚) 大颚组成河蟹的第一对口器,合围在口的两侧,为单肢型,主要由原肢及其内叶(肢)构成,外肢退化,由大颚突、咀嚼板和大颚须等三部分组成。大颚突着生肌肉,后两部分内缘锋利,用来切割和磨碎食物,为研磨食物的主要器官(图1-4)。

(4)第四对附肢(第一小颚) 着生在口部周围,组成河蟹口器的一部分,为单肢型,呈叶状,共三片,构造上由原肢和内叶(退化的内肢)而来,外肢消失。各叶各不分节,周缘着生刚毛,借各片状叶的切割用于磨碎食物(图1-4)。

(5)第五对附肢(第二小颚) 着生在口器周围,为双肢型。原肢二节分化为二叶(中片、内片)。内肢成为小颚须,各叶不分节,其上密布刚毛。外肢十分发达,大而扁平,形似镰刀状,周缘着生羽状刚毛,称颚舟叶。颚舟叶伸入鳃腔,划动时,促使水流动,可帮助鳃部加速气体交换,因此也称呼吸板(图1-4)。

(6)第六至八对附肢(第一至三颚足) 颚足构成河蟹口器的后半部分,属胸部的第一至三对附肢。外形相似,体积逐次增大,均为双肢型。颚足在原肢部分仅保留基节和底节,在原肢以上为内外肢。内肢在第一颚足仅分化为内肢第一节和

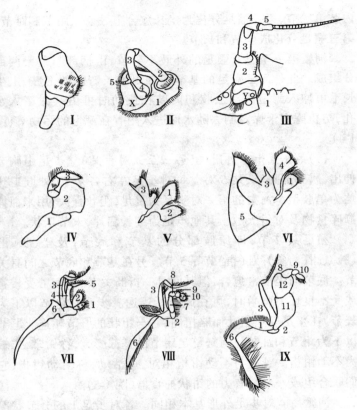

图1-4 从河蟹头胸部解剖下来的眼、触角和肢体(仿)

Ⅰ.眼　Ⅱ.第一触角(X表示平衡器　1.亚基节　2.基节　3.底节
4.外鞭　5.内鞭)　Ⅲ.第二触角(Y表示排泄孔外的盖片　1.基节
2.底节　3.内肢第一节　4.内肢第二节　5.内肢第三节)　Ⅳ.大颚
(1.大颚突　2.咀嚼板　3.大颚须)　Ⅴ.第一小颚(1.中片　2.外片
3.小颚须)　Ⅵ.第二小颚(1.中片　3.小颚须　4.内片　5.颚舟叶)
Ⅶ~Ⅸ.第一至第三颚足(1.基节　2.底节　3.外肢　4.内肢第一节
5.内肢第二节　6.上肢　7.坐长愈合节　8.胫节　9.跗节
10.趾节　11.坐节　12.长节)

内肢第二节,第二颚足分化为坐长愈合节、胫节、跗节和趾节,第三颚足分化成坐节和长节。

河蟹第一至三对颚足的外肢不分节,由柄部与节鞭两部分组成。此外河蟹颚足的基节还伸出细长弯曲的上肢,上生长毛可伸入鳃室内。上肢和内肢在拨动时可借其封堵入水孔,防止鳃室干燥及刷去随水而进入附着在鳃上的污物等(图1-4)。

(7)第九至十三对附肢(第一至五对步足) 步足由胸节伸出,属胸部附肢,共5对。每对步足左右各7节,外肢退化均为单肢型。河蟹的第一对步足为螯足,粗壮强大,用来抓捕撕碎食物及对付天敌。其他步足为细长扁片,末节爪状。

螯足共7节,即原肢部分的基节和底节,及坐、长、胫(腕)、跗(前掌)、趾(指)节等5节。另在基节和底节之间具关节。底节与坐节常愈合,但其间具一折断关节,当河蟹受侵害或受不良环境刺激时,可在此折断逃逸。步足在坐节以下为长节,在螯足以上粗壮而略扭曲,它与粗壮的胫节相连。胫节以下为跗节和趾节。河蟹螯足跗节的基部膨大,称钳掌,末端为不动钳指。趾节与不动钳指相对,可活动,称活动钳指,它们联合组成一对强有力的钳状捕食器(图1-5)。

河蟹后4对步足外形基本相同。各对步足上的分节状况与螯足相似,仅形态上的差异。第二至五对均较平扁细长,内以坐节最短,长节扁平最长。胫节、跗节亚圆柱形,略短,其上外侧分布致密刚毛。趾节坚硬,色略淡,尖爪状,其上无刚毛(图1-5)。

(8)第十四至十七对附肢(生殖肢)

①雄性生殖肢(第十四至十五对附肢) 雄性生殖肢共两对,着生在第十四至十五对体节(即第一至二对腹节)上,腹部

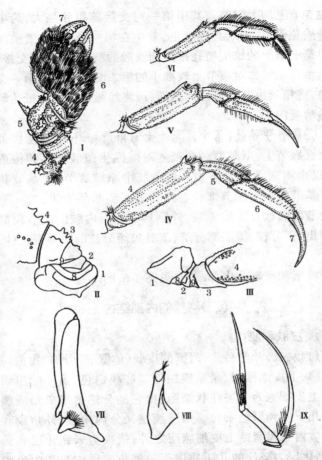

图 1-5　河蟹的胸肢与腹肢(仿)

Ⅰ. 螯足　Ⅱ. 螯足的基部(1. 底节　2. 基节　3. 坐节　4. 长节　5. 腕节
6. 掌节及不动指　7. 指节[可动指]　8. 关节　9. 折断关节)

Ⅲ. 第二步足的基部　Ⅳ. 第三步足(1. 底节　2. 基节　3. 坐节　4. 长节
5. 腕节 6. 前节　7. 指节　8. 关节　9. 折断关节)　Ⅴ. 第四步足
Ⅵ. 第五步足　Ⅶ. 雄性第一腹肢　Ⅷ. 雄性第二腹肢　Ⅸ. 雌性腹肢之一

其他 5 节上均无附肢。其中第一对交接器粗壮强大，为中空的骨质化管道，末端具感觉毛，着生在第一腹节上，繁殖时由腹甲第七节上的雄生殖孔排出椭圆形的精荚，输送入交接器，然后由位于第二对腹节上较细小的第二交接器伸入第一交接器内，将精荚由基部输送到顶端，最终经雌性生殖孔抵达雌蟹的纳精囊内。

②**雌性生殖肢（第十四至十七对附肢）** 位于雌蟹腹部第二至五腹节上，双肢型。河蟹 4 对雌性生殖肢外形和构造相似，仅由前向下逐对缩小。生殖肢中原肢 2 节，即基节和底节。基节短小而底节细长。外肢由底节基部发出，为一不分枝分节的弧状几丁质骨条，外侧具刚毛。内肢由底节顶部向上伸出，不分枝，但底部分节，上具短而分枝的附卵刚毛（图 1-5）。

雄蟹和雌蟹的内部结构，见图 1-6，图 1-7。

（二）河蟹的内部结构

1. 皮肤和肌肉

（1）**皮肤（外骨骼）** 河蟹的皮肤（体壁、外骨骼）由内向外分底膜、上皮细胞层、角质膜层等。底膜白色，由结缔组织组成。上皮细胞为一层柱状细胞，由它的分泌物形成角质膜层及其几丁质和黑色素粒。角质膜层又分内角膜、外角膜和上角膜。内角膜紧贴上皮细胞层之外，依次为未钙化层和钙化层，钙化层为坚硬的几丁质甲壳。外角膜层构造和内角膜层相似，其上具大量黑色素颗粒。上角膜直接与外界接触，含类脂和蜡质，不亲水，无几丁质，但有钙盐沉积。甲壳有保护和支撑体躯，用来附着内脏器官及牵引肌肉运动等作用（图 1-8）。

图 1-6 雄蟹的内部结构

1. 胃 2. 胃前肌 3. 胃后肌 4. 触角腺 5. 肝胰脏 6. 鳃 7. 精巢

8. 贮精囊 9. 副性腺 10. 三角瓣 11. 内骨骼肌 12. 中肠

13. 后肠 14. 肛门 15. 生殖乳突

　　(2)肌肉　河蟹的肌肉主要为横纹肌,它被包容在外骨骼内,包括头胸部肌肉的大部分和附肢肌肉的全部,是河蟹主要

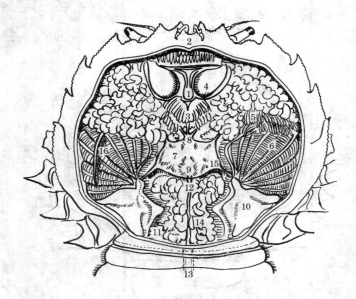

图 1-7　雌蟹的内部结构

1. 胃　2. 胃前肌　3. 胃后肌　4. 触角腺　5. 肝胰脏　6. 鳃

7. 心脏　8. 前大动脉　9. 后大动脉　10. 三角瓣　11. 内骨骼肌

12. 中肠　13. 后肠　14. 卵巢　15. 韧带　16. 第一颚足上肢

的可食部分。此外为平滑肌(消化道、血管、生殖系统)和心脏肌(心脏,图1-8)。横纹肌为随意肌,可由河蟹通过脑、腹神经团等神经系统主动支配。平滑肌和组成心脏部位的横纹肌为非随意肌,即不受动物的主动意志所支配。这些肌肉均着生和包埋在河蟹外骨骼内或相连在内骨骼上,在神经和感觉系统的控制下用来对环境变化所作的应答作用。

2. 消化系统　河蟹的消化系统包括消化道和消化腺。消化道自口部起相继为食道、胃、肠(中肠、后肠)、肛门等。主要消化腺为肝脏(也称肝胰脏),但胃、肠中也有消化液分泌。

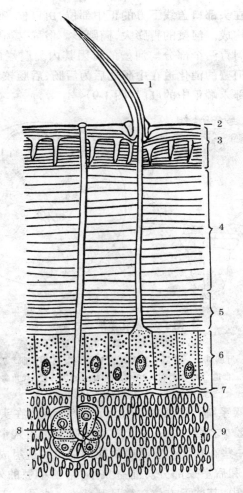

图 1-8 河蟹体壁及肌肉结构模式图

1. 刚毛 2. 上角膜 3. 外角膜 4. 钙化层 5. 非钙化层

6. 上皮细胞层 7. 底膜 8. 皮肤腺 9. 肌肉

口部着生在头部口盖线下方的正中部位,由口框、咽和第三至八对附肢构成。河蟹的胃膨大,椭圆形。俗称"蟹和尚",分贲门胃和幽门胃两个部分。河蟹的胃因其内为腐烂的食糜,不可食用。河蟹的消化道在中肠之后为后肠,后肠较粗厚,末端开口在腹部末端正中的肛门(图1-9)。

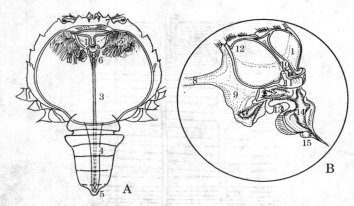

图1-9 消化系统模式图

A. 消化道和肝胰脏 B. 胃(放大)

1. 胃 2. 肝胰脏 3. 中肠 4. 后肠 5. 肛门 6. 胃后肌 7. 胃前肌

8. 食道 9. 贲门胃 10. 背齿 11. 侧齿 12. 触角腺

13. 幽门瓣 14. 幽门胃, 15. 肝管入口

3. 呼吸系统 河蟹的呼吸器官为鳃,着生在头胸甲背方胃区和心区左右两侧的下方。整个呼吸系统由入水孔、鳃室、出水孔及一些在功能上有呼吸机能的附属构造组成。鳃室分前室、中室和后室三部分。前室狭小,第二小颚的外肢(颚舟叶)位于其内,其前下方位在螯足基部为入水孔。入水孔的边缘密生刚毛。出水孔位在第二触角基部下方,孔的四周也密生刚毛。鳃中室膨大,由左右6对叶鳃组成。十足目的鳃为

叶鳃、丝鳃或树鳃。河蟹的鳃为叶鳃,每对叶鳃中空,叶状排列,尖端(鳃叶尾部)向着头胸部的中央。每对叶鳃由鳃轴、入鳃血管、出鳃血管和鳃叶构成。每对叶鳃多褶皱。鳃后室有一对由围心膜延伸而成的结缔组织三角瓣,其厚度随不同生长季节而异,幼蟹时较薄,性成熟时较厚(图1-10)。

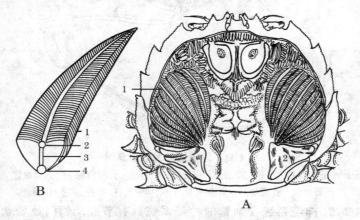

图1-10 河蟹呼吸系统模式图

A.鳃器官结构 (1.鳃 2.三角瓣) B.鳃叶结构

(1.鳃叶 2.入鳃血管 3.鳃轴 4.出鳃血管)

4.循环系统 河蟹的循环系统由心脏→动脉→血腔→血窦→入鳃血管→出鳃血管→鳃静脉→围心窦组成。河蟹的心脏长方形,位于头胸部中央的背部,共有背心孔2对和腹心孔1对。动脉有7条,不断分支,最终到按一定部位分布的血腔中。血腔和血窦没有外壁,而是比较致密的结缔组织结构(图1-11)。

河蟹的血液由血浆和血细胞组成,血细胞包括透明细胞及颗粒、半颗粒和血蓝细胞,它们都能合成血浆中的血蓝素。

血蓝素是一种含铜的无色色素,其铜经氧化成离子状态时,呈淡蓝色,因此河蟹的血液非红色。

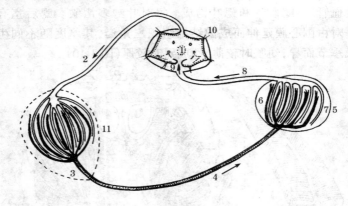

图 1-11   河蟹循环系统示意图

1.心脏 2.前大动脉 3.血腔和腹血窦 4.静脉 5.叶鳃腔 6.入鳃血管
7.出鳃血管 8.鳃静脉 9.围心窦 10.靱带 11.血腔、血窦内动静脉

5.神经系统   河蟹的神经系统具有节肢动物门原始状态的印证,基本上呈梯形排布,每体节具 1 个神经节,但高度集中。中枢神经的前端为脑,由头部 3 节组成 1 个食道上神经节,位在食道之前。其中由前脑顶体的一对神经节发出二对神经构成视神经和动眼神经;中脑第一触角神经节发出一对嗅神经和皮肤神经;后脑由第二触角神经结发出一对围食道神经,并与腹神经链相连。腹神经链由原有两条平行的神经干互相靠拢而成,在腹部中央的心脏下方高度集中形成一个中间留有小孔、膨大的腹神经团(图 1-12)。河蟹的脑和腹神经团又向外周发出十分复杂的外周神经。

6.感觉器官   河蟹具视觉、味(嗅)觉和触觉器官,它们各自独立,不构成完整的感觉系统。

· 16 ·

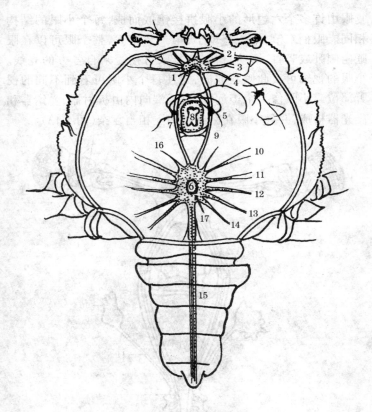

图 1-12　神经系统模式图

1.脑　2.触角神经　3.视神经　4.皮肤神经　5.食道下神经

6.胸动脉　7.围食道神经　8.食道　9.梯形神经(腹神经链)

10.螯足神经　11～14.第二至第五步足神经　15.腹神经索

16.至口器神经　17.腹神经节

(1)视觉器官　河蟹的视觉器官为一对复眼,位于前额缘
两侧的眼眶内,由眼柄及其顶端呈半球状突出的眼体构成。

复眼由许多个六边形的小眼拼接镶嵌而成,每个小眼的结构相同。眼柄二节,第一节短小,第二节粗大,整个眼可以在眼眶内侧卧或竖直,活动自如,使复眼可接受来自各方的光线。小眼的视轴可彼此倾斜取向,这使每个小眼可看到不同的视野部位。小眼像一个望远镜,自远端向内由折射器、受纳器和反光器构成,并且小眼在微细结构上相当复杂(图 1-13)。

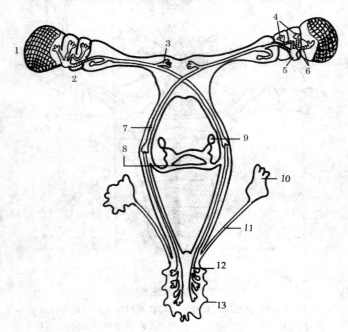

图 1-13 眼和内分泌模式系统(仿)

1. 复眼 2. 视觉叶 3. 脑 4. 神经分泌细胞(X 器官)

5. 窦腺 6.X 器官-窦腺束 7. 围食管连索 8. 食管后连合

9. 后连合器官 10.Y 器官 11. 从食管下神经发出的神经

12. 神经分泌细胞 13. 食管下神经节

(2)味觉　河蟹的大小触角以及口器上的感觉管都具有接触化感的功能。感觉管中空,末端封闭,基部有一群称为感觉纺锤体的神经细胞。其远端伸入嗅毛的末端,近端与嗅神经相连。嗅神经由中脑发出,入第一触角内。

(3)触觉　河蟹头胸部、腹部以及附肢上的刚毛、绒毛、感觉毛均为触角器官,其内布满细胞突起。毛细胞可接受来自各方的机械刺激。它们具神经突起,各与一个感觉神经细胞的末梢相连。河蟹的触觉神经各由脑和腹神经团的相关神经发出抵达各种触觉毛。此外,河蟹还有一对特化的触角器,称平衡囊,位于第一触角基部的亚基节内。

7. 生殖系统　河蟹雌雄异体,其生殖系统在外部形态和内部构造上雌雄蟹各不相同。雌蟹个体较小,螯足绒毛不发达。幼时腹部狭长呈三角形,性成熟时呈圆形。雄蟹个体较大,螯足粗壮,其上绒毛发达,无论幼小或性成熟腹部为狭长三角形。

雌蟹生殖系统由卵巢、输卵管、纳精囊和生殖孔组成。卵巢1对,位于头胸部前背方,左右两叶,呈"H"形,其两侧中部各分出一对输卵管。输卵管外侧有一对膨大的纳精囊。输卵管的后方为雌性生殖孔,开口于腹甲的第五节中部(图1-14)。

雄蟹的生殖系统包括精巢、输精管、副性腺、雄性生殖孔和交接器。精巢一对,后部左右相连,乳白色,其后为输精管。河蟹的输精管由前部弯曲细小的腺质部。其后膨大的贮精囊及后方细而富肌肉的射精管等三部分组成。射精管末端开口于腹甲第七节的两侧。雄性生殖孔上有皮膜隆起构成阴茎(图1-15)。

8. 排泄系统　河蟹的排泄系统为一对触角腺,也称绿腺,外形扁平而呈椭圆形,覆在胃的背部,它由末端囊和排泄

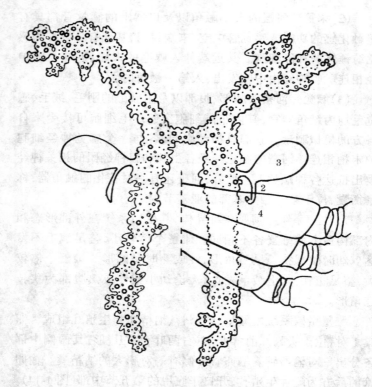

图1-14 雌蟹生殖系统模式图

1. 卵巢 2. 输卵管 3. 受精囊 4. 腹甲第五节

管组成。末端囊球形,它与排泄管连接处为肾口。肾口有漏
斗瓣可阻止排泄物倒流。排泄管弯曲,近端部分膨大成囊,形
成肾迷路。肾迷路构成触角腺周围的腺质部,而后续的部分
排泄管构成中央的髓质部。排泄管远端膨大形成膀胱,经尿
道末端的排泄孔排出。排泄孔位于第二触角基部的陷入口,
外有盖体覆盖着。

9.内分泌系统 所有的神经轴突都能释放兴奋或抑制邻周组织的物质,因此可称神经分泌细胞,它具有分泌激素的功能,或者说是分泌激素的前身物。

对于河蟹能产生激素(内分泌)的非神经组织目前已知的有促雄腺、大颚腺(Y器官)和窦腺(X器官)。

(1)促雄腺 河蟹具促雄腺一对,呈不规则的索状,位于近阴茎基部射精管的外表面。促雄腺由许多实心腺泡组成,以结缔组织膜与射精管相连,其发育过程可分增殖期、合成期和分泌期。其中增殖期多见于黄蟹,此期腺体体积小,腺细胞界线明显,直径 6～8 微米,

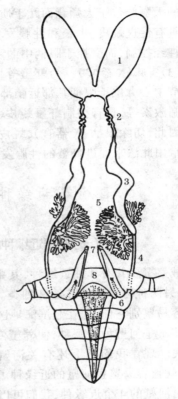

图1-15 雄蟹生殖系统模式图
1.精巢 2.输精管腺质部 3.贮精囊
4.射精管 5.副性腺 6.阴茎
7.生殖孔 8.腹甲第七节

为未聚集形成腺细胞的结构。合成期其腺细胞体积明显增大,直径 9～13 微米,腺体已由典型的腺泡组成。分泌期为完全成熟蜕壳后的绿蟹所具有,促雄腺发育更大。

(2)大颚腺 大颚腺十分相似于昆虫的胸腺或前胸腺。

蟹类的大颚腺位于大颚背面几丁质腱外侧基部。腺体分泌的激素具有促进蜕皮、生长和性腺发育的作用。大颚腺的分泌不受神经控制,而受控于眼柄中的窦腺所分泌的激素。

(3)窦腺(X 器官) 为虾蟹等甲壳动物神经内分泌的主要调节中心。位于眼柄基部近脑部,能释放蜕皮抑制激素、性腺抑制激素等,具有抑制虾蟹蜕皮、生长、性腺发育等生理功能。因此,切除眼柄(X 器官),蜕皮开始,卵巢发育加快。生产上常用此法来促进虾蟹的性腺发育。

三、河蟹近缘种的鉴别

(一)河蟹近缘种的鉴别

绒螯蟹属共有 4 种近缘种,其中两种体型较大的为经济种类,另两种为小型的非经济种类。虽然一般仅从外部形态上就容易鉴别它们,但在赴滨海地区购买蟹种时,也常常会误购某些不是河蟹种的蟹种,使养蟹专业户在经济上蒙受很大的损失。现在我们把上述有关河蟹的形态结构知识作为铺垫,这就很容易鉴别河蟹的近缘种了。

对河蟹的 4 个近缘种,我们可以从体型及个体大小,螯足上绒毛分布区域、范围,步足各节刚毛的分布和趾节形态,额缘锯齿形状及数目,前侧缘锯数量及大小,额后区及前胃区疣状突起的数量等几项特征来鉴别。

1. 河蟹(*Eriocheir sinensis*) 体亚圆形,一般墨绿色或古铜色。个体大,可达 200 ~ 250 克/只,极限大小雌 300 ~ 400 克/只,雄 500 ~ 600 克/只,为本属 4 种绒螯蟹中最具名优经济价值的种类。我国主要分布区从黄海、渤海到广西北部湾沿海河口,向内陆方向可纵深至远离河口 1 500 公里为止。

　　螯足的跗、趾节的内外侧均着生致密的绒毛,步足的胫、跗、趾三节上具刚毛,但跗、趾节背面无一列纵走刚毛,趾节尖爪状。头胸甲的额前缘具 4 枚尖锐的锯齿,中间二锯齿间的缺刻最深,其夹角为小于或等于 90°的锐角或直角。侧缘齿 4 枚,以第一枚眼齿最大,第四侧齿最小。额部后方及前胃区具 6 个疣状突起(图 1-16)。

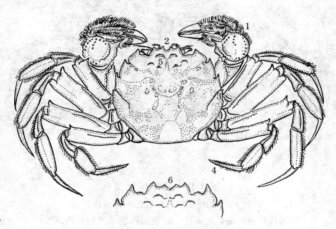

图 1-16　中华绒螯蟹

1. 内外具绒毛的螯肢　2. 尖锐的 4 枚额齿　3. 末齿明显的侧齿 4 枚

4. 爪状的步足末节　5. 6 个疣状突起　6. 南方品系

　　2. 日本绒螯蟹(*E. japonicus*)　体近方形,一般墨绿色。个体较大,为仅次于河蟹的经济种类。主要分布为邻国的海参崴、朝鲜和日本。国内以往资料中其分布区为台湾和福建以南的广东、广西、香港和高纬度区的黑龙江流域等。但近年来部分水产养殖专家对这种分布表示怀疑。是否属实,有待分类学家进一步去证实。

日本绒螯蟹螯足内外侧均着生致密绒毛,步足长、胫、跗、趾节上均分布刚毛,但跗节和趾节背部无一列纵走的长毛。趾节宽扁,桨状而非尖爪状。头胸甲的额前齿4枚,不很尖锐,中间两额齿钝圆,其间的夹角为远大于90°的钝角。侧缘齿3枚,眼齿最大,第四侧齿不明显。头胸甲背方额后仅疣状叶4个,即前胃区内侧的两个疣状突退化(图1-17)。

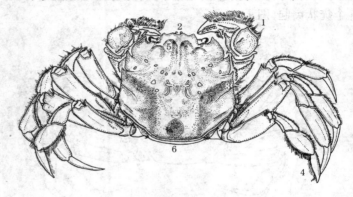

图 1-17 日本绒螯蟹

1. 内外具绒毛的螯肢 2. 较圆钝的4枚额齿
3. 末齿已退化的侧齿4枚 4. 宽扁状的末对步足跗趾节
5. 4个疣状突起 6. 具斑纹斑块的头胸甲

3. 狭额绒螯蟹(*E. leptognathus*) 体近圆形,头胸甲色淡,外观灰白色,为非经济性小型绒螯蟹。分布广,从我国黄海、渤海向南直至广东、广西沿海河口一带均有分布。

螯足仅内侧面具致密绒毛,除步足长、胫、跗、趾4节具刚毛外,在跗节和趾节上也具一列纵走的长毛。最后一对步足的趾节爪状或尖锥状。头胸甲前额缘4枚,额齿及缺刻不明显。前侧缘仅具侧齿3枚,第四齿完全退化。额后只具4个疣状突起,其中两个额后叶,两个前胃叶,即原4个前胃叶内侧的两个疣状突消失(图1-18)。

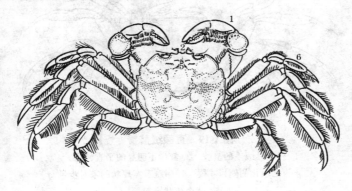

图1-18　狭额绒螯蟹

1.内侧具绒毛的螯肢　2.波浪状的4枚额齿
3.仅3枚侧齿　4.末节爪状的步足
5.4个疣状突起　6.具一列纵列刚毛的第2~3对步足

4.直额绒螯蟹(*E. rectus*)　体亚圆形,头胸甲有不明显隆起,浅灰色,为小型非经济性绒螯蟹。分布区域狭,仅分布广东、台湾一带,生活在沿海浅滩及河口。

螯足仅外侧具致密绒毛。步足刚毛主要分布在长节前侧面,跗、趾节背上无一列纵走的长毛。第四步足末节(趾节)宽扁呈桨状。头胸甲前额缘平直,无额齿和缺刻。前侧缘仅3枚锯齿,第四枚不明显。头胸甲额后区及前胃叶仅4个疣状突起(图1-19)。

(二)不同水系河蟹种群的生态及形态特征

河蟹在我国仅一个种。但近十余年来各地在开发养蟹的生产过程中,常把不同产地出产的河蟹种作为不同的种名(产地种),利用其价格差,标新立异,以假乱真。其中以混淆长江

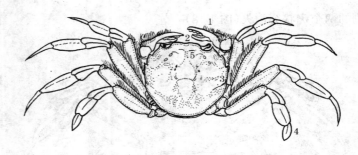

图 1-19　直额绒螯蟹

1. 外侧具绒毛的螯肢　2. 额齿不明显的平直额缘

3. 末齿已退化的侧齿 4 枚　4. 附肢节宽扁状的末对步足

5. 4 个疣状突起

水系、瓯江水系和辽河水系的河蟹种最具代表性。因此对养殖者来说,必须了解和掌握这些水系的河蟹种群生态和形态特征以免上当受骗。

1. 长江水系河蟹生态和形态特征　长江水域水质良好,水温适中,水生植物繁茂,底栖生物资源丰富,成为该水系河蟹优良的栖息和肥育场所。河蟹群体中主要年龄结构为 2 龄群(1^+),少数为当龄群(0^+),其次为 3 龄群(2^+)。其幼苗主要发汛期在 5 月底 6 月初,当龄蟹的性成熟比例低,生长迅速。成蟹汛期高峰在内陆地区为霜降到立冬,河口区为小雪到冬至。从不同时空条件下长江口、湖泊、河流自然增殖河蟹渔获物规格的分析,平均 2 龄蟹为 100～150 克,大规格为 200～250 克。长江水系河蟹 1～3 龄群的比例大致为 5%～10%,65%～70% 和 20%～30%。

长江水系河蟹的头胸甲亚圆形,宽大于长。背甲周围的边缘可分前、侧、后缘,前缘额齿以中间两额齿间的缺刻最深,一般呈"U"字形。前侧缘具 4 枚侧齿,第一枚最大,第四枚最小,与侧缘之间的夹角较其他水系的种群稍大。在体色上背部墨绿色(湖泊)或古铜色(池塘、塘堰),腹部灰白色。步足背部暗绿色,腹面淡灰色。幼蟹阶段时,背部和步足多斑块或斑纹。但在20世纪90年代以后,由于瓯江和辽河水系蟹种的搀和,目前长江水系蟹种规格为每千克100~200只时,仍可见斑点、斑块和斑纹,因此也有称其为斑背蟹种,与传统正宗的长江水系蟹种在体色上已确有一定的区别。长江水系蟹种步足细长,第二对步足弯曲时其长节末端可达眼眶线,各对步足的胫节和跗节扁宽,趾节(末节)尖爪状。成熟河蟹趾爪金黄,其上密布淡黄色长毛。有青背、白肚、金甲、黄毛的特征。

2. **瓯江水系河蟹生态和形态特征** 瓯江水系无良好的繁茂水草和充足的底栖生物,河蟹的生长环境较差于长江水系。瓯江年平均水温18℃左右,比长江高出2℃~3℃,全年河蟹的生长期达10个月左右,比长江水系长30~60天。因受水温制约,瓯江苗发汛期比长江水系早15~20天,当年河蟹性成熟率高,个体较小。河蟹群体平均重约70克,远低于长江水系。种群结构中以1~2龄(0^+~1^+)蟹为主,其渔获物生物量大致为1:1,前期以2龄(1^+)蟹为主,后期以当龄(0^+)蟹为主,种群中当龄蟹的比例远高于长江水系的自然种群。

瓯江水系河蟹的主要形态特征为体近圆形,头胸甲宽略大于长,额齿4枚,中间两额齿间夹角为等于或大于90°的直角或钝角。头胸甲在蟹种阶段与长江水系相比多色斑、色条或色块,并以瓯江以南的蟹种为最明显。成蟹背部古铜色或浅黑色。腹部灰黄色,时有铁锈色斑块。步足刚毛稀少,弯曲时长节末端一般未达眼眶线。趾节常宽扁呈桨状。

3. **辽河水系河蟹生态和形态特征** 辽河水系因其水生

态条件差,年平均水温低,自然蟹苗发汛时间在 7 月上旬,比长江水系约延后 30 天,成蟹生殖洄游期早而短,主要集中在白露到秋分时节,在相同时空条件下生殖群体中性发育时期比长江水系早,且主要为 2～3 龄(1^+～2^+)群,当年种群平均规格小于长江水系和瓯江水系河蟹。但总群体的平均规格虽小于长江水系但却大于瓯江水系,群体中的高龄蟹其体重和数量可超过长江水平。

成蟹形态特征基本上与长江水系相同,体近圆形,头胸甲扁平,宽略大于长。幼蟹阶段背甲少花斑,体青黑,腹部银白色。成蟹时,体背青黑或黄黑,腹部白色。额齿 4 枚,中间两齿尖锐,其"V"字形夹角为小于或等于 90°的锐角或直角,第四侧齿较长江蟹细小,第二步足长节末端未达眼眶线。步足刚毛细长,致密,淡棕色或黄色。蒸煮后头胸甲常呈现深红色。

综上所述,对长江、瓯江、辽河水系河蟹的种群可作如下结论。

第一,长江、瓯江、辽河水系河蟹同出一个种,它们之间在生态特性和形态特征上有差异,但尚未分化到种间或亚种间的程度。通过种群间和种群内的相似率分析,并未发现特征群体的标记带。

第二,长江、瓯江、辽河三水系河蟹种群间在生态特性上的主要差异为苗发汛期的时间、个体生长速度、当龄蟹的性成熟率、群体生长快慢、种群年龄结构。生殖洄游季节及相同时空条件下生殖系数的变化等。

第三,河蟹生长规格到每千克 1 000 只或以下时,肉眼直观上可以辨认三水系河蟹的形态差异,并具有一定的重演性和可靠性。长江、瓯江、辽河水系河蟹种主要区别为体形、体色、额齿尖锐程度和中间二额齿的夹角大小、第四侧齿的明显程度、步足长节的长短及扁宽程度等形态指标。

第四,长江、瓯江、辽河三水系河蟹的品质,从群体生长规格、回捕率和增肉倍数等三项指标判衡,以长江水系河蟹为最好,在同等生态环境和养殖条件下,高出 30～50 克/只。但是只要养殖的技术措施得当,将瓯江、辽河水系的河蟹种群移植到长江水系增殖放流或池塘养殖,同样可获得良好的种群生长规格,较高的回捕率和 10～20 倍的增肉倍数,取得良好的经济效益。反之,将长江水系河蟹移放到瓯江、辽河水系,将失去它在本土水系的增养殖效果,缩小长江水系和瓯江、辽河水系河蟹种群品质优劣的差异程度。

第二章　河蟹的自然繁殖和生态习性

一、河蟹的自然繁殖

每年秋冬之交,二秋龄河蟹在完成生长成熟的蜕壳后,性腺迅速发育渐趋成熟,此时必作生殖洄游,到河口浅海去交配繁殖。亲蟹交配后抱卵数月,然后孵出蚤状幼体。蚤状幼体在河口浅海漂泊约 1 个月,其间经 5 次蜕皮成大眼幼体,再回归淡水,进入江河、湖泊安居生长,而老一代的河蟹在产卵孵化后不久即死亡。因此作为河蟹的主群体来说,其寿命为 2 周龄。部分河蟹由于生长环境条件不一,可以在当年或第三年成熟,然后进行生殖洄游,因此广义地说河蟹的寿命为1～3 周龄。

(一)繁殖场的环境条件

河口浅海邻近的内陆水域有无河蟹栖息分布,以及这一区域的河口环境能否适应河蟹交配繁殖是构成繁殖场的两个先决条件。有亲蟹群体而无交配繁殖的产卵条件,形成不了繁殖场。有繁殖场的水文和理化、生物环境条件,但河口邻近的内陆湖泊无成蟹分布,同样不能构成河蟹的繁殖场,就我国来说,河蟹的分布范围远广于蟹苗的分布范围。

通过对各地河蟹苗资源的调查和开发利用,证实长江口区的河蟹繁殖场亲蟹群体最大,蟹苗资源最丰富,故为我国主要的蟹苗产区。现以长江口河蟹繁殖场和蟹苗场环境为例,对我国河蟹产苗场生态环境进行模式分析。

1.水文条件及水的物理性质 长江口区河蟹繁殖场自东经 121°50′至 122°15′,分布于崇明东旺沙,宝山横沙岛以及佘山、鸡骨礁一带的广大浅海区。由北向南较集中于崇明浅滩、横沙以东的铜沙至九段沙浅滩和长江口南岸带的中竣等三处。冬季长江河蟹多数由南支洄游至河口浅海,主要的洄游路线有三条:一是从长江南支沿深水道洄游至崇明岛与长兴岛之间的水域。二是由长江南支的南港经北槽而抵达铜沙南滩和九段沙北滩之间的深槽区。三是由长江南支的南港经南槽抵达九段沙南滩和长江南岸中竣江段的深水区。但每年4月份以后,一旦河蟹完成交配繁殖,它们陆续向浅水区移动,因此上述的浅滩处便结集着大量亲蟹,是河蟹繁殖后期名副其实的栖息场所(图 2-1)。

河蟹繁殖场水文及水的物理性质特点为:主航道水深8~11米。河口区浅滩暗沙遍布,水表面流速在涨潮时为1~1.5米/时,落潮时为 1.2~1.7 米/时,落潮时流速大于涨潮时流速。该区域为典型的混合潮(一日二潮),涨落潮时间合计约12小时24分,即每昼夜的高潮时比前一日落后48分钟左右。该区域终年水质混浊,透明度6～20厘米,底质多为硬沙土,水温从2～8月份为5℃～28.5℃,最高水温出现在8月份,最低水温在2月上旬。河口区水流搅拌剧烈,溶解氧、盐度和其他无机盐类浓度因受水流翻动无明显分层现象。

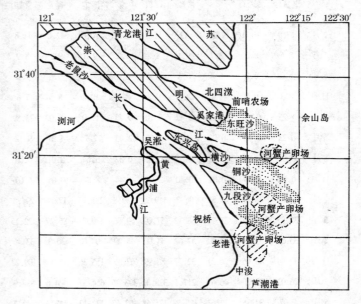

图2-1 长江渔场冬季河蟹洄游路线及产卵场

2.**水的化学性质** 河口区水的化学性质存在着年、季、月间的变化。1982～1983年对长江口北纬30°55′～31°45′,东经121°10′～122°20′及崇明岛周围水域范围进行了盐度、钙和镁、pH值、溶解氧、活性磷酸盐、活性硅酸盐、铵态氮、亚硝酸氮、硝酸氮等项目的调查,现将盐度、钙和镁及溶解氧的季度

· 31 ·

变化列为表2-1。

表 2-1 1982 年 2,5,8,11 月份长江口溶氧,盐度、钙、镁离子含量季节变化 （单位:毫克/升）

项目	时间	地 点								
		长 江 南 支							长江北支	
		老鼠沙	吴淞口	奚家港（崇明东）	横沙	铜沙西	中浚	芦潮港	青龙港	北四滧
溶解氧	2 月	13.8	10.0	12	12	11.4	11.8	10.6	12.0	11.8
	5 月	8.4	8.0	8.7	9.1	8.8	9.2	9.0	9.1	8.9
	8 月	6.0	6.0	6.8	6.1	6.4	6.4	7.4	6.6	7.0
	11 月	8.3	0.7	9.1	8.7	9.2	8.8	10.8	8.5	7.6
盐度	2 月	1.25	0.31	1.48	5.42	9.10	9.73	17.0	12.02	23.89
	5 月	0.23	0.66	0.09	3.42	4.55	2.93	12.15	4.37	9.18
	8 月	0.01	0.02	0.02	0.02	0.32	0.32	5.64	0.01	0.03
	11 月	0.02	0.09	0.01	0.40	2.93	2.44	8.87	0.04	6.07
钙	2 月	49.82	38.97	49.82	96.3	119.21	139.8	231.13	172.1	294.5
	5 月	32.87	41.28	28.76	68.12	57.80	59.86	180.73	86.27	122.15
	8 月	35.52	39.79	32.62	32.62	34.00	43.29	100.02	30.3	32.46
	11 月	32.64	48.06	26.21	32.77	80.99	67.35	155.36	37.13	109.22
镁	2 月	26.02	25.09	46.69	217.1	328.32	393.26	654.57	424.6	884.9
	5 月	9.97	32.35	13.62	125.73	171.58	102.63	472.17	158.2	342.7
	8 月	5.67	10.58	13.13	11.80	15.69	17.2	212.4	10.6	11.8
	11 月	7.95	2.68	9.24	23.23	106.6	86.9	364.7	15.93	233.23

（1）盐度　通常长江河口区同测站的盐度以 1~3 月份的枯水期最高,7~9 月份的丰水期最低。因此河蟹在 12 月至

翌年 5 月间,集中结集在横沙以东至佘山岛以西的广大河口区,大致盐度为 3.42‰ ~ 17‰。但自 17‰ 起,河蟹或抱卵蟹数量反而显著减少,而以 8‰ ~ 15‰ 的盐度范围为最集中,其中亲蟹交配的盐度可低于上述区间范围,抱卵蟹孵化的盐度趋向于上述区域的高限范围。长江口区的水质,按盐度分成三种等级,即横沙以西终年盐度不超过 0.5‰ 的淡水区,横沙以东至东经 123° 盐度为 0.5‰ ~ 30‰ 的混合海水(半咸水)区和由此向东的盐度 30‰ 以上的陆架海水区。其中混合海水区又可分为盐度 0.5‰ ~ 5‰ 的河口低盐水,盐度 5‰ ~ 18‰ 的河口中盐水及 18‰ ~ 30‰ 的河口高盐水。东经 122°15′ 佘山附近年内各月平均盐度为 0.16‰ ~ 12.06‰,属低中盐度的半咸水区。长江在丰水季节河水和低中盐度半咸水锋线可向东移动,抵达东经 122°15′ 佘山岛附近为止,而半咸水和陆架海水锋线更可向外延伸到东经 122°20′ ~ 122°31′ 一带水域范围。在此范围内,长江下游径流量随着季节的变化,使栖息于繁殖场的河蟹,按其所需始终生存于河水和半咸水锋线及半咸水和陆架海水锋线之间的广大水域中。

(2)钙和镁 钙和镁离子是河蟹生活过程中所必需的矿物质元素,钙不足则影响蛋白质的合成代谢及矿类物质的转化。镁不足将使氮代谢紊乱,尤其不利于虾、蟹等甲壳类及贝介类的生长和繁殖。长江河口区随着河水向河口半咸水区过渡,钙、镁离子的绝对量上升,并表现为镁与钙离子的比值上升,镁离子的总量终于超过钙离子总量。从表 2-1 中可以看到,调查范围内崇明岛西部(约东经 121°10′)水中钙离子含量大于镁离子含量;但进入横沙岛以东半咸水区(冬季),水中镁离子的含量超过钙离子的含量,比值为 217:96.3。随着向河口浅海半咸水区的进一步延伸,钙镁之比为 119:328(铜沙西)

和 231:655(芦潮港外口)镁与钙的比值约为 2.6~2.8:1。

(3)pH 值 据 1982~1983 年调查,长江口内区 pH 值变化幅度为 7.12~8.12,年平均 7.8。季节变化特点是秋季略大于冬季,这与浮游植物光合作用旺盛有关。pH 值水平分布在一定程度上与水色有关,全年中高值出现在长江口外。该水域光合作用比浑浊区较盛,pH 值较高。

(4)溶解氧 除吴淞口站位受黄浦江污水排放影响外,溶氧年变化幅度为 6~13.6 毫克/升,均在氧气饱和度 75% 以上,水质的溶氧条件良好。但近岸区(吴淞口)受黄浦江西、南二区排污口的影响,溶氧可下降到 0.7 毫克/升,在排污口测定甚至达零值。长江水体垂直交换强,溶解氧基本无分层现象。

(5)活性磷酸盐 活性磷酸盐有明显的季节变化,冬季 2 月份最高,以磷含量计,平均为 0.97 微克原子—磷/升。春季 5 月份最低,平均为 0.39 微克原子—磷/升,这与冬季磷被浮游植物利用少,由再生补充得以积累有关。

(6)活性硅酸盐 长江口内区以硅含量计,为 47~105 微克原子—硅/升。平均为 75 微克原子—硅/升。调查水域中水平分布近岸点高于远岸点。季节变化中则以冬、春季含量较高,夏季较低。活性硅酸盐的垂直分布较均匀,表层平均为 77 微克原子—硅/升,底层平均为 74 微克原子—硅/升。

(7)铵态氮 长江北支水道以铵态氮含量计,平均为 32.3 微克原子—氮/升。铵态氮平面分布随远离吴淞口和西、南二区排污口而递减,如上述近岸带铵氮含量可上升到 27.2~61.9 微克原子—氮/升,而远岸带则平均仅为 7.4~9.5 微克原子—氮/升。

(8)亚硝酸盐 长江口内区以氮含量计,为 0.1~0.25 微克原子—氮/升,其中春季含量较高。亚硝酸盐水平分布是近岸带高于远岸带,这与城市污水排放有关。无机氮中以亚硝酸盐含量最低与铵氮和硝酸氮比较相差 1～2 个数量级,但有时在硝化作用不良时,亚硝酸盐也可暂时出现较高的含量。

(9)硝酸盐 硝酸盐其含量变幅范围以氮含量计,为 18.1～63.2 微克原子—氮/升,平均为 43.7 微克原子—氮/升。硝酸盐季节变化以夏季最高,平均为 59 微克原子—氮/升,秋季最低,平均为 23.4 微克原子—氮/升。

3. 重金属离子 长江口河蟹繁殖场每天受上海市日排放量 600 万吨污水的影响,尤其是南岸带的石洞口、吴淞口及白龙港南区污水口一带,水质污染严重。1989 年长江口河蟹繁殖场不同水体部分重金属离子的含量见表 2-2。

表 2-2 1989 年长江口河蟹繁殖场不同水体部分
重金属离子含量 (单位:毫克/升)

水域类型	测　　定　　项　　目					
	COD	总汞	铜	锌	铅	镉
1. 两排污口水						
西区排污口	406.2	0.0023	1.064	1.485	0.890	0.0085
南区排污口	256.4	0.0018	0.644	2.241	0.347	0.0017
2. 地面水(黄浦江、吴淞口)						
平均值	5.1	0.0003	0.024	0.129	0.025	0.00018
最高值	7.4	0.0025	0.078	0.262	0.092	0.00079
3. 潮间带水						
平均值		0.00005	0.055	0.182	0.035	0.005
最高值		0.00005	0.128	0.539	0.117	0.005

水域类型	测　定　项　目					
	COD	总 汞	铜	锌	铅	镉
4. 河口浅海水						
最低值		—	—	—	—	—
最高值		0.00029	0.281	0.399	0.137	0.0016
5. 正常海水		0.00003	0.003	0.01	0.00003	0.00011
6. 渔业水质标准		0.0005	0.01	0.1	0.1	0.005

注：COD 为化学耗氧量

从表 2-2 中可以看出，与渔业水质相比较，长江口河蟹繁殖场的各类水体中其水质优劣的顺序相继是：河口浅海水→潮间带水→地面水→污水口水。水质中以两大排污口和黄浦江、吴淞口一带地面水最差，这与河蟹繁殖场主要位置迁移至河口浅海相一致。

4. 饵料生物

（1）浮游植物　1982～1984 年通过对长江口区饵料生物的调查，收集到 106 种，包括硅藻 91 种、甲藻 6 种、绿藻 5 种、蓝藻 3 种、裸藻 1 种。上述河蟹繁殖场内浮游植物的平均细胞总量为 58.1×10^4/米^3，其中以 8 月份为最高达 95.8×10^4/米^3，5 月份为 38.3×10^4/米^3。浮游植物组成中以硅藻类占绝对优势，占 87%～95%，其中在东经 121°50′至 122°15′的半咸水区域以直链硅藻、骨条藻和圆筛藻占优势。

（2）浮游动物　浮游动物总生物量随季节变化。长江口外区生物量最高为 8 月份，平均达 311.2 毫克/米^3，最低为 2 月份，平均为 26.2 毫克/米^3。该区浮游动物生物量季节变化的趋势基本上和浮游植物相一致，主要优势种为咸水性河口种的中华哲水蚤、虫肢歪水蚤、火腿许化水蚤和近岸低盐种真刺唇角水蚤及长额刺棘虾等所组成。经调查,长江口河口区(包括杭州湾北岸带)共收集到浮游动物 105 种,包括桡足类38 种、枝角类 13 种、糠虾类 2 种、箭虫 2 种、各类幼虫 17 种及其他浮游动物 33 种。

(3)游泳动物　通过对长江河口区河蟹繁殖场调查,共收集到鱼类 167 种、甲壳类 17 种、头足类 3 种、水母类 1 种、哺乳类 1 种。167 种鱼类隶属于 19 目 64 科 130 属,种类和数量以鲈形目占优势,生物量以鲱形目占优势。鱼类中包括:一是淡水鱼类,主要是鲤科鱼类。二是洄游性鱼类,包括有季节性洄游的银鱼、风鲚、刀鲚、鲥鱼、松江鲈鱼和河鳗鱼。三是河口半咸水鱼类,包括鲽、鲀、鲻、鲛、鲈等。四是定居鱼类,指在河口半咸水区域繁殖生长的鱼类,如弹涂鱼及某些虾虎鱼类。五是海水鱼类,指某些偶然进入半咸水水域的海水鱼类,如鳓鱼、黄鲫等。长江河蟹繁殖场主要优势鱼类种类为银鱼、刀鲚、风鲚、鳗鱼,龙头鱼、狼牙虾虎、银鲳及梅童鱼等,主要蟹类有锯缘青蟹、斑纹虎头蟹、日本蟳、三疣梭子蟹、狭额绒螯蟹、招潮蟹、天津厚蟹、豆形拳蟹、关公蟹、尖额蟹和螃蜞等。属于虾类的有秀丽白虾、安氏白虾及条虾等。

(二)生殖洄游

河蟹在生殖洄游时最主要的生态要求是盐度、水流和温度。盐度通过影响渗透压,促使河蟹经生殖洄游性腺进一步成熟,雌雄河蟹始能交配。水流是淡水中河蟹作生殖洄游时的航向,河蟹通过其化感器的味、嗅觉和皮肤体表刚毛的触觉,感受水流的流向刺激,常昼匿夜出,顺水而下,直达河口浅海的繁殖场。因此一个开口众多的湖泊,顺水流箔口河蟹的产量必高于逆向水流时的产量,夜间的产量又显著高于白天的产量。1972年上海市青浦区金泽镇小汶港簖不同水流方向和昼夜间河蟹的日捕获量差别见表2-3。

表2-3　1972年青浦县金泽乡小汶港簖不同水流及
昼夜河蟹产量　(只/千克)

日　期	水　流　方　向			
	顺　水　流		逆　水　流	
	夜　间	白　天	夜　间	白　天
9月4日	18/2.1	4/0.5	6/0.7	1/0.3
9月28日	38/5.2	7/1.0	9/1.3	2/0.35
10月13日	45/5.75	5/0.7	7/1.15	3/0.3
10月29日	32/3.5	7/1.1	2/0.35	1/0.15
11月15日	14/1.65	2/0.25	2/0.2	0/0

河蟹一旦洄游到大江河川以后,一方面顺流而下,另一方面寻找盐度合适的繁育场所,由于同一水域盐度的高低常随季节和江水径流量大小的影响,因此河蟹洄游到河口浅海的哪一江段为止,随不同水系的时空条件而异,是一个动态的概念。在长江河口区河蟹集中交配繁育的场所水质盐度为8‰～15‰,时间为12月到翌年3月,位置在东经121°50′到122°15′的区间深水处,具体地点在崇明东旺沙、铜沙、九段沙、中浚沙的周围水域。

水流作为河蟹生殖洄游时的重要生态条件,主要是导航,其次是确保其后代蚤状幼体和大眼幼体(蟹苗)有适应漂泊和回归内陆淡水的生态条件。

水温是河蟹生殖洄流时的另一生态条件。河口浅海水域广阔,冬、春两季的水温比内陆湖泊高,有利于河蟹交配繁殖时对稳定水温的要求。以长江口为例,冬季2月份最低水温为5℃～6℃,比同地区淡水湖泊高出4℃～5℃,有利于河蟹栖息、越冬蛰居及延长最适繁殖所需水温的时间。

1. **黄蟹和绿蟹**   河蟹在生殖洄游前的幼蟹称为黄蟹。其外部形态特点为头胸甲土黄色,雄蟹螯足或步足刚毛短而稀疏,雌蟹腹脐尚未长足呈蒲扇形,覆盖住头胸部的腹甲。在长江流域河蟹一旦生长到秋分前后的二秋龄时,河蟹开始完成最后一次的生长成熟蜕壳,始成绿蟹。绿蟹的形态特征和黄蟹显然不同,其外形为墨绿色。雄蟹螯足绒毛稠密,步足附肢的刚毛粗长,并逞强好斗,稍一接触,螯足高举。而雌蟹则腹脐覆盖整个头胸甲腹面,同时腹部四周边缘及附肢刚毛长而细密,显示出一种母性特有的比较温顺的性格。黄蟹蜕壳为绿蟹后头胸甲的长度或宽度不再增长,仅作肌肤和内脏器官的充实(图2-2)。

2. **生殖洄游时肝脏和性腺指数的变化**   河蟹一旦蜕壳变态为绿蟹后,性腺迅速增长,在经过短暂的性腺发育第三期后,立刻进入第四期的卵黄积累期。但肝脏在秋分前后积累达到最高值后重量却逐日下降。表明河蟹在生殖洄游时,性腺发育的能量除部分依靠不断取食来增补外,另一部分能量由肝脏消耗所提供。1982年8月至1983年1月上海市青浦县西岑乡河蟹性腺和肝脏重量的变化见表2-4。

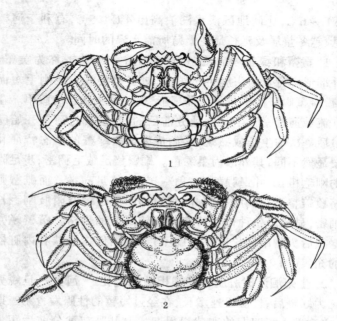

图 2-2　性成熟前后雌蟹腹部的形状

1. 黄蟹　2. 绿蟹(性成熟)

表 2-4　1982 年 8 月至 1983 年 1 月上海市青浦县西芩乡河蟹性腺和肝脏重量变化

测定日期	水温(℃)	性腺重(克)		肝脏重(克)		肝脏系数(%)		生殖系数	
		雌蟹	雄蟹	雌蟹	雄蟹	雌蟹	雄蟹	雌蟹	雄蟹
1982·8·11	30.0	痕迹	痕迹	3.98	3.58	10·7	—	—	—
9·9	26.0	0.24	0.66	3.70	5.60	9.8	—	0.7	1.40
9·14	21.5	0.50	0.70	9.70	4.70	10.4	—	0.5	1.10
9·21	21.0	1.09	1.90	7.40	13.20	9.5	—	1.6	1.10
10·4	18.0	1.79	1.23	7.07	5.03	8.7	—	2.3	1.70

测定日期	水温（℃）	性腺重（克）		肝脏重（克）		肝脏系数（%）		生殖系数	
		雌蟹	雄蟹	雌蟹	雄蟹	雌蟹	雄蟹	雌蟹	雄蟹
10·11	18.0	1.94	1.20	5.23	3.57	8.5	—	3.3	2.70
10·20	14.5	2.94	1.46	5.52	4.78	8.0	—	5.0	2.50
10·28	13.0	3.70	1.60	4.78	4.10	6.4	—	8.4	2.40
11·4	13.0	5.74	1.75	4.38	4.45	7.2	—	6.8	2.70
11·17	10.0	4.54	2.24	4.26	4.98	7.1	—	8.9	3.35
11·25	6.0	7.88	3.17	4.43	1.53	7.1	—	10.0	4.30
12·16	−1.0	4.55	2.47	3.67	1.63	6.5	—	8.1	4.39
12·30	4.5	5.14	2.23	5.03	1.65	6.8	—	10.1	3.00
1983·1·7	—	8.30	—	5.00	—	6.5	—	11.2	—

从表 2-4 中可以看出：

第一，长江水系在秋分前后绿蟹蜕壳的高峰时期，河蟹生殖腺系数一般为 1% 左右，此后河蟹生殖腺系数迅速上升达到 11 月下旬小雪时的 10%（雌）和 4.3%（雄）左右。其间生殖腺系数呈指数抛物线上升趋势，但此后河蟹生殖腺系数一直稳定在这一水平上，直到交配繁殖为止，表明河蟹可以在淡水中性腺发育到第四期末，能直接在海水刺激下接受交配的水平。

第二，肝脏系数在夏、秋季节为最高，秋分之前雌蟹肝脏系数一直稳定在 10% 左右。此后不断下降，到霜降至立冬前后，雌蟹性腺重量绝对值已超过肝脏重，但雄蟹性腺重量始终小于肝脏重。因此所谓秋分前后集中进行的成熟蜕壳实际上仅指甲壳的生长停止，表明此后河蟹已不再蜕壳，而决非河蟹的生理成熟。河蟹的生理成熟有的可直接在湖泊中进行,大多数是一边生殖洄游,一边性腺发育,直到它们进入河口繁殖场为止。

雌蟹肝脏系数与生殖腺系数的相关状况如图 2-3 所示。从图中可以看出,自 8 月份起,河蟹生殖腺系数呈"S"形上升,而肝脏系数呈"S"形下降,其交叉点大体上在 10 月下旬至 11月上旬的霜降至立冬季节,表明河蟹性腺的生长成熟主要在该阶段,也是选择食蟹最好的时期。

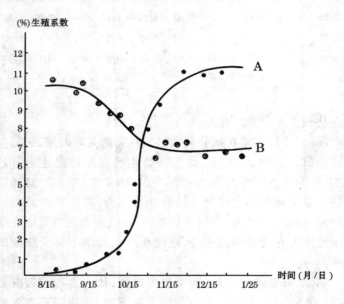

图 2-3 肝脏系数与生殖腺系数相关曲线

A. 性腺系数　B. 肝脏系数

(三)交配、抱卵

1. **交配** 河蟹的卵母细胞到大生长时期结束时,业已长足,此时卵球处于休止状态,一旦生态环境(主要是盐度)满足,即可接受精子进入。在长江口是12月至翌年3月间。过早,卵子常常未成熟;过迟,卵子趋向过熟而老化。不同水域河蟹洄游的起讫时间有先后,而以辽河水系较早,瓯江水系较晚,长江水系居中。或者同一水系因河蟹生长栖息地与繁殖场距离不一,它们到达繁殖场的时间也有些先后,所以在自然界常常出现年前交配抱卵或延后至翌年3月初才进行交配抱卵等两种情况,这在自然界是不足为奇的。

在水温8℃~14℃,盐度8‰~25‰的河口半咸水或人工配合海水中放入亲蟹,不久即可看到发情。届时雄蟹主动追逐雌蟹,用螯肢钳住雌蟹的步足,并不时用其腹部与雌蟹摩擦、拥抱和完成交配动作。

在自然界每当河蟹交配繁殖季节,可以在河蟹繁殖场捕到正在交配的河蟹,这时即使经过起网、捕捉等强烈震动,一般也不拆开,足见河蟹为延续其种族不失繁殖时机的决心。雌、雄河蟹交配过程一般需数10分钟,部分蟹并可重复交配,甚至已抱卵的雌蟹也有实例。

2. **抱卵** 在自然条件下,河蟹交配后一般经数小时至数日,当水温在8℃以上,盐度下限达到9‰,溶氧在5毫克/升以上时即排卵于体外,粘附于腹部刚毛上,但是过低的温度和盐度常常造成"滞产",甚至在不及时采取措施的情况下,导致卵子的过熟(老化)或低盐度水使亲蟹最终趋于胀死。通常河蟹的交配场所在整个繁殖场的河口段,而河蟹抱卵场所则在整个河蟹繁殖场近河口的口外段。在自然界,河蟹根据交配抱卵时对盐度的不同需求,常徘徊于繁殖场所,寻求合适的盐度,从而生产上出现河口上游交配蟹多,而河口浅海处抱卵蟹多的情况。

蟹卵能附着到腹部刚毛上去,这是卵外粘膜所起的作用。原来蟹卵在接近排卵前,由于卵巢液的分泌,使原先卵膜外涂上了第二层膜。它们经生殖孔排出体外时使蟹卵带有粘性,容易附着于雌蟹腹脐4对附肢刚毛上。同时在卵子和刚毛的接触点上,由于卵球的重力作用,导致蟹卵产生卵柄。卵柄无极性,产生的部位是随机的,并非一定在刚毛顶端,或在卵球的动物极上。卵柄的宽度由细线状直至宽带状,有的卵柄甚至还缠绕刚毛一圈后再悬挂在刚毛上。最宽的卵柄其宽度可达卵球的1/3。

调查资料表明,在自然界,河蟹中的绝大部分亲蟹是能够到达繁殖产卵场,进行雌雄交配并排卵受精的。但仍有少量河蟹误入迷宫,直至翌年5月,尚能在淡水湖泊中捕捉到,此时河蟹体瘦力弱,卵巢柔软过熟而老化,精巢流动,一经解剖立即自溶。这种蟹背腹部特别宽厚,是无机会洄游至河口产卵繁殖的遗老,一般都胀死在内陆地区的淡水江河、湖泊中。

3. 怀卵量和繁殖力 据1972年的调查资料,雌蟹怀卵量随身体的增大而异。头胸甲长48~74毫米、体重81~256克的雌蟹,其怀卵量为27.9万~93.4万粒不等。但大小规格相同的个体,其怀卵量可相差很大。除个体间有差异外,还与第二次抱卵亲蟹怀卵量较第一次少有关。1972年所捕的部分亲蟹怀卵量见表2-5。从表中可以看出,河蟹个体大小与怀卵量之间的相关趋势,表现为绝对怀卵量与体重呈直线相关,但其相对怀卵量(每克体重的怀卵粒数)接近常数。1972年5月7~16日在铜沙浅滩两批亲蟹的怀卵量比较见表2-6。由于采样时间不同,同规格组的河蟹怀卵量有明显下降的趋势,推测这与亲蟹的第二次怀卵有关。

表 2-5 1972 年长江口不同大小河蟹个体怀卵量比较

测 定 项 目	测 定 组 (毫米)					
	43~50	51~55	53~60	61~65	66~70	71~75
头胸甲平均长(毫米)	48.0	53.0	57.0	62.5	67.0	74.0
平均体重(克)	81.0	94.6	126.0	153.4	184.0	256.0
怀卵量(万粒)	27.9	34.8	46.7	57.8	64.2	93.4
相对怀卵量(粒/克)	3344.0	3679.0	3706.0	3768.0	3489.0	3648.0

注:表中雌蟹怀卵量除 66~70,71~75 二组测定数仅为 1 只雌蟹外,其余各组数字均取 3~5 只雌蟹怀卵量的平均数

**表 2-6 长江口产卵场不同采样时间
河蟹二次怀卵量比较**

编号	采样日期(1972·5·7)			采样日期(1972·5·16)		
	体 长 (毫米)	体 重 (克)	怀卵量 (万粒)	体 长 (毫米)	体 重 (克)	怀卵量 (万粒)
1	43	50	3	42	55	2.10
2	52~54	90~104	32~35	55	102	6.50
3	56~58	119~130	40~49.6	58	130	54.0
4	34~68	164~200	51~72	66	166	38.0

4.一次抱卵和多次抱卵 由于人工控制育苗技术的发展,从而揭示了河蟹一次交配多次抱卵的事实。以长江口为例,通过对产卵场不同时期雌蟹抱卵率的数量变化和怀卵量的统计可以断定,在自然界河蟹存在多次抱卵的情况,不过这不构成蟹苗汛的主体。1972 年和 1982 年长江口河蟹产卵场雌蟹抱卵率变化见表 2-7。从表中可以看出,长江口抱卵蟹集

中交配繁殖的时期为 12 月至翌年 3 月份,4 月份产卵场的河蟹交配率达 90% ~ 100%,抱卵率为 86% ~ 100%。4 月底至 5 月初,雌蟹抱卵率突然下降,分别从 4 月初的 86%(1982.4.3)和 100%(1972.4.21)下降到 24%(1972) ~ 37.5%(1982),表明届时已有大批雌蟹集中孵出蚤状幼体。5 月中旬和 6 月下旬在铜沙、九段沙两处重复采样,雌蟹抱卵率出现上升趋势,从而表明在长江口出现 2 次和 3 次抱卵现象的情况确实存在。长江口区抱卵蟹一直可持续出现到 6 月底为止,这在苗发汛期的时间和次数上都得到了印证。通过 5 月初和中旬对抱卵蟹怀卵量的统计(表 2-6),发现同体长组的雌蟹,第二次怀卵量远低于前期的事实。

表 2-7　1972 年和 1982 年长江口河蟹产卵场
雌蟹交配率及抱卵率变化

测定日期	捕捞地点	雌蟹数	交	配	抱	卵
（日/月）			交配数（只）	交配率（%）	抱卵数（只）	抱卵率（%）
1972 年						
17/4	九段沙	28	28	100	25	89
21/4	铜　沙	63	63	100	63	100
5/5	九段沙	43	43	100	10	24
7/5	铜　沙	42	42	100	23	55
16/5	九段沙	1	1	100	—	—
16/5	铜　沙	94	94	100	73	77.6
2/6	九段沙	38	38	100	—	—
4/6	铜　沙	1	1	100	—	—
27/6	九段沙	17	17	100	2	11.8

続表 2-7

測定日期 （日/月）	捕撈地点	雌蟹数	交配数 （只）	交配率 （%）	抱卵数 （只）	抱卵率 （%）
27/6	銅　沙	11	11	100	4	36.3
30/7	九段沙	3	3	100	—	—
11/8	銅　沙	1	1	100	—	—
1982 年						
2 月	横　沙	20	4	20	1	5
3 月	銅　沙	10	7	70	4	40
3/4	銅　沙	21	19	90	18	86
1/5	九段沙	16	16	100	6	37.5
14/5	九段沙	20	20	100	10	50
31/5	九段沙	15	15	100	3	20
1/7	九段沙	1	1	100	—	—
1/8	九段沙	0	0	0	—	—
9 月	九段沙	0	0	0	—	—
13/10	銅　沙	0	0	0	—	—
13/11	九段沙	9	0	0	—	—
3/12	銅　沙	24	8	33.3	4	16.6

从表 2-7 中可以看出,河蟹主要交配季节在 4 月以前,因此在 4 月份以后所有雌蟹均已交配,这可通过检查雌蟹纳精囊中是否有精荚来证实。但抱卵蟹自 5 月初起迅速下降,表明在长江口第一期蚤幼(蚤状幼体之简称,下同)的孵出主要在 4 月底 5 月初。

(四)受精和胚胎发育

1. 受 精

(1)精子和卵子的形成 河蟹的精子和卵细胞发生于精巢和卵巢的原始生发上皮,最初为精原细胞或卵原细胞,它们经过增裂期、生长期、成熟期和形态形成期(精子发生)才成为精子和成熟的卵细胞。其中雄性在增裂期,通过裂殖方式以成倍增加原始精原细胞数量为主体,使之成为在该期末的精原细胞。接着通过以增长原生质为主体的生长期,使精原细胞成为初级精母细胞。接着初级精母细胞再经 2 次成熟分裂。在这 2 次成熟分裂中第一次为减数分裂,而第二次则为一般的有丝(染色体不再减半)分裂。这样 1 个初级精母细胞经过 2 次成熟分裂后变成 4 个精细胞。精细胞经过形态变形期后变成精子。

卵细胞的形成在增裂期和生长期中基本上与精细胞的发生一样,即由卵原细胞发育至初级卵母细胞。但一个初级卵母细胞在成熟期经过两次减数分裂后,只形成 1 个次级卵母细胞和 3 个极体,其中第一次减数分裂时形成 1 个次级卵母细胞,另 1 个称极体。第二次成熟分裂后,产生 1 个次级卵母细胞和 3 个极体(图 2-4)。

河蟹性腺在成熟过程中,精细胞在形态形成期中的形态变化不大。河蟹受精时 2 个半组的染色体合成一组,因此受精后的河蟹其染色体数量复原。

河蟹精子无尾(鞭毛),不能游动,其外形与十足目的螯虾有些相似。精子由主体及辐射臂两部分构成。主体扁球形。辐射臂为主体发出的细胞突起,每个精子约有 20 多条。主体内主要为杯状的细胞核和顶体,顶体内含顶体管,能分泌卵膜

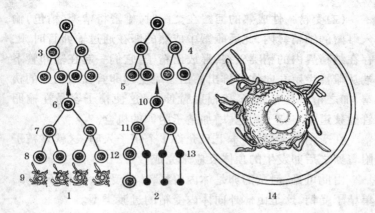

图 2-4　性细胞发生图解
1.精子发生　2.卵发生　3.精原细胞　4.卵原细胞　5.生长期
6.初级精母细胞　7.次级精母细胞　8.精细胞　9.精子
10.初级卵母细胞　11.次级卵母细胞　12.卵细胞
13.极细胞　14.成熟精子前面观

溶素。受精时,顶体破裂,卵膜溶素可以助精子穿越卵膜而接受受精。河蟹的精子及其他细胞器多已退化。

　　河蟹从生殖洄游到达繁殖场时,其卵多数已达到生长期末,为初级卵母细胞,此后其生殖腺系数不再显著增加。此时卵母细胞直径 300～400 微米。这时的卵还要再经过二次成熟分裂,并在第一次成熟(减数)分裂的中期其卵达到生理成熟后接受受精。经减数分裂后河蟹的卵细胞只具有半组染色体(遗传物质),并排出第一极体。成熟的河蟹卵属中黄卵,无受精孔,外观上无极性,卵外由一层初级卵膜包覆着,分为三层。卵膜之内具质膜,其间在卵受精后将来形成卵周隙。卵细胞卵核膨大,核偏位,靠近动物极。细胞内各种细胞器发达,尤其分布着丰富的卵黄。河蟹卵的体积很大,约为精子的20 万倍。

(2)受精　性成熟的河蟹在交配时,雄蟹将精荚(精包)输入雌蟹的纳精囊内,此后雌蟹中成熟的卵在通过输卵管时,贮存在纳精囊内的精荚破裂,释放出精子,它们一起在输卵管下端从雌性生殖孔向体外排出。由于雌蟹输卵管在结构上的狭窄,加之精子具有 20 多条辐射臂伸出,这使精子容易在输卵管的狭道中与卵子相遇,增加精子附卵的机会。

在受精时,雌蟹基本上只允许 1 个精子入卵,这就靠精子附着卵之后卵发生的顶体反应来完成。

由此可见,河蟹的卵是体内着精,体外受精,多精子附卵,单精子受精,这是由体外向体内受精的过渡类型。

在长江口的河蟹捕捞场内(吴淞至横沙或堡镇到奚家港),河蟹的卵多数仅发育到生长成熟期的初级卵母细胞,在这以外(横沙到九段沙西)河蟹的卵多为初级卵母细胞转向次级卵母细胞时相。此后河蟹继续向(东)河口浅海移动(九段沙西到铜沙、中浚),河蟹抱卵受精,抱卵雌蟹的卵大部分在此作胚胎发育。

2. **胚胎发育**　河蟹业经交配、抱卵受精后,通常在自然界低温环境下,其卵球经历一段休止期,直至水温 8℃ 以上,春光普照,大地回暖季节才开始发育,胚胎经卵裂期、原肠期、中轴器官形成期后,最终破膜而出。在自然界,长江河蟹自受精后需经 2~5 个月才孵出蚤状幼体,大量孵出时的水温为17℃~22℃,集中时间在 4 月底至 5 月初。

河蟹的卵球受精后仍为紫酱色,粘性而具卵柄,卵径0.3~0.4 毫米。卵球内含大量卵黄,属均黄卵,具三层细胞膜,细胞核具极性,进行不等时全裂的螺旋型分割。

当受精卵开始分裂前,卵细胞经过一番改组,排出了废物,此时卵径略缩小。接着在动物极出现缢痕,不久即分裂成

2个大小不等的分裂球。由于是不等时分裂,所以相继出现的是3,4,6,8个细胞(图2-5之3,4,5)。以后进入64～128个细胞期,分裂球的大小已不易区别,数量也不易数清。这时胚胎整个直径仍比受精时略小,胚胎外膜和胚胎分裂球之间出现了明显的空隙(图2-5之6)。

在经过一系列的卵裂以后,胚胎出观一次明显的体积扩大过程,原先卵膜与分裂球之间的透明空隙为这一过程的进行所填充(图2-5之7)。继之胚胎出现原生质流动,开始使胚胎在一个极面(动物极)出现白色透明区,从而与黄色卵黄块(植物极)区别开来。卵黄块占整个胚胎的绝大部分。此时伴随着原肠腔的出现,使胚体进入中轴器官形成期(图2-5之8)。

原肠期以后,接着白色透明区逐渐扩大,以致从侧面观察胚胎呈现一新月形的透明带(图2-5之9)。经解剖这一白色透明带为胚体的部分,其内头胸部、腹部及附肢雏形已初步定型。以后胚胎向着蚤状幼体发展。本阶段卵黄块状占整个胚胎的3/4～4/5,胚体无任何色素出现。稍后,胚体进入眼点期(图2-5之10)。此时在胚体头胸部前下方两侧出现橘红色扁条形眼点,但复眼及视网膜色素尚未形成(图2-5之11;12)。同时在胚体的其他部位亦无色素,团块状的卵黄仍占据着整个胚胎的2/3～1/2部分。以后橘红色的眼点色素加深,眼径扩大,边缘出现星芒状突起,复眼相继形成。同时在卵黄块的背方开始出现心脏原基,不久心脏开始作缓慢跳动,此时卵黄吸收呈蝴蝶状块,胚体进入心跳期(图2-5之13)。

继心脏开始跳动后不久,心跳频率逐渐加快,卵黄块缩小,在胚体的头胸部相继出现除复眼外的色素,主要分布在头胸部的额、背两侧及口区,此即着生出额刺、侧刺及组成口器的原基,进入胚体分化期(图2-5之14,15,16)。同时腹部的各节间相继出现黑色素,胚体进入原蚤状幼体期(图2-5之17,18)。此时胚体头胸部、腹部、体节、附肢、复眼及头胸部的额刺、背刺和侧刺原基业已成形,最后在心脏跳动频率150~170次/分时,胚体借尾部摆动,背刺即可破膜而出,孵化出第一期蚤状幼体。

河蟹的原蚤状幼体期在胚胎中过渡。原蚤状幼体与第一期蚤状幼体形态构造大体相同,两者区别为:一是原蚤状幼体仅存背刺、额刺、侧刺的原基,一般尚无背刺、额刺、侧刺的

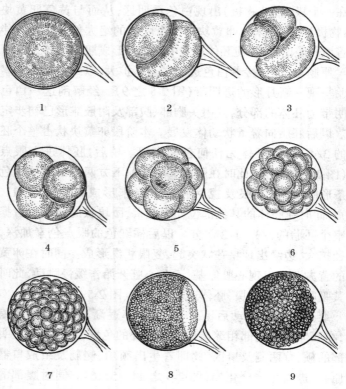

1　　　　　　　　2　　　　　　　　3

4　　　　　　　　5　　　　　　　　6

7　　　　　　　　8　　　　　　　　9

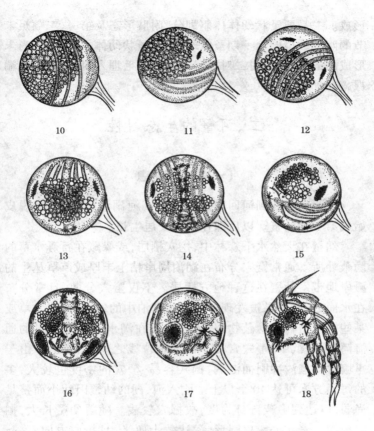

图2-5 河蟹胚胎发育

1.受精卵(分裂前) 2.二细胞期 3.三细胞期 4.四细胞期 5.八细胞
期 6.多细胞期 7.囊胚期 8.原肠期 9.新月形期(侧面观) 10.眼
点前期 11.眼点(胚体)出现期(侧面观) 12.眼点出现期(顶面观)
13.心脏出现和心跳期 14.胚体色素形成期 15.胚体分化期(侧面)
16.胚体分化期(顶面) 17.原蚤状幼体期(卵膜内)
18.原蚤状幼体期(去卵膜)

形成。二是原蚤状幼体体躯划分,附肢形态及第一、二颚足末节的刚毛数虽同第一期蚤状幼体,但蚤状幼体柔软,体外尚未形成硬的甲壳,同时二对颚足末节的刚毛埋入附肢内,仅末端裸露在外。

二、河蟹的生态习性

(一)掘穴和栖息

大眼幼体在溯河回归途中进入江河湖泊,再经1次蜕皮始成第一期幼蟹。以后即在其中安居生长。

幼蟹在天然水下森林中,挖穴栖居,或躲藏在石砾水草的隐蔽处所。通常蟹穴分布在湖泊周岸粘土丰厚或芦草丛生的滩岸地带。幼蟹在这种地方栖居。不仅蟹穴分散,且常分布在水面之下,不易被发现。生活在湖泊中的幼蟹,常以水草或某些挺水植物为隐蔽物,借以藏身。在潮水涨落差明显的通海河川、河浜中,蟹穴常位于高低水位线之间(图2-6)。由于土壤常受潮汐冲刷而湿润,掘穴容易,蟹穴的密度也较大,多的每平方米可达10个以上。刚入河、湖的幼蟹因幼小而螯足尚弱,以达到隐蔽自身为度,故掘穴较浅。随着幼蟹长大,掘穴渐深。蟹穴一般扁圆形,深达数十厘米,且折曲方向不一。河蟹掘穴主要靠螯足将土块挖起后合抱运出洞外,如土质较松也用步足扒耙,使洞穴渐渐造成窟窿并向纵深发展。每蟹穴少则栖居一只,多时可大小数只成串。

(二)取食、消化和营养价值

1. **取食**　河蟹杂食性,以食水草如蘋科、金鱼藻科、眼子

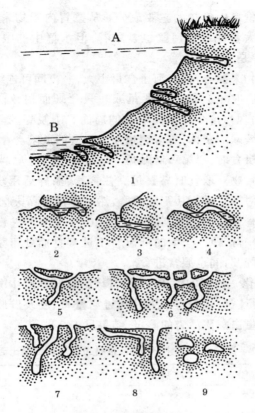

图 2-6 河蟹的洞穴（仿）

1. 河岸的横断面，表示蟹洞在高低水位之间 （A. 高水位　B. 低水位）

2~4. 蟹洞垂直切面的各种形式　5~8. 蟹洞水平切面的各种形式

9. 洞口横切面的各种形式

菜科等植物和鱼、虾、贝、水生昆虫、蠕虫为主，但也食腐殖碎屑、动物尸体和配合饵料，在食物匮乏时也会同类相残，或吞食自己所抱的卵。但在一般情况下，因植物性食料得来较易，常构成了蟹胃中食物的主要成分。从蟹胃内容物来看,主要为水草和大量泥沙。河蟹也食稻谷,但水草中的眼子菜、苦草、浮萍等是它们的主食。

在食物来源丰富时,河蟹食量很大,一夜间可连续捕食几只螺类。有时也会因一条死鱼或一只死虾而招致同类的争食,甚至出现为抢夺食饵而争斗的局面。刚蜕壳的软壳蟹或附肢严重残缺的个体,更有遭致强者吞食的危险。

河蟹摄食时,以第一对触角上的感觉毛为嗅觉器,借此可夜间找觅食物。取食时靠螯足夹住食物,撕碎后用步足传送交给第三对颚足进行切割或研磨,然后将食物碎块吃下。

河蟹有较强的忍饥能力,一般 10～15 天不进食不致饿死。一年中除 5℃～6℃ 的低温暂不进食物而处于蛰居状态外,冬季洄游时间也照常进食。

2. 消化　河蟹的消化主要靠胃、肠和肝胰脏中分泌的消化液来进行。徐生俊等(1993)通过河蟹胃、肠及肝胰脏酶活性单位和蛋白酶比活力的测定,结果见表 2-8。

表 2-8　河蟹的肝胰脏、胃、肠酶活性单位和蛋白酶比活力

项　　目	肝胰脏	胃	肠
酶活性单位	98.03	8.31	5.77
蛋白酶比活力	504.51	96.15	26.71

表中蛋白酶活性定义为:在 pH 7.4,包括缓冲液底物酪蛋白浓度为 2 毫克/毫升的条件下,经 40℃ 保温 10 分钟,以每分钟水解酪蛋白产生 1 微克酪氨酸作为 1 个活性单位。蛋白酶比活力定义为:每毫克酪蛋白每分钟的蛋白酶活性单位。

从表中可以看出,河蟹的酶活性和酶比活力以肝胰脏最

高,胃次之,肠最弱。这与肝胰脏作为主要的消化腺,其分泌的消化液对食物起着主要的消化作用有关。而胃虽无专一的消化腺,但它分泌的胃液,对经过胃磨研后的食糜也能起到一定的消化作用。河蟹无专一的肠腺,但它也具肠分泌的消化液,不过很弱。所以也可以说河蟹主要的消化作用靠胃液和肝胰脏消化液,但在消化次序上胃在先,肝胰脏在后。通过这两种消化液的消化后,大部分食物已消化为简单的物质。所以河蟹的肠管中很难看到食物的原形。而存在的往往是糊状的食糜和粪便等混合物。

3. **河蟹的营养价值** 河蟹为水产珍品,其营养成分十分丰富。河蟹与部分水产品的营养成分比较见表2-9。

表2-9 每100克河蟹与数种水产品食用部分
的营养成分比较

成 分	水 产 品 种 类								
	河蟹	梭子蟹	甲鱼	河虾	对虾	鳜鱼	鲫鱼	鲤鱼	带鱼
水分(克)	71.0	80.0	79.3	80.5	77.0	77.1	85.0	79.0	73.0
蛋白质(克)	14.0	14.0	17.3	17.5	20.6	18.5	13.0	18.1	15.9
脂肪(克)	5.9	2.6	4.0	0.6	0.7	3.5	1.1	1.6	3.4
碳水化合物(克)	7.4	0.7	—	—	0.2	—	0.1	0.2	2.0
热量(千焦)	528.5	343.0	439.0	318.0	377.0	435.0	259.0	368.0	418.0
灰分(毫克)	1.8	2.7	0.7	0.7	1.5	1.1	0.8	1.1	1.1
钙(毫克)	129.0	141.0	15.0	99.0	35.0	79.0	54.0	23.0	48.0
磷(毫克)	145.0	191.0	94.0	23.0	150.0	143.0	203.0	176.0	204.0
铁(毫克)	13.0	0.8	2.5	0.1	0.1	0.7	2.5	1.3	2.3
维生素 (国际单位)	590.0	230.0			360			140.0	—
硫胺素(毫克)	0.03	0.01	0.62	0.02	0.01	0.01	0.06	0.06	0.02
核黄素(毫克)	0.71	0.51	0.37	0.08	0.11	0.10	0.07	0.03	0.06
尼克酸(毫克)	2.70	2.10	3.70	1.90	1.70	1.90	2.40	2.80	2.20

从表中可以看出,河蟹的含水量最低,而蛋白质、脂肪、碳水化合物含量的总和最高,发热量最大,所以食后有饱腹之感。在矿质元素方面蟹类钙的含量特别高,在维生素方面,维生素 A 和核黄素特别丰富,也含相当高的尼克酸。

(三)自切和再生

1. **自切** 河蟹步足受外界环境(如温度、电、药物)刺激,或其步足被外敌抓住,经常会迅速割断其被捉步足,得以逃生,称此现象为自切。河蟹自切本领是长期对外界环境下逃避敌害求得生存的一种适应。

河蟹自切时其折断点总是在附肢的基节与坐节之间的关节处。河蟹步足一经断裂后,即可分泌液体,封闭伤口。

2. **再生** 河蟹的再生总是与自切相联系的,通常先自切,后再生。自切后的关节处有瓣及肌肉,折断后血流即可自止。河蟹的再生能力以幼蟹时较强。有再生能力的主要部位为附肢(图 2-7)。河蟹的再生能力颇有限制,不及蜗虫或纽虫。据 1972 ~ 1982 年对长江河蟹附肢再生率的统计为 26%,说明河蟹断肢和再生的现象非常普遍。

(四)游动和行动

1. **游动** 河蟹一生有三种游动方式,即垂直游动、水平游动和定向爬动。

(1)垂直游动 河蟹的垂直游动主要出现在蚤状幼体阶段。在自然界,早期蚤状幼体就是在翻滚的潮流中蜕壳变态的,所以蚤状幼体在形态结构上就与此相适应。蚤状幼体虽无游泳足及发达的步足,但它们膨大呈头盔状的头胸甲和由此伸出的两枚侧刺、1 枚额刺和 1 枚背刺,使它们形似陀螺具

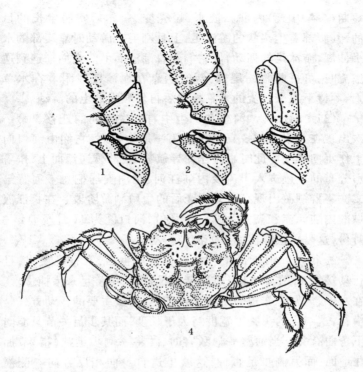

图2-7　河蟹附肢残缺再生及步足折断处的位置(仿)

1. 步足的基部(深黑线表示折断点的位置)　2. 步足从折断点折断
3. 新的步足从折断点复生　4. 螯肢及步足断肢再生半球形疣状物

有良好的稳定性。加之腹部有伸缩自如的摆动能力,这样就使蚤状幼体即使在大风大浪中也可借其头胸部来稳定平衡自身,并通过腹部不断扭动,不致过分消耗体力,使蚤状幼体不易沉入水底而死亡。

(2)水平游动　水平游动是河蟹幼体具有的一种真正的游泳方式,主要出现在大眼幼体阶段。此时大眼幼体为达到短期(6～10天)内回归淡水,蜕壳变态,然后安居生长的目的,其腹部着生桨状的游泳足,上具刚毛。游动时靠腹部的水平伸展,游泳足的划动,使它们顺着潮流而上。它们如遇到逆潮流时,可折曲收缩尾部,暂时栖息在泥沙底或附着在水草上,等待下次涨潮流的来临。然后再作顺水向上的游动。

(3)定向爬动 河蟹在一生中有两次定向的迁移。第一次出现在大眼幼体蜕壳变态成第一期幼蟹后,它们由河口向上作定向爬动。此时水流作为导航物,使幼蟹逆流而上,按塔形分布的轨迹进入干流及内陆江河、湖泊安居栖息。河蟹第二次集群洄游出现在成熟蜕壳后的生殖洄游阶段。在长江流域的内陆河流和湖泊为9～11月份,河口区为11月至翌年3月份,这是一次顺流而下的游(爬)动。

2. **行动** 河蟹通常在水底作蛰居生活,常昼匿夜出,且行动缓慢,仅在取食时,迅速借步足行动,用螯足来猎捕进食。在水中,河蟹能作短暂游泳。在陆上,河蟹主要的行动方式是横行,这与它的头胸甲宽度略大于长度,而其步足关节只能向下弯曲有关。当河蟹一遇敌害时,常将一侧步足趾(指)节抓住地面,而另侧步足直伸,这就推送自身向相反方向一侧横行。由于河蟹步足长短不一,因此它们在爬行时常常是向斜上方行动的。

(五)呼吸泡沫和异臭

1. **呼吸泡沫** 河蟹依靠鳃呼吸,把氧从外界输送到血色素中,并把二氧化碳由组织和血液中排出体外。除鳃之外,另外的一些辅助结构也是组成呼吸系统的一部分。对河蟹来说,后者是借助于第一至三对颚足来完成的,通常其内肢可用来关闭入水孔,使河蟹在离水时不易失水,起着防止干燥的作用。而其第二小颚外肢的颚舟叶,两侧及顶端均着生细毛,当它伸入鳃腔拨动水流时,有清洁鳃腔的作用。

泡沫是河蟹暂时离水后继续呼吸时所产生的。在水中由于河蟹第二对小颚的颚舟片在鳃腔里不断划动使水从螯足基部下方的入水孔进入鳃腔,然后由第二触角基部下方的出水孔出来。河蟹暂离水后,仍借助于残留在鳃腔里的水进行呼吸,此时空气混入鳃腔,与残留的水在一起喷出时就形成泡沫。由于不断呼吸,使泡沫愈积愈多。产生的泡沫不断破裂,而又不断增生,从而发出淅沥淅沥的声音。

2. **异臭** 即使是清水大闸蟹,如果干放暂养的话,不久甚至翌日便可闻到恶臭。造成河蟹发出异臭的主要来源:一是消化道末端肛门的排出物;二是由口部吐出的黄色胃液;三是排泄器官排出的尿液;四是头胸甲外壳由皮肤腺排出的废物;五是由投饵引起的饵料败坏等。

这些废液和排出物常导致河蟹产生异味,因此在较长时间用水暂养时必须经常换水。无水状况下的短期暂养时,最好不投饵,并每天用水洗去体表不洁之物,同时最好暂养在5℃~10℃的低温中,因为低温和水洗不仅减少了代谢产物的排出,还脱去了异臭。

(六)蜕壳和生长

1. **蜕壳** 河蟹的生长过程是伴随着幼体的蜕皮,幼蟹的蜕壳而进行的。幼蟹蜕壳常先选择好安静隐蔽处所,不久就在头胸甲与腹部之间的侧板线产生裂缝,蟹背隆起,裂缝逐渐加大,束缚在旧壳里的头胸部先蜕壳而出;继之,由于腹部向后退缩两侧肢体不断向中间收缩摆动,终使末对步足从旧壳缩出;接着腹部和其他附肢也相继蜕出,惟螯足各关节粗细不均,蜕壳最难亦最迟。幼体蜕壳后,原先紧缩在旧壳中的新体舒展张开,体型亦就随之扩大(图2-8)。河蟹蜕壳时常连"胃磨"中的角质齿板也去旧换新,这给鉴定河蟹的年龄增添了困难。

对蟹类蜕壳周期的划分最初是国外学者通过对黄道蟹(*Cancer pagurus*)的研究后确定的,这种划分经稍修正后基本上适合河蟹4个时期的蜕壳(皮)。

(1)蜕壳期 蜕壳期是指河蟹从开始蜕壳到外骨骼蜕出的时期。此时河蟹外骨骼很软,处在膜质状态,河蟹吸水膨胀,并从不能支撑自身到矿化开始,河蟹已能支撑。此期末头胸甲软骨化,河蟹不进食,体重从开始蜕壳时的迅速吸水到体重不再增加,含水量可达85%以上,占整个蜕壳周期2%的时间。

(2)蜕壳后期(新皮钙化期) 蜕壳后期也称新皮钙化期。河蟹头胸甲开始钙化,钙化层沉积。从附肢前(长)节和胫节弯曲不折断到附肢前(长)节和胫节弯曲时可以折断为止,含水量下降到占体重的80%。此期河蟹仍不进食。历时约占整个蜕壳周期的8%。

(3)组织增生期 该期河蟹开始进食,食欲旺盛。头胸甲从挤压有轻微弹性(渔民称橡皮蟹)直到坚硬,钙化完全。其间水分进一步从80%下降到60%。历时约占整个蜕壳周期的70%。主要特征为组织增生和水分减少。该期河蟹的食量最大,也可称蜕壳间期。

(4)蜕壳前期 蜕壳前期是指为下次蜕壳作准备的时期。出现钙质重新吸收,并分泌新的皮外层和色素层。头胸甲和腹甲间出现开裂缝,在外壳上形成缝隙,使河蟹有可能从旧壳中蜕出,并开始吸收水分。该阶段的经历时间约占蜕壳周期

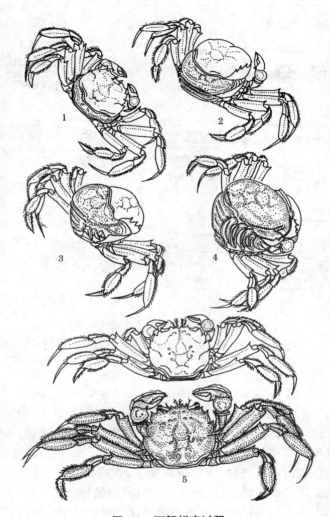

图 2-8 河蟹蜕壳过程

1~4. 蜕壳过程 5. 上图为蜕出的壳, 下图为蜕壳后的蟹的 20%(图 2-9)。

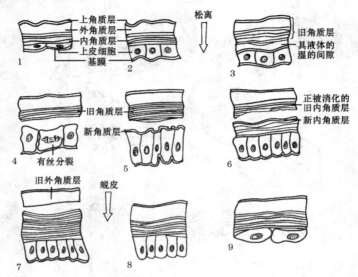

图 2-9　一个蜕皮周期,表皮与角质层变化顺序图示(仿)

1.静息的表皮　2.细胞增大,开始活动　3.表皮分离,细胞与旧角质层分离
4.有丝分裂　5.新角质层形成开始,上角质层的分泌　6.旧角质层的消化
与吸收,新角质层的分泌　7.旧内角质层完全被吸收掉,新原角质层增
加厚度　8.通过蜕皮旧角质层脱离　9.表皮细胞回到静息状态

　　综上所述,在河蟹整个蜕壳周期中,含水量为 60%～
85%,而以蜕壳期的水分含量最高。河蟹体重迅速增加,头胸
甲长度和宽度加大,但实际上这是一种膨大,而并非组织上的
增生。以后河蟹进食,随着组织增生,含水量下降,因此河蟹
的主要增长期在该阶段,所经历的时间也最长。

　　在人工饲养河蟹时应该正确掌握河蟹组织增生阶段的总
历时,并从获得最高生长量出发合理投饵。

　　2.生长及其特性　河蟹从第一期幼蟹起,每蜕壳 1 次,体长、体重均发生 1 次飞跃式增加。从调查材料分析,河蟹每蜕壳 1 次大约按指数生长增加,因此从每只体重 6～7 毫克的大眼幼体增重至 250 克,至少需蜕壳 10 多次。经过对河蟹头胸甲长和体重相关的测定,河蟹符合 $W = a \cdot L^b$ 的关系式。$b = 2.79(♀)$ 或 $2.753(♂)$,接近于 3。这表面上似乎符合一切水生动物的均匀生长规律,并可用 Bertalanffr 生长方程来拟合,其生长曲线的模式见图 2-10。雌蟹头胸甲长与体重相关式为 $W = 6.007817 \times 10^{-4}L^{2.972447}$,雄蟹头胸甲长与体重的相关式为 $W = 1.399027 \times 10^{-3}L^{2.752989}$。但其实与鱼类相比河蟹具有异速生长的特点。研究表明,河蟹个体生长时,它们只存在着有限数量的梯级跳跃。测量数据表明,这些不连续的梯级所取的数值落在一个正常的异速生长曲线上。河蟹个体生长可以说是沿着这条异速生长曲线在跳跃,只在几个点与这条曲线相遇。但重要的应记住河蟹个体生长的研究与种群研究之间的差别,当研究群体生长时,各条个体生长(变异)所给出的值,如果绘成图,显然与鱼类或其他动物类群的生长曲线相符。图 2-10 绘出了河蟹个体和群体异速生长曲线的模式,从中可以觉察到,河蟹各个体异速生长曲线的总和应与常规的异速生长曲线符合。因此即使对河蟹来说,生长期间群体的重量增加几乎仍是连续的,同时它还具有下列一些生长特点:一是河蟹蜕皮时,在蜕皮过程完成之前,不摄食。二是河蟹在蜕壳时吸收大量的水分,因而在蜕壳过程中重量增加。在以后的生长期中,水分相继丢失是缓慢的,并逐渐地为组织生长所代替。由于外骨骼组织的柔软而富有弹性,因此蜕壳时河蟹头胸甲扩大,体重明显增加,而在相继的生长期中,重量则缓慢地增长。

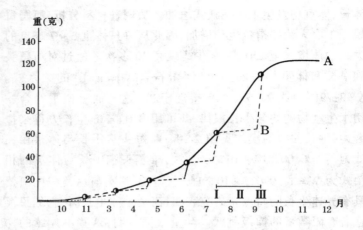

重(克)

图 2-10   河蟹种群及个体生长模式曲线

A.种群生长   B.个体生长

Ⅰ.蜕壳期(8%)   Ⅱ.组织增生期(70%)   Ⅲ.蜕壳前期和蜕壳期(22%)

(七)性比、年龄和寿命

1.**性比**   河蟹在淡水环境中大体保持 1:1 的性比水平。仅在不同季节由于环境条件和雌雄成蟹成熟期先后不同,而导致某一阶段以雌蟹或雄蟹为主体的情况。黄蟹阶段雄蟹比例多于雌蟹,可认为与雄蟹活动力较强,上簖上网几率较雌蟹多的缘故。雌蟹成熟较早于雄蟹,因此蟹汛前期,雌蟹略多于雄蟹,但蟹汛中期雄蟹多于雌蟹。汛末因部分当龄雌蟹常提前成熟洄游,因此出现汛期后阶段当龄雌蟹性比超过雄蟹的情况。

河蟹洄游到繁殖场后,随盐度和季节时空上的不同,性比上差异显著。通常接邻江河上游的河蟹繁殖场一侧,雄蟹数量略多于雌蟹;而接近河口浅海的繁殖场另一侧,雌蟹数量多于雄蟹。上述性比的变化情况见表 2-10。在 11～12 月份大部分河蟹在咸淡水交汇处雌雄性比接近,而在 4～5 月期间长江口河蟹繁殖场雌蟹性比多于雄蟹,这是由于河蟹交配后,雌蟹为达其胚胎发育所需的合理盐度而继续向河口浅海洄游的缘故。6 月份以后,繁殖场雌雄亲蟹性比差异更为悬殊,表明繁殖场的雄蟹已提前结束生命。

表 2-10　长江口铜沙、九段沙河蟹产卵场性比测定

日　　　　期	捕获量(只)	性　　比		雄蟹占捕获量的百分比(%)
		母(♀)	公(♂)	
1972 年				
4 月 11～21 日	117	102	15	13.0
5 月 5～8 日	98	85	13	13.0
5 月 16～18 日	120	91	29	24.0
6 月 2～4 日	153	153	—	—
6 月 27 日	29	28	1	3.5
1982 年				
5 月 1～2 日	27	21	6	22.0
5 月 10～14 日	65	47	18	27.0
5 月 30～31 日	46	37	9	19.5
6 月 6 日	9	7	2	22.2
6 月 18 日	12	10	2	16.6
7 月 1～3 日	10	1	—	—
8 月 9 日	—	—	—	—
9 月 7～11 日	—	—	—	—
10 月 5～6 日	—	—	—	—
10 月 13～20 日	—	—	—	—
11 月 7～13 日	25	16	10	40.0
11 月 20 日	26	12	14	53.8
12 月 2～3 日	76	31	45	59.2
12 月 16 日	8	4	4	50.0
1983 年				
2 月 1 日	52	42	8	16.0
2 月 17 日	30	24	6	20.0

2. 年龄和寿命 河蟹没有像树木年轮或鱼类鳞片那样的构造来帮助我们鉴别其年龄。因此对河蟹年龄的测定只能通过对内陆湖泊蟹苗放养或池塘饲养，然后直接测定出年龄。

自 1970 年河蟹苗在全国范围内移放后，特别是那些原先从未分布河蟹的内陆湖泊，通过对河蟹生长、洄游及捕捞量等资料的统计，揭示了河蟹作为群体其生殖洄游为二秋龄(一冬龄)，即从当年 6 月初蟹苗进入江河、湖泊安居生长起，在淡水水域中生长到第二年 10 月寒露、霜降后，随即集中向河口浅海作生殖洄游。如长江河口区约为第二年的立冬前后，此时内陆河蟹已陆续到达产卵场，然后由这一年的 12 月至第三年 3 月间完成其交配繁殖的历史使命，到 7 月初河蟹繁殖场内已不再有雌雄蟹生存。因此蟹的寿命严格地说，从蟹苗开始计算，雄蟹的寿命实际上仅 22 个月，其中 16～18 个月是在淡水中渡过，4～6 个月在河口浅海中渡过，而雌蟹寿命为 24 个月。雄蟹寿命比雌蟹较短的原因与河蟹交配后雄蟹已完成种族延续历史使命，而雌蟹尚有抱卵孵育后代的任务有关。从表 2-10 中可以看出，雄蟹集中死亡的时间在 4～6 月份，而雌蟹集中死亡的时间在 6～7 月份。自 7 月底起到 10 月底，一度河蟹云集的繁殖场，已不再有老一代的亲蟹栖息。因此河蟹的寿命多数应为 2 足龄。11 月份以后长江口河蟹繁殖场重新出现大量河蟹，表明翌年的河蟹繁殖交配活动又要开始。

河蟹寿命与生态环境和性成熟年龄有关，而性成熟受不同生态条件制约。营养丰富的湖泊当年常有一部分河蟹生长到 50～70 克，且已达性成熟，这种当年成熟的个体照例加入生殖洄游的行列，洄游到河口浅海去交配繁殖，但其集中降河洄游的汛期比 2 龄蟹群体较迟。以长江下游一带为例，正常 2 龄亲蟹的生殖洄游，其高峰出现在寒露、霜降至立冬节气。

而当龄河蟹生殖群体则集中在立冬到冬至前后。因此在河口浅海区也照常出现两个生殖群体。长江河口区一般在立冬至冬至时，第一个2龄生殖群体已达河口产卵场，而第二个当龄生殖群体则集中在冬至至立春前后才到达。河蟹的2龄生殖群体在数量上远远超过当龄生殖群体。当龄的河蟹在抵达产卵场后，经交配、抱卵、孵育蚤状幼体后，雄蟹和雌蟹照例相继死亡，因此这类生殖群体的雄河蟹寿命为10个月，雌蟹也仅1年。

幼蟹在密集放养及缺饵、低温的环境中，生长极度缓慢，在这种情况下已达2秋龄的河蟹迟迟不能蜕壳成绿蟹。这类幼蟹虽已达到正常生殖年龄，但仍留居江河、湖泊，不能下海繁衍后代。这样的河蟹其寿命可延长到3~4秋龄，即雄蟹寿命为2龄10个月（甚至3龄10个月），而雌蟹寿命实足为3~4龄。

（八）河蟹死亡前的寄生和河蟹的一生

1. 寄生 河蟹死亡前在形态和生态习性上均有显著变化。雄蟹交配或雌蟹抱卵孵化后不久背甲常着生苔藓虫、薮枝虫之类，而腹部常为蔓足类蟹奴所寄生，两者寄生百分率自河蟹开始交配繁殖后逐月增加。河蟹交配繁殖后苔藓虫、薮枝虫和蟹奴寄生情况见表2-11。

表 2-11　长江口河蟹蟹奴及苔藓虫、薮枝虫寄生情况

日　　期	捕获数量(只)	寄生蟹奴数量		寄生苔藓虫、薮枝虫数量	
		数量(只)	百分率(%)	数量(只)	百分率(%)
1972 年					
4 月	117	—	—	—	—
5 月	129	11	8.0	—	—
6 月	65	22	31.5	44	68.0
7 月	4	3	75.0	4	100.0
1982 年					
5 月 1~2 日	18	5	27.7	—	—
5 月 10 日	11	5	45.5	—	—
5 月 14 日	34	2	5.8	—	—
5 月 30 日	15	7	46.6	13	86.6
6 月 30 日	12	8	66.6	12	100.0

　　从表中可以看出,自 5 月份开始蟹奴寄生率由 5% 逐月上升到死亡前的 66% ~ 75%。河蟹一旦被上述动物寄生后,体力日渐衰竭,这种河蟹断无再返回内陆江河湖泊生存的可能,而河蟹寄生苔藓虫、薮枝虫的百分率可达到 100%。

　　河蟹在繁殖场完成交配繁殖后,随着水温的上升逐渐由深层向浅滩移动,多栖息在 1~3 米的浅滩上,且行动迟缓,过着蛰居的生活,有时甚至可以见到亲蟹深埋自身于泥中呈奄奄一息之态。

　　2. 河蟹的一生　至此本书已较详细地介绍了河蟹一生中的各发育阶段,现在把这些内容串起来就构成了河蟹的生活史。

长江口 2 秋龄河蟹一生中各发育阶段的生命周期相继为:蚤状幼体(4～5月)→大眼幼体(5～6月)→第一至第五前期幼蟹(仔蟹)、豆蟹期(6～7月)→当龄幼蟹(扣蟹)期(8～12月)→幼蟹(扣蟹)越冬期(12月至翌年2月)→2龄(I⁺)幼蟹(黄蟹)期(3～9月)→2龄(I⁺)成蟹(绿蟹)期(9～11月)→亲蟹期(12～2月)→交配抱卵期(12月至翌年4月)→蚤状幼体释放期(4～5月)和产卵后亲蟹死亡期(雄4～5月,雌6～7月)。因此长江口河蟹繁育场在7～10月无河蟹迹影。图2-11为2秋龄河蟹(I⁺)繁殖群的生活史模式图,围绕该图1周需历时2年。如为1秋龄繁殖群或3秋龄繁殖群,则就要缩短或延长生命周期为1周年或3周年。

第三章 蟹苗资源及开发利用

一、蟹苗资源及其分布

我国从辽宁省的鸭绿江起到广西省的南流江均有蟹苗作狭带状自然分布。我国人民对蟹苗资源有组织地开发利用较迟,过去全凭大自然摆布以增养殖为主。自20世纪50年代末起,由于沿江诸河建闸筑坝,致使河蟹及蟹苗洄游通道受阻,加之城市污水排放,农药使用加剧,河蟹及蟹苗资源骤减,甚至濒于绝迹。为了恢复河蟹产量,我国广大水产科研人员利用天然蟹苗资源,采用了移植放流和灌江纳苗等措施,一度取得显著的效果。

在蟹苗自然分布的狭长带范围内,除以长江水系为主外,

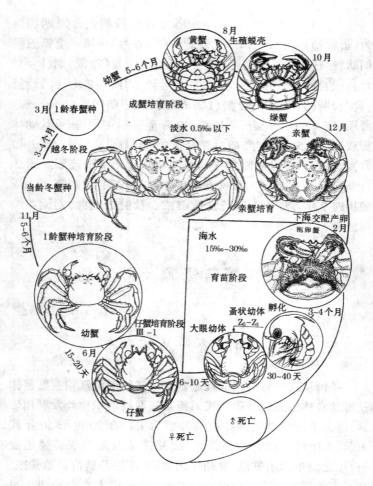

图2-11　河蟹的生活史

其他水系上游江段均缺乏河湖水域或历史上多无增养殖河蟹习惯。福建省以南因其西部多山,境内水系流域面积狭窄,虽

· 72 ·

有河蟹及蟹苗自然分布,但资源量不大,以往未曾实用开发。其他沿海各省、市自20世纪60年代起,已先后对本地区的蟹苗资源进行了开发利用。现将我国沿海各省、市河蟹苗分布及开发利用情况概述如下。

(一)长江口区蟹苗资源分布及利用

长江全长6 300公里,流经10省、市,每年以1万亿吨水量泻流入海,流域面积约180万平方公里。主要产苗区在江苏省江阴市以下的河口段及上海市的崇明岛周围。长江口江面辽阔,由于中下游两岸江河湖泊星罗棋布,河蟹资源丰富,历来是我国最大的河蟹苗生产基地。

1. **长江南岸带蟹苗分布及开发利用** 长江蟹苗主要由南岸带的黄浦水道和宝山区(县)石洞、太仓市浏河、常熟市浒浦、望虞诸水闸入口,上述江段历年来是蟹苗旺发地段。20世纪70年代前上海市淀山湖及江苏省太湖、阳澄湖等湖泊水系的河蟹主要由上述河道洄游入海,幼苗亦由此进入江河湖泊。从1971年起,由于宝山区(县)石洞口污水排放渠道建成,加之上海市城市工业污水排放逐年增加,黄浦江水质污染加重,长江自宝山区(县)石洞口以下,蟹苗分布均受严重威胁,南岸带蟹苗洄游路线发生变更,它们避开近岸污染带而在浏河口才重新接岸上溯,故70年代以后,长江南岸带蟹苗资源开发利用仅限在浏河水闸以上江段(图3-1)。

长江南岸带蟹苗资源开发利用始于60年代初。1960年江苏省盛产河蟹的阳澄湖地区连续数年产量大幅度下降,于是对这一水产资源进行了调查。在1963年春夏之交,首先在太仓区(县)浏河水闸外捕得河蟹蟹苗,同时进行灌江纳苗工作。1964年起蟹苗放养扩大到太湖地区,获得成效。如以阳

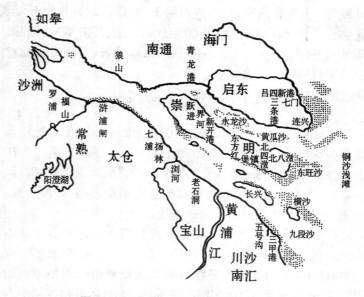

图 3-1 长江口区各县市蟹苗资源分布图

澄湖为例,1961年该湖河蟹增养殖产量为100余吨,仅占历史上最高产量400吨的25%,但从1963年开始采用灌江纳苗和1964年进行人工放养后,产量逐年回升。1964年阳澄湖河蟹产量为400吨,1965年为500吨,超历史最高产量。长江南岸带河蟹苗资源的开发利用很快波及邻近省、市。上海市、浙江省都陆续加入开发浏河口蟹苗资源的行列。

太仓、常熟两市相邻,都在长江南岸带,两市蟹苗汛期出现与崇明岛苗发汛期相同,但高峰期出现时差2~3天,这与两县地理位置在崇明岛西侧有关。长江南岸带苗发盛衰与崇明岛蟹苗汛相关。一般说来,崇明岛蟹苗旺发,长江南岸带各闸口也相继旺发。1969~1981年长江南北岸带太仓、常熟、启东、海门及崇明岛的捕苗量见表3-1。从表中可以看出,各地蟹苗产量呈正相关,而且太仓、常熟两地蟹苗产量约占整个长江河口及闸口捕苗量的 5%(1977 年)~56.7%(1981 年),其中 1974~1981 年 8 月平均占整个长江口区苗产量的 39.9%。

2. 崇明岛蟹苗分布及开发利用 崇明岛地处长江口,面积 1 300 平方千米,系河口泥沙冲积而成。历史上崇明一年四季盛产河蟹,但个体较小,并不引人注目,在国内河蟹市场上也无声誉。20 世纪 60 年代初,自浏河口蟹苗资源开发利用以来,因当时对河蟹生活史研究尚未明了,各捕捞单位经常出现掌握汛期不当,捕苗落空现象。1969 年 6 月江苏、浙江、上海的渔民,最初云集浏河水闸口等苗待捕,在蟹苗姗姗来迟的焦急情况下,一次偶然的机会,在崇明岛北八滧水闸外最先发现大量蟹苗资源。1969~1981 年长江口天然蟹苗资源丰盛时主要产地产量见表 3-1。

表 3-1 1969~1981 年长江口天然蟹苗资源丰盛时主要产地产量
(单位:千克)

年份	总产量	长 江 口 各 市 (县)					洪泽湖自捕	高宝湖自捕
		崇明	启东	海门	太仓	常熟		
1969	4050	4000	—	—	—	—	50	
1970	1425	775	500	—	—	—	150	
1971	3650	2900	500	—	—	—	250	
1972	2300	1050	500	—	—	—	750	
1973	8325	5000	2000	—	—	—	1325	
1974	28352	11147	7000	—	3000	2605	2600	2000
1975	51846	18071	10000	—	3600	13525	4100	2550
1976	28079	4354	3000	—	5500	10775	2800	1650

年份	总产量	长 江 口 各 市 (县)					洪泽湖 自 捕	高宝湖 自 捕
		崇明	启东	海门	太仓	常熟		
1977	4567	886	3000	—	190	41	350	100
1978	46579	13927	1500	—	5946	19456	3850	1900
1979	18981	7700	5000	—	505	926	3200	1650
1980	27353	11943	4500	3500	115	1303	4110	1882
1981	63082	20525	2000	1800	9000	26807	525	2425

　　从表中可以看出,崇明县蟹苗年平均为 7 867 千克,1981年为 2 万余千克,居历年之首。迄今为止,全国有 25 个省、市先后来崇明捕捞蟹苗,崇明蟹苗对我国各地区河蟹生产的发展及产量的提高,有着重要的作用。

　　1982 年以来,崇明岛蟹苗连续 8 年减产,有的年份甚至已无捕捞价值。直至 1990 年长江口蟹苗重新出现过一年的旺发,整个 90 年代,长江口蟹苗除 1993 年、1995 年和 2000 年出现了中等程度的蟹苗资源可供捕捞外,其余年景蟹苗几不成汛。因此可以这样认为:从 1969 年到 1982 年长江口河蟹苗资源丰富,为蟹苗捕捞的黄金时代。1982 年至今长江口蟹苗资源骤减,为蟹苗资源多贫少丰的年景。长江口蟹苗资源的衰退与长江中下游河蟹捕捞强度剧增,河口产卵场、河床浅滩位置变化,长江沿岸城市(特别是上海市黄浦江的西、南二区)排污量增加等有关,其详情目前还在讨论中。

　　3. 长江北岸带和江苏北部蟹苗资源及开发利用　长江北岸,包括南通、启东、海门诸市,南与崇明岛隔江遥望,长江北支上游江段青龙港,地处狭颈口,江面宽仅 1.8 千米;下游江段启东连兴港至崇明八滧港,江面宽约 20 千米。长江北支水下有黄瓜沙(暗沙)东西向拦阻,主航道在靠近海门、启东市一侧。长江河蟹,每年主要由南支洄游入河口浅海交配繁殖。因长江北支无河蟹繁育场分布,生殖洄游时期仅少数由崇明、启东、海门当地所产河蟹出闸栖居,不仅亲蟹群体少,而且个体小。当地渔民历来不在此处捕蟹。

由于上述原因,致使启东、海门二市(县)在整个 70 年代至 90 年代初苗发状况常不能和崇明岛相比,因此自崇明岛蟹苗场开辟以来,苏北一带渔民每年均组织船队来北支靠近崇明岛一侧的江面捕苗。江苏北部和启东、南通二市蟹苗主要产地在黄海沿岸带的河口浅海。1970 年由于崇明县苗发情况不良,各地的捕苗渔民曾各自横渡长江北支去启东一带黄海沿岸各闸口自找门路,先后在启东市的吕泗大洋港、七门、桃花红、甸田、连兴港以及南通、大丰、海丰、射阳、干榆等市、县沿海一带发现蟹苗,但亲蟹群体均与长江河蟹同源,且由于江苏北部一带的河口上游无众多的江河湖泊分布,因此总的说来蟹苗资源不能与长江口相比。启东市的蟹苗汛期与崇明县相同。江苏北部与山东相邻地区的苗发汛期比崇明县约迟15 天。1970 ~ 1976 年启东市的蟹苗产量见表 3-2。

表 3-2　1970 ~ 1976 年江苏省启东市的黄海沿岸蟹苗产量

年　　份	蟹苗产量(千克)	主要捕捞单位
1970	500	浙江、江苏
1971	500	浙江、江苏
1972	500	浙江、江苏、安徽
1973	500	浙江、江苏、安徽

年　　份	蟹苗产量(千克)	主 要 捕 捞 单 位
1974	1000	由市(县)统一捕捞
1975	1000	由市(县)统一捕捞
1976	3000	由市(县)统一捕捞

(二)山东省蟹苗资源分布及利用概况

山东省地处北纬 35°10′ 至 38°10′,境内主要入海河流有大沽河、五龙河、大姑河、胶莱河、小清河、黄河、徒骇河、沙河和马颊河等,均有一定的蟹苗资源量。其中黄河为我国第二大河流,全长 5 464 公里。发源于青海巴颜喀拉山北麓,下游有东平湖等附属水体,最终流入黄海。山东省境内河川、湖泊量少,水资源不丰富,河蟹生产量不及长江水系的江、皖、赣、鄂、湘。20 世纪 60 年代初,山东省有关县已开始从沿海捕捞蟹苗进行放养。例如,1964 年 6 月在小清河入海口 15 千米处曾捕获蟹苗 100 千克。但近年来由于城市污水排放,对蟹苗资源影响很大,致使该处已无捕捞价值。

(三)河北省蟹苗资源分布及利用概况

河北省地处北纬 38°10′ 至 40°10′ 的滨海段,北自秦皇岛的山海关起,南至黄骅县的白板子河,海岸线全长 370 千米。境内岸线平直,以泥沙浅滩为主,缺乏大型通海河川和天然良港。该省大部分地区属海河流域。海河发源于河南省北部,全长 1 090 公里,水系由北运河、永定河、大清河、子牙河和南运河等五大支流汇合而成,终端入海于天津的塘沽河。

1958 年前河北省以胜芳、白洋淀、七里海一带河蟹产量较高,尤以天津胜芳蟹蜚声海外。自海河出口处修建水闸后,切断了河蟹洄游路线,河蟹资源逐渐下降。以后又另在海河闸附近建立了两个排污渠道,接纳从天津市排放的工业污水,破坏了海河口河蟹自然繁殖力,严重影响了蟹苗资源。

除1972年7月初在塘沽海河闸外捕捞河蟹苗60千克外,以后几度组织捕捞均无生产价值。1974年后,该省专门组织一定人力对全省蟹苗资源进行普查,发现沿海一带均有蟹苗分布,但生产上无捕捞价值。

(四)辽宁省蟹苗资源分布及利用概况

辽宁省接北纬38°50′至41°的滨海岸线,该省南临黄海、渤海,主要河流为辽河和鸭绿江。辽河全长1430千米,分布东西二源。西辽河流程长,流量少。东辽河流程短,流量大。两河汇合后称辽河,经盘山入辽东湾。辽河支流的浑河和太子河,在三岔河附近汇合,经营口市和辽河一起进入辽东湾。辽宁省辽河附近的营口县、盖县、盘山、盘锦等几县以及靠近鸭绿江口的东沟、孤山、庄河等地历史上也都是河蟹的产地。近几年来也因兴建水利设施和水域污染,河蟹及蟹苗资源显著下降。

受崇明县河蟹苗资源开发利用并取得良好业绩的影响,辽河蟹苗资源采捕始于20世纪70年代中后期。其中1977年盘山县蟹苗产量为120千克,1979年为249.5千克,1981年为828千克,1982年为873千克,1983年为1174千克。此后因受资源衰退影响而中止自然蟹苗的采捕。

(五)浙江省蟹苗资源分布及开发利用

浙江省地处北纬27°05′至29°50′,境内东临大海,港湾曲折,岸线漫长,约计762千米。浙江主要通海河流有东西苕溪、钱塘江、曹娥江、甬江、灵江、瓯江、飞云江及鳌江等八条河流。其中钱塘江源出安徽省休宁县的板仓,全长500公里,为浙江第一大河。瓯江源出福建省仙霞岭的洞宫山,全长386.6公里,为全省第二大河。1960年该省绍兴市渔民在三江闸外捕捞蟹苗50千克投放新安江。由于当时对蟹苗汛期规律尚未明了,加之蟹苗放养水库效果无法统计,因此未能连续对蟹苗资源进行开发利用。1970年在长江口蟹苗资源开发影响下,浙江省淡水研究所曾系统地对本省蟹苗资源进行了全面调查,并发动广大渔民在浙江沿海捕获蟹苗约4 250千克,对促进该省河蟹增殖事业起了一定的作用。

根据前十余年来浙江省对天然蟹苗的张捕结果来看,该省主要蟹苗产地在杭州湾的萧山、绍兴,以及瓯海、瑞安和平阳,其次为海盐、慈溪、镇海,象山、乐清等地,但80年代起主要的产苗地在合称瓯江水系的瓯江、飞云江和鳌江。1970年浙江省蟹苗主要产地的汛期与产量见表3-3。

表3-3　1970年浙江省蟹苗主要产地的汛期与产量

县名	蟹　苗　汛　期		
	起讫时间(农历)	地　　　　　点	数量(千克)
余杭	5月13~15日	七堡附近水闸	185
海宁	5月13~15日	钱塘乡金山大队	50
海盐	5月10~19日	海盐澉浦青山渔业队、澉浦养鱼场	750
萧山	5月13~25日	十二圩红垦农场	1350
绍兴	5月14~22日	连树下、三江、马山、前进等沿海水闸	1000
上虞	5月14~22日	西湖闸和沿海等闸	不详

县名	蟹 苗 汛 期		
	起讫时间(农历)	地 点	数量(千克)
慈溪	5月14～17日	红旗、王洞、胜利、六洞、高背浦等闸	50
奉化 宁海	4月26～5月5日	松岙、西垫、象山港湾的所有水闸及河道	未捕
象山	4月26～5月5日	林海乡、柴咀头、鹤咀头等水闸	不多
乐清	3月28～4月3日	镇海、天城、城东等乡	不多
瑞安 平阳	4月14～21日	瑞安的沿海和飞云江口等水闸	900

从表3-3中可看出,浙江省蟹苗主要汛期为5月中旬至6月中旬,蟹苗旺发先南后北,相近或早于长江口蟹苗汛期,最早的约提前30天左右。其中浙南平阳、瑞安等县一般农历4月初至中旬(公历5月初至中旬)为第一汛,农历4月中旬至月底(公历5月中旬至月底)为第二汛。而隶属杭州湾水系的萧山、绍兴、余杭县一带所产的蟹苗,其汛期与长江口蟹苗发汛时间相同,通常农历5月上旬为第一汛,农历5月中下旬为第二汛(即公历6月上旬的芒种汛和6月中下旬的夏至汛)。

杭州湾蟹苗资源自1970年起连续二次出现大年、小年交替现象。1974年后杭州湾蟹苗资源锐减,目前已无生产开发价值。1970～1978年萧山县的河蟹资源开发利用状况见表3-4。

表 3-4 杭州湾萧山县蟹苗汛期与产量

年　份	蟹苗汛期 (月·日)	捕获量 (千克)	年　份	蟹苗汛期 (月·日)	捕获量 (千克)
1970	6·13～25	1350	1975	6·10～14	18.9
1971	6·12～25	750	1976	6·8～16	18.9
1972	6·12～7 初	2005	1977	6·10～16	2.15
1973	6·8～22	789	1978	6 上旬	382.5
1974	6·9～22	775			

　　目前浙江省蟹苗产地主要集中在温州地区。近几年来瓯江蟹苗产量连续几年旺发,每年产蟹苗量达 2 500～7 500 千克,已成为我国目前蟹苗资源最丰盛的产地之一。浙南地区河蟹苗生产地主要在瓯海、瑞安和平阳等地的瓯江、飞云江和鳌江,所产的蟹苗统称瓯江苗。1981～1990 年浙江丽水和浙南地区河蟹苗总产量统计见表 3-5。

表 3-5 1981～1990 年浙江丽水和浙南地区河蟹苗
总产量统计 (单位:千克)

年　份	丽水地区水 产推广站	浙南地区 调查报告	年　份	丽水地区水 产推广站	浙南地区 调查报告
1981	—	282.7	1986	1309	4313
1982	949	2000	1987	314.5	6580
1983	351.5	5000	1988	—	3674
1984	260	5000	1989	—	5000
1985	753	2650	1990	—	5000

注:浙江浙南地区包括瓯江、飞云江和鳌江

（六）福建省蟹苗资源分布及开发利用

福建省地处北纬 23°40′ 至 27°05′，海岸线全长约 800 公里，为亚热带湿润季风气候。境内主要通海河流有闽江、九龙江、穆阳溪、霍童溪、岱江、木兰溪、晋江、漳江及东溪等。其中闽江水系发源于武夷山脉，经北源崇阳溪、建溪、中源富屯溪和南源沙溪，在南平市附近汇合称闽江，由福州市泄泻入海。闽江水系全长约 577 公里。

由于福建省境内多丘陵山地，而少江河湖泊，历史上无开发蟹苗资源在该省进行增养殖的习惯。20 世纪 80 年代后期因受浙南瓯江蟹苗奇货可居的刺激，在闽北地区率先开发当地蟹苗资源，并通常经过温州市瓯江一带的蟹农转手出售，但产量不多，一般并入浙江温州地区的蟹苗销售量统计入册。闽南地区蟹苗资源量少，即使开发也仅供应当地蟹农作增养殖。

（七）广东省蟹苗资源分布及开发利用

广东省地处北纬 20°20′ 至 23°40′ 范围，为南亚热带湿润气候，境内主要通海河流为西江、珠江、韩江、潭江、漠阳江、鉴江等。其中珠江以上游西江为主干，全长约 2 210 公里。历史上一般认为河蟹在我国仅分布到福建南部的九龙江为止，向南为日本绒螯蟹。但近年来通过河蟹苗的南移，其成蟹在珠江水系一带的河口浅海繁衍后代，安家落户，同时对原先认为福建省南部只存在日本绒螯蟹的说法也开始表示存疑。据洪桂善(1992)报道，广东省肇庆市所属江河原先无中华绒螯蟹踪迹。70 年代从长江口崇明岛引入中华绒螯蟹蟹苗，经多年繁衍，现已成为当地江河中的新家族。每年农历 10～11 月是中华绒螯蟹上市的旺季。据肇庆市水产部门介绍，该市自引进河蟹投放江河后,增殖效果显著。据不完全统计,1983年回捕蟹3500千克,1988年增至23000千克,到1990年已达65000千克,而且个体较大,6~10只就有1千克,经济效益显著。

(八)广西壮族自治区蟹苗资源分布及开发利用

广西壮族自治区向南邻接北部湾,沿海地处北纬21°31′的水平带,为我国的南疆,属南亚热带季风气候。境内除西江上游的江段横穿全境外,主要通海河流为南流江、钦江、明江和与越南国相邻的北仑河等。南流江是广西独流入海的最大水系,发源于北流县大容山,流经合浦入海,全长122公里。

广西壮族自治区原先无蟹苗分布记录,受长江蟹苗资源骤减的影响,于80年代后期在该区合浦市的南流江发现河蟹苗,初被认为是日本绒螯蟹,定名为日本绒螯蟹合浦亚种。1996年经有关专家进一步鉴定,改定为中华绒螯蟹合浦亚种。目前该蟹苗资源已在当地开发利用,每年3月份浙南地区的蟹农云集合浦一带购买苗种培育成扣蟹种后出售。据"中国畜牧水产消息(1992.7.19)"报道,广西北部湾地处北回归线以南,属亚热带季风气候,雨量充沛,日照时间长,适合河蟹生长,因而这一带有着丰富的河蟹资源。这种蟹与中华绒螯蟹为近亲,同归一属。1992年调查发现,2月上旬即可在近岸见到抱卵母蟹,3月中旬可采到大量群集的大眼幼体及幼蟹。这种蟹不仅分布于合浦的南流江,在钦州的钦江流域,中越交界的北仑河亦有分布。1996年编者途经南宁、北海时偶得南流江河蟹标本一只,经鉴定其特征为头胸甲近圆形。额齿4枚、尖锐,而以中间2额齿之间的夹角最深,为小于90°的锐角。侧齿4枚,额后区有6个疣状突起。因此可确定为中华绒螯蟹。

综上所述,从北纬20°30′至北纬41°,在地域上从广西壮族自治区的北仑河和南流江的河口起直至辽宁省的辽河口和鸭绿江口的沿海狭长带区域内均有河蟹苗自然分布,在70～80年代它们曾是我国河蟹增养殖业上苗种来源的主体。80年代中后期起由于受1981年后长江口河蟹苗自然资源锐减的影响,及河蟹人工育苗的崛起,我国河蟹在苗种供应上也由必然王国走向自由王国,基本上摆脱了自然界的约束。目前仅长江口、瓯江口(包括飞云江、鳌江)和广西壮族自治区的南流江口的自然蟹苗,尚有一定的开发生产和利用价值。30余年来我国广大水产科技工作者在实践中发现和开辟了许多新的捕苗点,扩大了对蟹苗分布范围和新分布区的认识,这对河蟹增养殖生产和促进河蟹科技领域的发展都有一定的意义。

二、河蟹幼体孵育场环境条件

以往一般均把河蟹繁殖场当作幼体的孵育场,但编者通过80年代上海市海岸带理化环境和生物资源及1991～1995年长江口河蟹幼体孵育场的环境调查,发现河蟹幼体(蚤状幼体和大眼幼体)分布其实在繁殖场的东侧,大约东经122°15′至122°50′的区域范围,可以看作是河蟹繁殖场的向东延伸(图3-2)。并据此合理解释了为何在东经121°15′至122°50′范围内历次调查均很少发现后期(第二至五期)蚤状幼体和大眼幼体的原因。

该区属长江口混合海水区的中盐度(盐度5‰～18‰)向高盐度(18‰～30‰)的过渡带,区内水质良好,浮游动植物数量远比河口低、中盐度的混合海水带密集,饵料资源丰富,有利幼体的孵育。

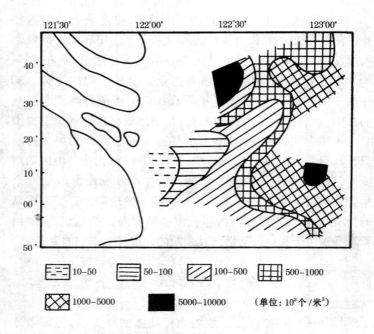

图 3-2　浮游植物总数量水平分布(1988 年 8 月)(仿)

(一)水文条件及水的理化性质

长江口外区河蟹幼体孵育场自东经 122°15′起至 122°50′止,分布于长江口佘山岛、铜沙、牛皮礁、鸡骨礁东侧的口外浅海,河蟹的后期蚤幼和大眼幼体在这里呈扇形分布,其扩展面在外侧。

幼体孵育场水文和水的理化性质为:水深 12～30 米,硬沙底,河口浅海的诸多拦门沙在此基本已荡然无遗,而转换为平坦广阔的大陆架延伸结构,受河口潮汐往复流和海洋旋转流双重的影响,水体翻滚已不及河口区剧烈,在东侧出现温盐度和溶氧的分层。常年水温为 4℃~27.5℃,盐度为 16‰~28‰,处在混合海水团中盐度的高侧和高盐度的低侧。

据 80 年代上海市海岸带综合资源调查,该区(东经 122°15′~122°50′)冬季 2 月溶解氧为 6.23~6.51 毫克/升,氧饱和度在 80%~90% 变动范围。其中东经 122°20′以东水域,由于水质较清,浮游植物的光合作用旺盛而释放大量的氧,在很大程度上抵消了浅海以东由于水温上升(在相同时空条件下比河口区上升 2℃~4℃)的影响,表层氧有时可达 8 毫克/升,饱和度在 120% 以上,为全年中最高值。而在中、底层水中由于生物尸屑以及河川带来的有机物在此沉降,夏季的高温促使有机物加速分解而消耗水体中的溶解氧,并且此区在夏季已缺乏水流垂直交换,水层比较稳定,故存在着一个中底层的缺氧区,氧的饱和度几乎在 50% 以下。

据我们调查该区钙、镁离子含量,比河口区继续上升,其中钙离子为 250~300 毫克/升,镁离子为 720~800 毫克/升,镁和钙的离子比由河口河蟹繁育场的 1.72:2.6 上升为 2.6:2.8,更接近大洋海水镁钙离子绝对值 1240:419 毫克/升左右,相对比值为 3:1 的水平。

该区因已远离大陆河口污染源,其他各项水质指标良好。重金属离子中汞、镉、铅均远未超标,铜和锌基本上也未超标。

(二)浮游动植物

该区浮游植物总量春季(5 月份)最高,平均达 1780 × 10^4 个/米^3,其密集区在长江口外浅海东经 122°40′~122°50′范围。优势种为近岸广温性种类的中肋骨条藻(*Skeletonema costatum*)、尖刺菱形藻(*Nitzschia pungens*)、布氏双尾藻(*Ditylum brightwellii*)、辐射圆筛藻(*Coscinodiscus radiatus*)及外海带来对温度适应范围较广的细弱链藻(*Thalassosira subtiles*)和柔弱角毛藻(*Chaetocero dehilis*)等。

长江口外浅海浮游植物经初步鉴定有 64 种,其中硅藻 59种,甲藻 5 种。

长江口外浅海浮游动物总生物量以夏季 8 月份最高,平均达到 2 毫克/米^3,春季 5 月份蚤状幼体孵育阶段为 187 毫克/米^3,为 2 月份冬季数量的 10 倍。主要优势种与河口区相近,同为中华哲水蚤(*Sinocalanus sinensis*)、虫肢歪水蚤(*Tortanus vermiculus*)、火腿许代水蚤(*Schmaekeria poplesia*)、近岸低盐种真刺唇角水蚤(*Labidocera euchaeta*)和长额刺糠虾(*Acanthomysis longirostris*)等。

调查区内浮游动物初步鉴定有 81 种。其中桡足类 31种、鳞虾类 4 种、糠虾类 4 种、十足类 3 种、毛颚类 6 种、水母类 23 种、其他 10 种。桡足类及其幼体是河蟹蚤状幼体及大眼幼体良好的饵料。

长江口及浅海鱼类和甲壳类中的部分成员是河蟹各期幼体的敌害,但其中凶猛的敌害不多。该区长江口浅海底栖生物的数量和种类多于河口区,但它们与河蟹幼体在食性上的相关性不大。

综上所述,从长江口内起相继存在着盐度为 0‰ ~ 0.5‰的淡水区,这大致在东经 121°45′,即崇明县奚家港或长兴岛圆沙以西的水面,主要为河蟹生殖洄游的讫点和盐度为0.5‰ ~ 30‰的混合海水区(半咸水区),其间东经自 121°45′至121°50′为全年盐度 0.5‰ ~ 5‰的低盐度区,即从奚家港至东旺沙、铜沙西、九段沙西一带。东经 121°50′至 122°15′盐度为5‰ ~ 18‰为中盐度带,即从东旺沙、铜沙、九段沙西侧至铜沙东、佘山、鸡骨礁、牛皮礁一带,为河蟹交配繁殖及抱卵亲蟹胚胎发育的区域,其中心位置盐度在 8‰ ~ 15‰ 范围。但河蟹后期蚤幼及大眼幼体的早期孵育所处在盐度 16‰ ~ 30‰,即混合海水团的东侧一带。总之,这里才是河蟹从生殖洄游到亲蟹交配抱卵,幼体孵育的连续地带。了解河蟹在长江口不同经度带的繁殖习性,有助于合理解释长江口蟹苗在不同年景的自然分布和低盐度河蟹人工育苗时在不同阶段更为合适的盐度。

1. **长江口外区浅海河蟹苗的分布规律** 通过各样站蚤幼发育期数的分析,长江口外浅海后期蚤幼及河蟹苗的分布区主要在东经 122°15′ 以东至 122°50′ 的浅海区。每年 5 ~ 6 月份它们在这一浅海区动荡漂泊,因受当年径流量大小的影响,后期蚤幼和前期大眼幼体将依据当年盐度和水温高低,在台湾暖水团和黄海、渤海冷水团的双重作用下,决定其分布范围。通常低温年份或黄海、渤海的冷水团强时,蟹苗向长江口南侧一带移动,使蟹苗在杭州湾北岸带的金山、奉贤、南汇一带接岸。同样,在高温或台湾海峡暖水团强的情况下,蟹苗向长江口北侧启东、如东一带的黄海岸线接岸。这就合理解释了长江口崇明岛 1970,1972 及 1977 年蟹苗资源下降,产量歉收,而杭州湾北岸带的金山、奉贤、南汇区(县)和启东、如东一带却蟹苗旺发的原因。换言之,杭州湾在上海市境内的北岸带和江苏北部启东、如东邻接黄海的岸线所产的蟹苗与长江蟹苗同源。同样的情况也出现在杭州湾和瓯江口一带。

2. **低盐度河蟹人工育苗时,对后期蚤幼及前期蟹苗的盐度分析** 目前以长江口为界,我国存在着高低两种海水盐度的育苗方式。以地处长江口的上海市和内陆水域人工配置海水为依据,在通过对长江口河蟹繁殖场水质的多次调查后认为,河蟹繁育场的盐度在 8‰ ~ 15‰ 范围,并且已在交配、抱卵、幼体孵育等环节上得到满意的结果。目前一般亲蟹抱卵率、幼体孵化率均可在95%以上,每立方米水体的育苗水平为150克左右,高限为250克,但后者与长江南北各省、市的育苗业绩相比尚有相当大的差距。这里除了饵料补给、技术管理的因素外,长江口和内陆地区河蟹人工育苗在后期蚤幼和前期蟹苗孵育时,15‰偏低的盐度可能成为主要的限制因素。建议在上述低盐度河蟹育苗地区,在后期蚤幼和前阶段蟹苗孵育时适当提高盐度,使其和长江口外浅海东经122°15′至122°50′水域的盐度相匹配或与参照的我国北方高盐度人工育苗的指标相接近。基于高盐度有利于水质的稳定,这可能更有助于提高单位水体的育苗产量。

三、河蟹汛期及预报

(一)河蟹汛期

渔业生产上常称捕捞对象大量集中的时期为汛期。由于捕捞对象是数量庞大的群体,其中每一个体又有其产卵繁殖的具体时间,而群体内各个体在产卵(或幼体孵化)时间上又互相差异,因此汛期所经历的是一段时间而不是一个时间的点值。兼之汛期内捕捞对象在单位时间(日)内产卵尾(只)数的频数分配各不相同,因此汛期就有起始、高峰和结尾等几个阶段,且在数量上呈一定的分布。

长江口区蟹苗正(主)汛出现在水温为20℃～22℃的时节(芒种前后)。我国各地因地理位置不同,蟹苗汛期出现早晚也不一样。表3-6列出了我国主要河口水系水温年变化及第一次蟹苗汛期。

表 3-6 我国河蟹苗主要分布区水温年变化及首次汛期推算时间

地点	平均水温（℃）													年平均	首次河蟹苗汛期时间
	1月	2月	3月	4月	5月	6月	7月	8月	9月	10月	11月	12月		
珠江口	16.5	15.9	17.5	20.8	25.3	27.2	28.4	28.4	27.7	25.7	22.7	18.9	23.6	清明前后(4月中)
闽江口	12.8	11.3	12.0	15.2	19.8	23.4	25.6	26.7	26.9	23.9	20.2	16.1	19.5	立夏前后(5月初)
瓯江口	9.7	8.5	10.3	14.0	18.9	23.3	26.8	28.1	27.1	22.7	18.6	13.3	18.4	小满前后(5月中)
长江口	5.2	5.3	8.3	13.8	20.3	24.7	27.7	29.5	26.0	20.5	15.8	9.0	15.4	芒种前后(6月初)
海河口	—	-0.1	3.6	9.5	16.9	22.9	26.8	27.2	23.8	17.2	10.6	3.3	13.3	夏至前后(6月底)
辽河口	4	-0.8	1.3	8.6	16.1	21.5	25.6	25.9	20.0	13.2	7.8	0.5	13.5	小暑前后(7月底)

从表中可以看出,长江以南的瓯江、闽江、珠江等水系相同水温出现季节挨次提前,比长江口早 15～45 天。因此从浙江南部瓯江到珠江蟹苗汛期约比长江水系早 15～45 天,相继差 1～3 个半月潮汐周期。反之,长江以北相同水温出现季节比长江口迟 15～30 天。所以我国河北省海河口一带首次苗发汛期为 6 月中下旬的夏至汛,比长江口延迟 15 天左右;而辽河水系蟹苗旺发汛期为 7 月上中旬的小暑汛,比长江口延迟 30 天左右。与长江南岸带毗邻的杭州湾水系,首次苗汛与长江口相同,广西壮族自治区在南流江合浦一带的苗汛与珠江口相同。

(二)汛期次数

长江中下游江河湖泊频布,历史上河蟹资源丰盛,它们自前一年立冬前后抵达河口,在产卵繁殖上有一定的时空差异,即反映在从第 V 期蚤状幼体蜕皮变态为大眼幼体的具体时间各有前后,且由于潮汐的作用和部分亲蟹可作两次怀卵和孵化,因此实际出现蟹苗汛期的时间较长,次数较多。以长江口为例,一般从 5 月下旬起至 7 月下旬止,跨越 5 个潮汐半月周期,但第一汛蟹苗的汛期主要集中在 6 月上旬的芒种前后,数量最多。届时长江口区由于气温尚低,霉雨季节未到,蟹苗的成活率高,因此本期蟹苗深受客户欢迎。夏至前后的这一汛蟹苗数量较少,且常因气温较高及适逢霉雨季节,蟹苗运输成活率常不及前期蟹苗。

长江口区有捕捞生产价值的蟹苗汛期一般在 6 月份,前后跨越两个半月潮汐周期。可分别称为第一汛芒种汛和第二汛夏至汛。但有时一年中仅出现一期有捕捞价值的蟹苗汛,这是由于第 V 期蚤状幼体发育成大眼幼体的高峰时间恰好出现在潮汐半月周期的起汛潮前夕,因此蟹苗集中在一个潮汐的起汛潮内随潮流一并入江。6月份以前的小满汛,通常仅可捕获少量蟹苗,这是亲蟹群体中最早孵化的蚤状幼体经蜕皮变态成大眼幼体的种群,它们是整个蟹苗汛期的"领头"苗群。这批苗数量少,通常不构成旺汛,且一般只在大汛潮时(农历初一至初三或十六至十八)才能在闸口捕到,但可作为蟹苗近期预报的依据,可称其为零汛,表示蟹苗虽出现最早,但不构成汛期。7月份以后小暑、大暑节气,有时也有蟹苗汛期(小暑汛和大暑汛)出现,从时间上推测一般均为二次抱卵亲蟹孵出的蚤状幼体经蜕皮变态而成,这批蟹苗数量少质量差,历年来均无捕捞价值。且混有一部分数量的杂种蟹苗。我国其他河口水系(除瓯江水系以外)因抱卵河蟹群体小,汛期高峰短,一般每年有价值捕捞的仅一次苗发汛期。表3-7列出了1970~1995年长江口水温和河蟹苗汛期及产量状况的全过程。该表表明在1970~1981年自崇明岛北八滧的蟹苗资源开发以来出现最有捕捞价值的汛期为1~2汛。其中1971,1976,1977,1978,1979,1980年每年为一汛,1970,1972,1973,1974,1975和1981年为每年二汛。

据历史资料记载,蟹苗最迟出现在9月底,并称末汛蟹苗为桂花黄。因为这一汛期蟹苗出现时恰逢江南秋桂盛开之际。1972年起,编者等连续两年在崇明岛北四滧水闸口定点张捕到这种蟹苗,经鉴定为海水蟹苗而并非河蟹的大眼幼体,因此无淡水放养的利用价值。1970年浙江省温州地区的瑞安、平阳等县相继在9月底10月初捕到这种蟹苗,1973年浙江省钱塘江南岸带萧山县几个闸口外也曾组织捕捞过这汛蟹苗,同样没有得到产量回捕的结果。

瓯江为我国目前仅次于长江口的河蟹苗产苗地。据周柄

表 3-7 1970~1995 年长江口水温、河蟹苗汛期及产量状况

年份	水温 3~5月均值(℃)	水温 5月均值(℃)	蟹苗产量 崇明岛(千克)	蟹苗产量 北四滧(千克)	汛期 公历(月·日~月·日)	汛期 农历(月·日~月·日)	历时天数	从3月1日起至发汛天数
1970	12.40	18.30	775	245.5	6·17~27	五·十四~廿四	11	109
					7·2~7·5	五·廿九~六·三	4	—
1971	12.70	18.10	2900	567.9	6·7~6·12	五·十五~廿	6	99
1972	12.30	17.70	1050	256.5	6·11~19	五·一~五·九	9	103
					6·23~7·1	四·廿三~五·廿	9	—
1973	14.50	19.30	5000	1267.5	5·28~6·5	四·廿六~五·五	9	89
					6·12~17	五·十二~十七	6	—
1974	12.70	18.30	11147	3761.6	6·4~11	五·十五~廿三	8	96
					6·15~23	五·廿六~六·四	8	—
1975	13.60	18.60	18071	5303.2	6·7~14	四·廿八~五·六	8	99
					6·22~28	五·十四~廿	7	—
1976	12.90	18.20	4354	716.6	6·10~15	五·十三~十八	6	102
1977	13.00	17.90	886	118.5	6·4~11	四·十八~廿五	8	96

续表3-7

年份	水温		蟹苗产量		汛　期		历时天数	从3月1日起至发汛天数
	5月均值(℃)	3~5月均值(℃)	崇明岛(千克)	北四滧(千克)	公历(月·日~月·日)	农历(月·日~月·日)		
1978	19.20	13.40	13927	3718.8	6·2~8	四·廿七~五·三	7	94
1979	17.60	13.00	7700	1974.7	6·8~17	五·十四~廿三	10	100
1980	17.40	12.50	11943	3299.7	6·11~20	四·廿九~五·九	10	103
1981	19.60	14.20	20525	1272.6	5·31~6·6	四·廿八~五·五	7	92
1982	18.90	13.41	50	未统计	6·16~20	五·十五~十九	5	—
					6·3~9	四·十二~十八	7	95
					6·18~25	四·廿七~五·五	8	—
1983	19.20	13.66	500	未统计	6·8~13	四·廿七~五·三	6	100
1984	17.70	12.66	300	未统计	5·27~6·1	四·廿七~六·一	6	88
1985	18.80	13.06	650	未统计	5·31~6·6	四·十二~十八	7	92
1986	18.00	12.89	1000	未统计	6·7~13	五·一~七	7	99
1987	17.40	12.92	50	未统计	6·7~14	四·廿七~五·五	8	99

续表 3-7

年份	水温		蟹苗产量		汛期			
	5月均值(℃)	3~5月均值(℃)	崇明岛(千克)	北四滧(千克)	公历(月·日~月·日)	农历(月·日~月·日)	历时天数	从3月1日起至发汛天数
1988	19.55	13.22	1000	219	6·11~21	四·廿七~五·八	11	103
1989	18.32	13.58	1263	277	5·31~6·10	四·廿七~五·八	11	92
1990	18.60	13.98	1000	2188	5·23~6·2	四·廿七~五·八	11	84
1991	17.60	13.17	200	44	6·13~20	五·二~五·九	8	105
1992	18.70	13.58	200	44	5·29~6·5	四·廿八~五·六	8	90
1993	17.70	13.28	2000	438	6·12~21	五·十三~廿一	10	104
1994	19.70	14.62	500	109	6·7~17	四·廿八~五·九	11	99
1995	18.10	13.73	1000	219	6·12~23	五·十五~廿六	12	104

元等(1988)报道,瓯江蟹苗的汛期一般为二汛。常年第一汛蟹苗出现在5月中旬的小满前后,历时4~7天;第二汛蟹苗出现在5月底和6月初,历时2~4天。瓯江苗首次发汛时间比长江口第一汛蟹苗早15天左右。1982~1987年浙江瓯江地区蟹苗汛期与潮汐的关系如表3-8所示。

表3-8 1982~1987年浙江瓯江地区蟹苗汛期及与潮汐的相关

年份	苗汛次数	苗 汛 起 讫 日 期		汛期持续天数(天)	产 量(千克)
		公 历(月·日~月·日)	农 历(月·日~月·日)		
1982	1	5·19~25	4·26~闰4·3	7	949
	2	6·4~6	闰4·13~15	3	
1983	1	5·12~17	3·30~4·5	6	351.2
	2	5·24~27	4·12~15	4	
1984	1	5·15~19	4·15~19	5	260
	2	5·30~6·1	4·30~5·2	3	
1985	1	5·16~20	3·27~4·1	5	753
	2	5·30~6·3	4·11~15	5	
1986	1	5·20~26	4·12~18	7	1309
	2	6·5~6	4·28~29	2	
1987	1	5·28~6·1	4·28~5·3	4	3146.5
	未组织	—	—	—	

(三)蟹苗汛期特点

长江蟹苗季节性强,汛期出现与潮汐紧密相关。汛期内日产量呈偏态分布,发汛时间短,来势猛,一般汛期连续出现5~12天,高峰期仅2~3天。长江蟹苗这一汛期特点具有广泛的适用性。

1. 潮汐和汛期出现的紧密相关　在蟹苗捕捞开发的早期曾流行蚤状幼体蜕皮变成大眼幼体的过程一定要在农历每月的初一至初三和十五至十八才能进行的说法。换言之,大眼幼体的出现只有在月亮的朔、望(圆、缺)时才有可能。但从1970年到1973年期间在长江口产苗场连续15天均能捕捞到大眼幼体的事实来分析,上述说法并不确切,同时河蟹人工育苗的研究也揭示了蚤状幼体蜕皮成大眼幼体并非与月亮的朔望有直接内在的关联。因此在这里需要探讨的是:潮汐和蟹苗汛的来临究竟有何相关,何以三十余年来长江蟹苗必在起汛潮到大汛潮时最有可能旺发。

河蟹蚤状幼体蜕皮变态为大眼幼体的过程主要取决于生物的内在因素及产苗场以水温为主的环境条件。但潮汐作为一种动力起着推送蟹苗回归淡水的作用。从起汛潮到大汛潮时潮位逐日上升,位于长江河口区的大眼幼体才有可能受潮流推动而涌向闸口,这就为蟹苗捕捞创造了有利的条件。而潮汐的半月周期变化又与月亮对地球的引力密切有关,因此间接出现了蟹苗汛的旺发与月亮朔望紧密相关的结果。

众所周知,在半月内每日的潮时潮高并不相同,呈现周期性的变化。其中每隔3～4天可相继划分为大汛潮、跌汛潮、小汛潮和起汛潮四个阶段。而以大汛潮的高潮位最高,小汛潮的高潮位最低。小汛潮后潮高又逐日回升。因此在潮汐的半月周期内只有从起汛潮起到大汛潮止,大眼幼体才有可能被潮流推送入江。过了大汛潮以后,潮高逐日下降,在跌汛潮至小汛潮阶段,潮汐对大眼幼体的推送距离,在一个半日潮内反小于落潮时随波逐流的距离,因此在跌汛和小汛潮内大眼幼体反有被冲向河口的可能。换言之,河口浅海在起汛潮前孵出的大眼幼体,均可随潮汐推送入江;而在大汛潮以后,孵化出的大眼幼体,因正处在潮汐潮位曲线的下降部分,它们必须在河口浅海回荡数日,然后在下一个潮汐半月周期的起汛潮时回归入江。有时候大汛潮发汛的蟹苗仍能连续捕捞到跌汛潮末,原则上应认为这是由于大汛潮发汛的蟹苗过境后在捕苗场所受潮汐的日变化(每日潮落潮涨)来回往复所致。因此每逢农历一个月的初三和十八如仍未见蟹苗,可认为此汛必无苗出现。

前述表3-7列出了1970~1995年崇明县和北四滧苗发汛期及产量状况,从表中可以看出各年蟹苗汛期与潮汐半月周期相关十分密切。第一、第二两汛蟹苗间出现无蟹苗的天数一般仅数天,并均出现在跌汛潮至小汛潮阶段。

2. 汛期短,来势猛　从表3-7及图3-3中也可看出,长江蟹苗汛期的另一个特点是汛期短,来势猛。汛期一般历时5~12天,高峰期仅2~3天。这是由于:一是在潮汐变化的半月周期内,从起汛潮到大汛潮发汛,跌汛潮收尾,历时最多为6~12天,因此蟹苗汛期的出现原则上仅限于此阶段,即常从起汛潮开始至大汛潮结束,或从起汛潮经大汛潮到跌汛潮结束。二是河蟹生活史中,大眼幼体阶段仅历时6~10天,不久将蜕壳变态为第Ⅰ期幼蟹,改为底栖爬行。若过了汛期,产苗场附近水域虽仍有大量河蟹幼体分布,但已无大眼幼体存在,捕捞十分困难。三是蟹苗捕捞是张捕溯河回归的过路群体,一待蟹苗群体过境完毕,对该捕捞闸口来说汛期已经过去。

除长江河口区同一蟹苗汛可连续捕捞6~12天外,我国其他水系的河口浅海因径流量少,江段上游又无众多江河湖泊,苗发汛期仅5~7天,过后蟹苗群体已向河口上游回归入湖,开始蜕壳成幼蟹栖息定居。

3. 汛期内蟹苗产量的偏态分布 蟹苗汛期内,日产量逐日上升,通常在经过一个高峰期后,苗产量又逐日下降,但高峰常出现在汛期的前阶段,即呈偏态形的(泊松)分布。表 3-9 反映了 1970~1981 年崇明北四滧第一汛蟹苗汛期内的日产量变化。从表中可知,达到 50% 苗产量的时日仅 2~5 天,而 50% 汛期内完成的捕苗量占 34.2%~96.8%,12 年中仅 1 年(1973 年)蟹苗高峰出现在汛期的一半时间过后,表明当汛期未达 50% 时,蟹苗的可捕量大多已达到 50%,因此捕苗必须日守夜望地抓紧时机,尽量不失去一朝一夕的捕苗机会,争取多捕蟹苗。

表 3-9　崇明县北四滧水闸第一汛蟹苗 50% 捕苗量
所需天数及 50% 汛期内的捕苗量

年份	汛期时间 (月·日)	汛期天数(天)	第一汛蟹苗捕捞量(千克)	达到 50% 捕捞量所需天数(天)	达到 50% 汛期完成的捕捞量(%)
1970	6·17~27	11	206.5	2	96.8
1971	6·7~12	6	567.9	3	55.6
1972	6·11~19	9	121.5	2	78.9
1973	5·28~6·5	9	1236	5	34.2
1974	6·4~11	8	679.3	4	85.5
1975	6.7~14	8	3493.8	3	58.7
1976	6·10~15	6	716.6	3	61.5
1977	6·4~11	8	118.8	2	80.1
1978	6·2~8	7	3718.8	2	69.4
1979	6·8~17	10	1974.7	4	72.7
1980	6·11~20	10	3299.7	4	82.1
1981	5·31~6·6	7	1272.6	4	50.0

(四)汛期预报

河蟹是水生变温动物,水温的高低制约着这一水生节肢动物在到达产卵场后交配、繁殖及完成早期幼体发育的时间。因此先根据当年该地区河蟹胚胎发育的进展情况及统计亲蟹散仔的百分比率,推测出大批亲蟹将集中在何时孵出蚤状幼体,再加上蚤状幼体5次蜕皮所需的时间(在自然界历时25~35天时间,即可推算出该地区第一汛蟹苗集中出现的大体日期。然后查阅当年半月潮汐周期中出现起汛潮的具体时间,可作为汛期长期预报的依据。

以长江口区为例,每年亲蟹集中孵出蚤状幼体的时间为4月底5月初,加上蚤状幼体5次蜕皮变态的时日,因此大致上长江蟹苗出现在6月初,并以芒种前后的起汛潮时可能性最大。经1970~1995年的实际观察,生产上汛期出现的日期与理论预测相符,但同一地区水温有一定的年度变化,从而使蟹苗汛期有可能出现在6月上旬的芒种或6月中下旬的夏至前后。因此汛期预报必须对该地区常年水温资料进行累积,并结合当年物候进行分析,从而能确切地断定汛期究竟出现在6月份哪一个汛期。

长江口河蟹汛期出现的时日取决于当年3~5月份河蟹胚胎及蚤幼发育期内的平均水温高低和处在潮汐周期内潮位曲线的哪一段位相等二个因素。水温虽不是河蟹胚胎和蚤状幼体发育的能源物质,但它是发育的反应条件。通常水温高,河蟹胚胎和胚后发育速度加速,但不一定是简单的直线负相关关系。张列士等(1972)调查,长江河蟹生态生活史表明,除少部分河蟹可在年前12月份交配抱卵外,大部分河蟹交配抱卵的时间在2月下旬到3月上旬。现以3月1日作为长江口河蟹种群集中交配的起算日,由于这里是在预测当年的蟹苗起汛日,以年间比较为相对条件,因此具体的抱卵起始日在哪一天就显得并不十分重要。现以 3～5 月份平均水温为自变量(X),从 3 月 1 日至蟹苗发汛起始日的天数为应变量(Y)。由于自 1970～1981 年的发汛期为我们直接观察所得的数值,可信度高。故只取 1970～1981 年长江口 3～5 月份平均水温与河蟹交配抱卵到发汛起始天数作相关分析。得出:Y = 183.7213 + 6.505446X,R = − 0.8293837,F = 22.03869,n = 12。

式中:X 为某年 3～5 月长江口平均水温(度),Y 为某年自 3 月 1 日起算到蟹苗发汛的天数(日)。

上式表明 3～5 月份平均水温与当年自 3 月 1 日起算到蟹苗正式发汛的时间(天数)呈负相关,R = − 0.8293837,F 值大,为 22.03868,相关极显著(P < 0.01)。这从而为预测某年河蟹何时发汛提供了可靠依据。

由表 3-10 可知,1970～1981 年长江口 3～5 月平均水温为 12.3℃～14.5℃,12 年间极差 2.2℃。如以水温(℃)和时间(天数)乘积表示,12 年平均为 1 287℃日,最大为 1 348℃日,最小为 1 219℃日。我们认为,1 287℃日可作为以 3 月 1 日起算蟹苗发汛起始日何时来临的计量标准。按这一标准大约在 ±2 天变差下,12 年中有 11 年的发汛起始日落在估算范围内,即大致可达到 90% 的确定值,而在 ± 3 天变差下,12 年的发汛起始日全部落在预测范围内。如果将汛期预报的结果和瓯江第二汛蟹苗的发汛日(或第一汛蟹苗发汛日推后 15 天)相参照,就会得到 100% 的满意结果。

图 3-3 绘出了 1970～1995 年长江口崇明岛蟹苗场各年发汛日期与潮汐半月周期的相关。从图中可以看出,长江口蟹苗的发汛日期与潮汐半月周期紧密相关,汛期多出现在农历

表 3-10 1970～1995 年长江口盐度、水温、河蟹资源量及蟹苗产量

年份	长江 122°04′引水船盐度(‰)		水温(℃)	河蟹产量及资源量(吨)		蟹苗产量(千克)	
	5 月份均值	5 月份邻日盐度极差(盐度/日期)	3～5 月	年捕捞量	总资源量	崇明岛	北四滧
1970	7.03	3.95/1～2	12.40	1.85	4.77	775	245
1971	14.80	5.6/4～5	12.70	19.15	49.81	790	567.9
1972	10.26	6.03/7～8	12.30	32.60	89.01	1050	256.5
1973	5.88	5.47/10～11	14.50	21.06	55.38	5000	1267.5
1974	10.89	5.52/14～15	12.70	20.00	54.32	11147	3761.6
1975	5.60	8.47/13～14	13.60	45.00	109.24	18071	5303.2
1976	10.23	4.19/24～25	12.90	114.10	277.64	4354	716.6
1977	5.86	4.41/29～30	13.00	47.30	117.39	886	118.5
1978	12.88	7.68/30～31	13.40	29.00	81.63	13927	3718.8
1979	14.84	2.63/13～14	13.00	54.50	161.83	7700	1974.7
1980	8.82	3.38/13～14	12.50	60.00	184.85	11943	3299.7
1981	11.59	3.82/28～29	14.20	56.05	174.33	20525	1272.6
1982	13.28	8.26/14～15	13.41	90.00	295.16	50	未统计

续 3-10

年份	长江 122°04′引水船盐度 (‰)		水温 (℃)	河蟹产量及资源量 (吨)		蟹苗产量 (千克)	
	5 月份均值	5 月份邻日盐度极差(盐度／日期)	3～5 月	年捕捞量	总资源量	崇明岛	北四滧
1983	7.52	6.53/15～16	13.66	95.75	213.32	500	未统计
1984	10.18	3.85/3～4	12.86	35.00	101.36	300	未统计
1985	11.51	4.18/26～27	13.06	12.50	69.82	650	未统计
1986	12.27	3.11/13～14	12.89	12.50	68.35	1000	未统计
1987	10.19	7.72/28～29	12.92	10.00	59.00	50	未统计
1988	10.59	7.51/6～7	13.22	6.50	56.05	1000	219
1989	7.71	3.42/20～21	13.58	6.50	62.63	1263	277
1990	5.72	7.30/3～4	13.98	8.00	27.23	10000	2188
1991	8.90	7.0/27～28	13.17	25.50	57.90	200	44
1992	8.80	8.0/7～8	13.58	10.00	38.40	200	44
1993	11.50	15.2/14～15	13.28	18.30	35.51	2000	438
1994	11.0	9.9/2～3	14.62	19.50	41.90	500	109
1995	10.5	8.9/21～22	13.73	13.00	31.20	1000	219

注:表中盐度和水温资料取自东经 122°04′引水船站

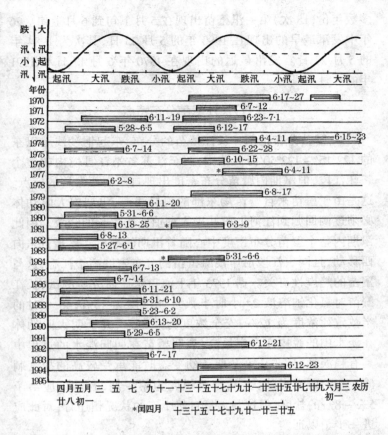

图 3-3 长江口河蟹苗汛期起讫日期与潮汐相关

（＊为汛期所对应的农历闰年四月份日期）

十二到十八或二十七到下月初三的起汛潮至大汛潮时节,并
尤以出现在起汛潮的十二到十四日和下半月二十七到廿九
（三十）日为更多。在 1970～1995 的 26 年中,仅 1971,1972,
1974,1977,1986 和 1991 年 6 次汛期的起始日出现在大汛潮。

多数年份(18次)第一汛蟹苗出现在 5 月下旬到 6 月上旬。26年中发汛最早的出现在 1990 年的 5 月 23 日,其次为 1984 年的 5 月 27 日。发汛最迟的出现在 1970 年 6 月 17 日和 1991年的 6 月 13 日。

(五)长江蟹苗分布特点

1. 蟹苗分布范围 长江蟹苗的分布,东起铜沙浅滩以东的 122°15′~122°50′海区范围,西至江苏省靖江县境内的整个长江江段,但汛期内蟹苗分布密度出现自东向西偏移的特点。这是由于蟹苗来自蟹苗场东部的河口浅海,汛期内大眼幼体必须逐潮回归到江河上段并进入湖泊安居生长的缘故。因此汛期内整个蟹苗分布密度中心随着汛期的推后。逐步自东向西移动,且同一江段沿岸浅滩蟹苗的分布密度高于江心,这与蟹苗的趋岸性有关。据 1973 年上海市水产研究所测试,长江蟹苗对氯化钠溶液 24 小时半数致死浓度为 15‰,48 小时的半数致死浓度为 12‰,安全浓度为 2.84‰,并证明大眼幼体在淡水中的蜕皮变态率最高,表明蟹苗在回归淡水的过程中具有趋淡性,远非从第Ⅴ期蚤幼变态时能承受较高的盐度刺激。有的研究者认为,从蟹苗蜕壳为第一期幼蟹时,应给予5‰~8‰的盐度,但这与大量自然生态的状况相违背,对此应进一步予以证实。

2. 蟹苗移动速度 早期和后期大眼幼体主动游泳的能力不同。早期蟹苗基本上随涨潮来,退潮去,全凭自然摆布,由于潮汐半月周期内在起汛潮阶段潮汐曲线的匹配,及后期蟹苗在退潮时对微水流有一定的顶托能力,从而使蟹苗分布密度中心总体上有自河口向内陆淡水位移的趋向。1970~1974 年从各闸口发汛日期出现时间证实,长江蟹苗每二潮水移动速度为 25~40 千米。

　　1972 年对江阴以下长江两岸各个闸口逐一进行调查,并随船同步在长江中进行捕苗试验。证实长江蟹苗仅出现在江阴以下各江段。由于从铜沙浅滩至江阴两地相距约有 240 千米。而大眼幼体蜕壳变态的日期为 6~10 天,与上述蟹苗每日移动速度为 25~40 千米的估算相吻合,表明江阴以上的长江江段只能捕到幼蟹。但实际上有捕捞价值的闸口仅在江苏省常熟市福山、浒浦江段以东的水闸。在此以西各水闸因蟹苗密度已稀少,并逐渐蜕皮变成幼蟹,已无捕捞的实用价值。

四、蟹苗捕捞

(一)捕捞时间

　　蟹苗汛期有时间短,来势快,季节性强等特点,必须在汛期高峰抓紧时机进行捕捞,尽量不要造成蟹苗溯江而过,错失良机。

　　蟹苗捕捞时间与每日潮时潮位关系十分密切,蟹苗涨潮来,退潮去,故应以大平潮时蟹苗最多。但实际上往往在大平潮到达前 1~2 小时,此时闸外港道或沿滩一带已累积一定数量蟹苗,即可开始捕捞,直至大平潮后 1~2 小时为止。换言之,每潮水具体捕捞时间为大平潮前 2 小时至大平潮后 2 小时。近年来蟹苗捕捞地点已扩大到沿江岸滩或用机动船只直接在江中拖捕,因此每日捕苗时间实际上已无严格限制了,但一般仍以大平潮前后 1~2 小时之间为多。

　　我国长江一带属一天二潮的混合潮,对每日潮时的推算用八分算法一般已足够精确。下列公式可求出当地高潮到来时间。

上半日高潮时 = (农历日期 − 1) × 0.8 小时 + 平均高潮间隙

下半日高潮时 = (农历日期 − 16) × 0.8 小时 + 平均高潮间隙

从式中可以看出,每逢农历初一或十六,则该地大平潮时间为子夜零时,以后每日高潮时间约延后 0.8 小时(48 分钟)左右。这是由于地球每自转一次,月亮已转动约 12°,从而使地球要重新追上 12°夹角需要约 24 × 12/360 = 0.8 小时的缘故。

式中高潮间隙随捕捞地点而变动。以长江口吴淞为例,如由此向东,高潮间隙为负,表示大平潮的到来比上述公式计算结果要提前些。如捕捞地点在吴淞以西,高潮间隙为正,表示捕捞地点的大平潮到来比计算结果要延后一段时间。高潮间隙其数值大小随具体的捕捞地点而定。长江口崇明岛的堡镇和吴淞两地经度相当,其大平潮到来时刻可参考吴淞点高潮潮时。北四滧和北八滧水闸在吴淞(或堡镇)以东 30 ~ 40千米,高潮的到来要比吴淞点提前 20 ~ 30 分钟。崇明岛西部的界河闸或江苏省常熟市的浒浦闸位于吴淞以西,大平潮到来时约比吴淞要迟 0.5 ~ 1 小时。

(二)长江口主要捕苗闸口利用价值及原因分析

据 1972 年上海水产研究所调查,长江口蟹苗分布范围内,共有 151 个水闸,隶属 12 个县(见图 3-1)。这些水闸利用价值大体规律是:

第一,崇明岛东面闸口比西面好。这是由于东面闸口临近产苗场,苗源集中,由此向西苗群逐渐分散,部分蟹苗在上溯过程中陆续蜕皮变态为幼蟹的缘故。

第二,崇明岛北岸带各闸口苗发情况比南岸带闸口好。

这是崇明岛本身独特的地理环境造成的。崇明以东的铜沙和崇明浅滩是长江河蟹繁殖场。抱卵河蟹孵化出蚤状幼体后，后者即随潮流漂游至河口浅海，一旦蜕皮成大眼幼体后，随流推送而上。由于受柯氏力作用，长江口区崇明北支的潮时早于长江南支，使地处铜沙和崇明浅滩外口的蟹苗最先经崇明浅滩东部的潮沟上溯，然后接岸至北部诸闸。加之崇明北滩坡度平坦，沿岸水流缓，有利于溯江而上的蟹苗作短暂的栖息，而闸口外港道有利于蟹苗累积，可容纳较多的蟹苗。此外，长江南支水的盐度低，是淡水，而北支的水盐度高，终年是半咸水。崇明县境内农田排灌水均由南闸进北闸出，这使北滩江面的蟹苗受着淡水的吸引，更容易接岸和集中在闸外港道，因此崇明岛北面各水闸连年来苗发情况比南部闸口好。主要产苗闸口为北八滧、北四滧、长江农场水闸等，且为同一地区的长江口长兴、横沙二岛的各水闸所不及。但自90年代中期起，长江北支泥沙淤积严重，水流减缓，并受北支拦门沙的拦阻，加之捕苗方法从1995年起直接在广阔的南支江中张捕，因此长江口蟹苗洄游入江的规律和捕苗地点发生变更。

第三，长江北支，西自永隆沙起，东至佘山脚下，为黄瓜沙所隔，使整个北支在水下分成南北二部分。北支的深水道在紧贴海门、启东市(县)一侧，且水流急，滩度陡，闸外港身短，这些地理和水文条件均不适宜蟹苗集中和贴岸上溯；而长江崇明东部浅滩的蟹苗受黄瓜沙拦阻，又不能越过江心急流抵达长江北岸带的启东、海门二市(县)闸口外。因此80年代以前上述岸段每年虽有蟹苗分布，但数量少，苗嫩体弱，多为栖居当地的少量蟹群抱卵孵化所致，其数量往往与长江河口庞大的蟹群不能相比。

第四，长江南岸带蟹苗多由河口南侧的中竣、九段沙一带蟹群抱卵孵化出的幼体溯游上溯而形成。1971年自上海市西区污水口在宝山石洞口建成并排污后,与建在川沙富民乡的南区排污口一起,日污水量达60万~80万吨,加之黄浦江污水在80年代初日排污量达400万吨,导致宝山石洞口以下沿岸蟹苗资源近于绝迹。由河口区南沿带上溯的蟹苗不得不变更溯游通道,直到石洞污水口以上7.5千米的浏河水闸处又重新接岸,出现蟹苗群的大量集中。

第五,常熟市浒浦水闸位于浏河闸西侧数十公里处,蟹苗资源本来应不及浏河闸。但由于浒浦水闸在地理位置上与北支青龙港斜对,由长江北支青龙港溯游而至的蟹苗受圩角沙外大片围垦沙洲阻隔,被迫冲向长江南岸带浒浦闸口外的江段。即浒浦闸同时接纳了来自长江南支浏河水闸和长江北支从青龙港来的两支蟹苗,因此历年来蟹苗资源超过浏河水闸。浒浦水闸的以上江段,苗群逐渐分散,部分蟹苗已蜕皮变为幼蟹,因此虽可捕到蟹苗,但却无生产上的张捕价值。

(三)捕苗工具

1. 长柄捞海 柄长6~8米,捞海口径各地不一。一般为竹制,内衬密眼聚乙烯窗纱(网目1毫米),供捞苗用,限在水闸外口作来回"8"字形划动,捞出蟹苗。在70年代长江蟹苗资源丰盛时每1~2分钟可捞苗0.5千克左右,由于蟹苗趋光性很强,若夜间用灯光诱捕效果更好。

2. 三角抄网 规格大小因地而异。形为细长的等腰三角形,一般边长1~1.5米,两腰长2~3米,内衬梯形作搬厣状,用密眼网纱为材料,网目大小以蟹苗不会钻孔外逃但渗水性强为原则(图3-4)。作业地点在水闸两侧滩涂或直接在长江滩捕苗,产量高。

3. 张网或拖网

规格大小各地有异。其中张网作业借水流滤获蟹苗,是定置网具的一种。仅用于闸外港道的进水口外侧或近年来直接在长江口张捕,限涨潮时随水流张捕蟹苗。拖网是苏北渔民常用的捕苗工具,可直接在长江中拖捕蟹苗,网口大,产量高,但和张网一样捕入的蟹苗若掌握不当,苗体较嫩,容易死亡,质量不及闸口捕捞的苗好。拖网的作业时间长,不受捕捞地点、闸口等限制。

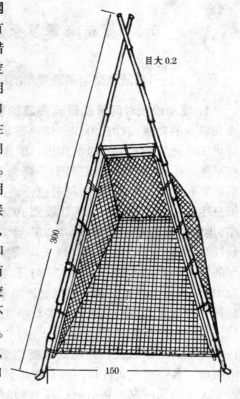

图 3-4 蟹苗抄网 (单位:厘米)

五、河蟹苗资源预报及管理

(一)河蟹及蟹苗资源变动的原因及对策

1. 建闸设坝对河蟹及蟹苗资源的影响　建国以来随着水利事业的发展,沿海、沿江一带兴建了大量水利工程,这对促进工农业发展起着积极的作用。但建闸导致河蟹及其种苗和某些水生动物洄游通道受阻,使降海洄游的河蟹不能顺利到达繁殖场进行交配抱卵,同时也使幼苗不能回归江河、湖泊栖息生长。长江在江阴以下江段到 1986 年为止共建水闸 151 座,集中建闸的日期以 1958 年以后居多。因此自 1959 年起长江口河蟹产量逐年下降。以上海市宝山区(县)为例,1969 年的河蟹产量由 1958 年的 152 030 千克下降到 1 150千克,仅为 1958 年的 0.76%。长江口河蟹产量下降可视为与 60 年代初长江口两岸大量兴修水利有关。沿江诸河水闸的建立曾是长江口河蟹捕捞量下降及幼苗上溯的主要限制因素。为此 1969 年始开辟了长江口崇明岛河蟹苗繁育场,并通过蟹苗的增殖放流曾一度使长江口河蟹资源得到回升。

为了沟通河湖水系与河口浅海的洄游通道,可以采取以下对策:

(1)灌江纳苗　指在河蟹繁殖或蟹苗回归的洄游季节,利用闸内外水位差,开闸将亲蟹放回河口浅海或将幼苗灌入闸内回归淡水,安居生长。

(2)取缔闸口挂网　河蟹或某些水生动物,在生殖季节由湖入江或由江入海进行产(抱)卵繁殖,闸口挂网导致大量亲蟹、亲鱼在闸口丧生,因此必须与水利部门配合,取缔挂网,以保鱼、蟹类完成生活史各环节,保证续代繁衍,维护种族资源的兴旺发达。

(3)修建过鱼设施 对于洄游性经济蟹、虾、鱼类,为使其洄游通道的畅通无阻,修建过鱼设施是保护河蟹和某些经济水生动物的另一种重要对策。常见的过鱼设施有鱼道、鱼闸、升鱼机和集鱼船等,使大量洄游性鱼类、蟹类的成体和幼苗,在洄游通道受水闸阻拦时,部分成体和幼苗可以从上述设施通过,这对保护蟹类等水产资源的延续有积极的作用。

(4)增殖放流蟹苗,恢复发展河蟹资源 在内陆地区的沿江通海湖泊,每年春末夏初时节人工放流大批人工繁育的蟹苗,增殖河蟹资源。这一工作我国在 70 年代曾取得显著的成效,每放流 1 千克蟹苗大约可增殖 500～1 000 千克的河蟹,并形成蟹多苗多和苗多蟹多的良性循环。80 年代初由于自然蟹苗资源的下降,蟹苗价格奇货可居,而人工繁育蟹苗又刚方兴未艾,中断了蟹苗放流的这项工作。目前我国人工繁育蟹苗已今非昔比,年总产量已远远超过昔日自然苗的产量,如1999 年全国已年产人工苗 150～200 吨,为 80 年代初年产仅1 000～2 000 千克的数百倍,蟹苗每千克的单价已由 90 年代初的每千克自然苗 4 万～5 万元或人工苗 1 万～2 万元,下降到2 000～6 000 元,因此各地可通过资源管理费筹资,积极恢复该项工作,促进河蟹苗资源迅速回升。

2. 水域污染 上海市内陆水域及海岸带的污染源,包括工业、农业、生活、港口和船舶污染等几种。80 年代后期污水的日排放量为 500 万～550 万吨,90 年代初上升到 550 万～600 万吨。这些污染源主要通过入海河流、西南二排污口和沿海直排入海等三种方式泄泻。80 年代污水量的排放分配为:黄浦江口日排放量约 400 万吨,西区排污口日排放量约 70

万吨,南区排污口日排放量约 30 万吨,其余的为崇明和金山区(县)沿江沿海一带的日排放污水量。

水质污染对河蟹、蟹苗及其他渔业资源的影响:一是使部分水域内鱼、虾、蟹类的种苗绝迹或产生回避。二是影响河蟹和某些鱼类繁殖场洄游路线和生长发育。如上海市二大排污口及黄浦江污水致使河蟹中浚繁殖场向铜沙北移,并出现幼苗无法在长江口南岸带接岸分布的局面,从而中断了蟹苗经由黄浦江上溯到太湖水系及失去了长江南岸浏河闸以下诸如宝山、川沙一带的优良捕苗埠头。三是影响河蟹等渔获物的产量和质量,破坏了鱼类等水生动物的食物链,间接地影响了河蟹类的生长。

防止水质污染,改善生态环境,提高现有河蟹及蟹苗资源水平应注重以下对策:

第一,成立相应环境保护机构和水质监测站,加强政府部门对水域环境的管理。自 1973 年以来,国务院建立了环保领导小组,各流域相继成立了环保局。1985 年水产总局所属各地建立了水质监测站,这对防止水质进一步恶化及污染起着积极的作用。

近年来国家已相继颁布了环境保护法,制订了农田灌溉水质标准、安全使用农药标准和渔业水质标准,这为进一步加强各地对水质和污染的管理提出了具体要求,使水域环境建立在法律的依据上。

第二,采取经济手段,管理水质污染。在 1983 年国务院公布征收排污费办法后,促使企业将环境保护纳入经济责任范围。同时按环保法规定,各企事业单位在新建时必须提出对环境影响的报告。排放水质必须达标。由于排放污染物而造成死蟹死鱼的事故,应追求经济责任。

第三,维持和保护渔业环境,抓好几项保护水质的基本条例。包括以下几个方面:一是做好各大水系流域水源保护规划,进行水域环境综合治理。二是逐步用高效低残毒农药,减少污染面,防止农田药水流入水域,改善水域环境。三是在灭钉螺时应控制剂量,采用逐步分期施药方式,降低污染物含量,保证水生生物的生存。四是加强控制船只排污,禁止在水源岸边堆放有害物质和倾倒废渣垃圾,以免污染水源破坏渔场。五是对改造旧企业的排污治理工程应由有关单位协调配合,加强监督,分别轻重缓急,分批分期治理。

3. 酷渔滥捕对河蟹及蟹苗资源的影响　渔业资源应处在动态的平衡状态,以确保在一定时期内的取之不尽,用之不竭。从长江口河蟹及蟹苗捕捞生产看,存在着捕捞强度过大,有害渔具的使用及不合理的捕捞时期和作业地点等三种情况。

(1)捕捞船只密集,捕捞强度过大　捕捞强度过大常指捕捞量超过资源自身的增补量。此时即使使用的网具对头,捕捞季节和区域合理,但仍可竭泽而渔,使河蟹及蟹苗资源下降。表 3-7 和表 3-10 反映了从 1970 年起至 1995 年止长江口河蟹蟹苗资源及产量状况。从表中可以看出,1970 年长江口河蟹资源量曾下降到最低点,仅 4.77 吨,这与长江蟹苗资源刚开发而历年蟹苗及亲蟹洄游路线受阻有关。70 年代起长江河蟹资源量及以宝山区海星渔业队为依据的年产量逐年上升,这与长江口河蟹苗资源开发利用并已相继在全国普及推广有关,形成了苗多蟹多,河蟹产量及资源量上升的良性循环。1982 年起长江蟹苗产量锐减,但河蟹产量及资源量可延续到 1983 年为止。此后由于渔政部门采取了严格发证及限制捕捞季节及捕捞区域,因此整个 80 年代长江口河蟹捕捞后的剩余资源量仍维持在 50 吨左右的水平。90 年代由于客观上经济市场的进一步开放,使每年在长江口捕捞船只的发证数量由1984~1988年的10张捕捞证,上升到1989年的13张和1990年的15张,当时即使包括无证船只偷捕及外省进入的捕捞船只总数也在100条以下。90年代后长江口有证捕捞船只达到40条左右,而无证捕捞船只多达300~400条,除本市的捕蟹渔、农民外,大多来自江苏省的靖江和江阴市一带的渔民。因此使整个90年代长江口河蟹的捕捞强度上升到29%~44%,比80年代中后期(1983~1989年)的16.9%~33.4%上升了12.1%~10.6%。目前由于河蟹资源量的过少和价值比前几年下降,亲蟹的捕捞量在减少,但自然蟹苗和鳗苗捕捞,由于价格仍居高不下,故捕捞船只仍在上升。并且捕捞地点向河口浅海发展,严重影响了河口其他船只的航行。

(2)有害渔具的使用 长江口蟹苗捕捞在90年代改为张网作业,这种网具直接在长江主航道随潮流涨退而设置,如张网时间过长,起捕后极易使蟹苗死亡,资源受到破坏。在1994年的蟹苗捕捞中,曾造成大批野杂蟹苗的渗入和河蟹苗受强大潮流冲击而断肢缺腿的情况。使客户受到经济上的巨大损失。

(3)不合理的捕捞时期和区域 长江口河蟹及蟹苗捕捞,需有一定的捕捞期和捕捞区。河蟹的捕捞期应在11月立冬以后至12月初的小雪季节,过早河蟹尚未到达繁殖场,过迟部分亲蟹已抱卵,直接影响翌年的蟹苗生产。但在经济利益的刺激下,长江口河蟹捕捞期经常出现延长捕捞到第二年早春阶段的春蟹为止。届时部分亲蟹已交配抱卵,延长捕捞期将严重影响亲蟹的资源量。

长江口主要的河蟹繁殖场在东经121°50′至122°04′从长兴岛到横沙岛外九段沙以西的河口区范围,但近年来许多捕捞河蟹的渔民扩大捕捞场的范围到东经122°15′的铜沙、佘山一带,使大量亲蟹资源被起捕,影响繁殖群体的数量。在河蟹苗捕捞上一改闸口捕苗的传统习惯,不仅采用对蟹苗杀伤力极大的张网,还扩大捕苗区,直接在河口浅海张网,致使所捕的河蟹苗中,野杂蟹苗混入的数量增加,蟹苗体嫩力弱,运输前又必须经过盐度淡化这一过程。

为此必须采取禁捕或通过发放捕捞证,控制捕捞强度,杜绝无证捕捞,并限制张网等有害网具直接在产苗场长期张网。在亲蟹捕捞上要从全面禁捕开始到限额、限时、限区的捕捞,力求保护长江口河蟹资源的恢复。

4. 围垦和航道疏浚 围垦缩小了河蟹及某些水生动物的生存栖息场所和抱卵繁殖场的面积。建国以来,一度在以粮为纲的指导思想下,兴起了围湖或围海造田的热潮。以长江口崇明岛和杭州湾一带为例,自1958年以来,对沿江、沿海滩地的围垦速度很快,从而使崇明岛的土地面积从建国初的600平方公里增扩到90年代末的1 300平方公里左右。围垦是解决我国沿海及内陆地区土地紧缺的途径之一,但要考虑统筹兼顾,合理规划,尽量不使或少使河蟹和其他渔业资源及生态环境遭受破坏。

航道疏浚对确保长江黄金水道的畅通,发展航运事业十分重要,但这使河蟹的生殖洄游路线改道。河床变迁使水流发生变化,蟹苗接岸的回归路线发生变动。如长江口来自铜沙、鸡骨礁外口浅海的蟹苗原先经崇明县东旺沙以东的潮沟北上向崇明北滩洄游,在崇明岛北岸带接岸上溯,并通过江苏省海门市(县)青龙港并颈口再折向长江南岸带,从而形成崇明岛北部这一得天独厚的产苗场。但目前因这些潮沟浅滩受河床变迁已堵塞,加之崇明岛东南部的团结沙与东旺沙的并岸,崇明岛北部黄瓜沙延伸阻拦了河口,都一定程度影响长江口蟹苗在崇明岛的接岸状况,从而使崇明岛北部自1995年起失去了昔日优良捕苗埠头的风范。

为此在对策上,围垦和航道疏浚不仅要合理规划,在围垦计划实施前要进行可行性分析,对可能出现危及渔业资源的要有多种补救措施去保证,达到既实现土地围垦和航道疏浚,又做到尽量合理保护渔业资源的双赢目标。

5.河蟹资源管理的经济学措施 对小型渔业的生产水平或造成过度捕捞,广义地可分为生物学的、技术上的和社会经济上的等三个方面。生物学上的约束显而易见的是资源的有限性和可能引起的过度捕捞。技术上的先进和落后,在同样捕捞努力量的情况下,可加速资源开发或减缓资源破坏的历程,后者在本书内不予讨论。

潜在的社会经济方面的约束,渔获物的高价或低耗,常加速资源的开发,而低经济效益及高耗常阻止渔业资源的充分利用。在河蟹资源已被过度利用的情况下,后者可认为是一种有效的管理措施。

在长江口一个月的汛期内,单船的人、物、油消耗和船舶折旧费用,据对监测调查船的经济核算,变动幅度在3 000~5 000元不等。但据1988年和1989年资料分析,单船的平均产量0.5~0.55吨,以每千克40元计,单船的收入约2万元,刺激了渔民对河蟹捕捞的积极性,客观上常出现单船高强度连续捕捞的状况。同时捕蟹业增加了对无证船只的诱惑力,给河蟹资源管理工作带来了更大困难。

图3-5表示降低或增加成本对产量和收益影响的模式。当总成本线在0A情况下,投入的渔民数或船只数(捕捞努力量)为0A′。这种情况下,A点为盈亏平衡点,表示过量的船只

或劳力进入渔场,将使收益低于支出,从而使捕捞船只可以自由压缩在 A′点左右。但在减少成本支出(OB 线)或提高渔货单价情况下,将使收支平衡点所对应的捕捞努力量增加到 OB′,从而加强对资源的滥捕。而在提高经济成本(OC 线)或降低渔获单价情况下,将使投入的捕捞努力量减少到 OC′,从而减轻了对渔场的负担,降低了捕捞强度。目前在河蟹生产上,由于渔货单价高,经济收益大,这使控制捕捞强度极为困难,无证捕捞船只连年增加。为此渔业管理部门应从增加捕捞费用,提高议价油及蟹拖网具成本价格或降低河蟹价格着手。以限制捕捞努力量的迅速增大。根据目前的收入状况,可以在原来基础上考虑提高数倍燃料及捕捞费水平,使河蟹捕捞成本线的斜率增大,或者通过科技手段发展河蟹增养殖生产,降低售价。

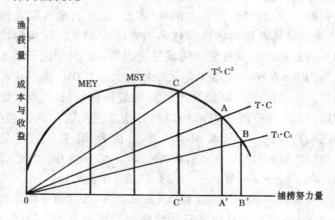

图 3-5　渔获量、成本收益和捕捞努力量的关系

注:图上的 MEY 为最大经济渔获量,MSY 为最大持续渔获量,OA,OB,OC 为总成本线,OA ',OB ',OC '为和 OA,OB,OC 对应时的捕捞努力量(船只、劳动力),A,B,C 为盈亏平衡点的渔获量

(二)蟹苗资源预报

对沿海各水系能正确预报蟹苗资源及可捕量,有利于合理组织生产,开发利用蟹苗资源,现以长江口为例说明。自1969年开发长江口蟹苗场后,崇明岛曾一度成为我国最大的捕苗埠头,当时包括长江口、江苏省的太仓、常熟市,年蟹苗产量达数万千克。其中1981年最高年产量63 082千克,仅崇明岛产量为20 525千克。长江口曾成为我国惟一的蟹苗供应地,对支援全国河蟹养殖业的发展起着积极的作用。但自1982年起长江蟹苗资源出现锐减局面。为此上海市水产研究所结合全国海岸带综合资源调查和专门列项对长江口蟹苗资源变动原因和资源预报进行研究,经过对各单因子与蟹苗资源变动的相关分析,认为长江口蟹苗资源与河蟹繁育场亲蟹群体的资源量,长江口当年水文条件(水温,盐度),渔业灾害性气候,蚤状幼体及饵料密度等诸多因素综合相关。任何单因子均不与蟹苗产量及资源量构成紧密的相关。其单因子的相关系数为 $R = 0.02 \sim 0.72$,P 值大于或远大于 0.05。但其中相对较好的相关因子为河蟹繁殖场的亲蟹资源量(R)、蚤状幼体密度(E)、5月份河蟹繁殖场以邻日盐度突变表示的极差(S)和 5 月份的平均水温(t)等。其复相关式为:$Y = -14253.34 + 1174.20 \times X_t - 208.99 \times X_S + 0.04535 \times X_R + 447.48 \times X_Z$,$N = 4$,$M = 26$,$f = 28.42$,$R = 0.9187$。

从复相关式中可知水温 X_t(长江口 3~5月份平均水温),盐度 X_s(长江口5月份邻日盐度极差),资源量 X_R(长江口当年河蟹剩余资源量)和蚤状幼体密度 X_Z 为决定当年长江口蟹苗产量(或资源量)的敏感因子。即长江口当年蟹苗产量或资源量随水温、亲蟹资源量、蚤状幼体密度上升而增大,而随5

月份长江口邻日盐度极差(突变)增大而下降,但各变量之间在资源预报上所起的权值不同。从复相关式中可知,因蚤状幼体密度 X_Z 的系数(447.48)和变量年间的变差大,从 0.0378 只/米³ ~ 12.0 只/米³ 不等,而单因子相关系数 $R_E = 0.7209$,$0.10 > P > 0.05$,因此成为决定蟹苗产量或资源量的最敏感因子,具有最大的权值。而水温 X_t 虽具有最大的系数值(1174.20),但每年 3 ~ 5 月份平均水温的变动不大,为 13℃ ~ 16.2℃之间,单因子相关时 R_t 的相关系数为 0.1951(本书中未列出,下同),因此反映在复相关式中为次位敏感因素,具有第二位权值。5 月份邻日盐度的极差大小 X_s,具有第三位大小的系数值(208.99),历年极差变动在 2.63‰ ~ 9.9‰之间,单因子相关时 $R_s = -0.1208$,因而在复相关式中 X_R 为第三位敏感因子。资源量 X_R 在复相关式中具有最小的系数值(0.04535),虽然资源量的年间变动为 2.92 ~ 217.53,然其乘积仍为最小。单因子相关时 X_R 的相关系数 $R_R = -0.006822$,为第四位敏感因子。对复相关式中 4 变量的权值分析结果为:$X_Z > X_t > X_s > X_R$,表明影响长江口蟹苗资源量或产量的敏感因子按次为:长江口蚤状幼体密度、长江口 3 ~ 5 月份平均水温、长江口 5 月份盐度邻日极差、长江口当年河蟹的剩余资源量。

对于鱼类或无幼体阶段变态的水生动物而言。通常亲体资源量与幼体种群的丰盛呈正相关。表现为亲本群体数量大,有望下年度得到大量幼体资源。但对于具有幼体变态的昆虫类或水生十足目动物来说,亲本资源量的丰盛与否并不一定能反映出下年度可获得丰盛的幼体资源量。换言之,在长江口河蟹资源的预报上,即使前一年有丰富的河蟹资源量,但无良好的水文、饵料及其他理化环境相匹配,也不一定能获

得蟹苗旺发的年景。例如在具有良好河蟹资源量的 1982～
1983 年,长江口并未出现蟹苗的旺发,这与当年的水文条件
不当。5 月份邻日盐度的突变剧烈,当年降水量偏多,灾害性
天气上升等偶然因素的频繁发生有关。因此在上述复相关式
中仅河蟹资源量大,还并不一定能表现出下一代蟹苗资源的
丰盛。这里除了对亲蟹资源量估算时由于采样不全面,样站
数量偏少而引起在估算上缺乏代表性外,幼体变态期阶段死
亡率高低的不可控制(自然因素)是主要的限制因素。图 3-6
为河蟹的死亡曲线。从图中可以看出,河蟹在幼体阶段,即使
在人工控制育苗的条件下,其蚤幼阶段育成大眼幼体的成活
率仅 3%～7%,如在自然状态下,其死亡率将进一步上升。但
在经过了大眼幼体阶段后,即当一旦蜕壳成为早期(第一至五
期)幼蟹后(图中 6～8 月份),则死亡曲线趋向平稳。因此在
长江口如当年蟹苗资源丰盛就一定可预测来年或第三年河蟹
产量及资源量的上升。长江口 1970～1981 年蟹苗产量对长
江口翌年河蟹资源量的相关为: $Y = 38.26 + 0.0121170X$, $n = 12$, $R = 0.9143$, $F = 50.93$。表明当年蟹苗资源量与翌年河蟹
产量或资源量呈紧密的正相关。

　　图 3-6 还反映出河蟹的一般寿命,雄蟹为 22 个月,雌蟹
为 24 个月。但在低温或营养不良的环境中,部分河蟹其年龄
可延长到 3 足龄,或者更正确地说,从大眼幼体起算,雄蟹为
34 个月。雌蟹为 36 个月。这与表 3-10 中所反映出的当长江
口 1981 年后蟹苗产量和资源量虽大幅度下降,但直到 1983
年在河口地区仍维持着较高的河蟹资源量相符。

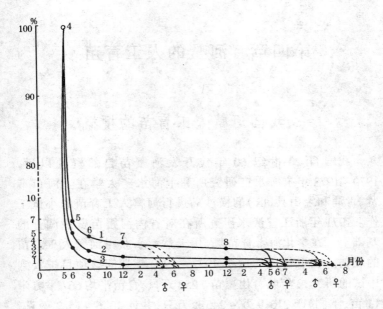

图 3-6　河蟹模式死亡曲线

1,2,3. 不同存活率各龄蟹模式死亡曲线,1~3龄寿命雄蟹比雌蟹
短2个月　4. 蚤状幼体起始存活率100%　5. 大眼幼体6月估算
存活率3%~7%　6. 豆蟹8月估算存活率0.9%~4.9%　7. 幼蟹
12月估算存活率0.27%~3.43%　8. 至翌年10~12月成蟹估算
存活率0.081%~2.4%

第四章 河蟹的人工育苗

一、我国河蟹人工育苗的梗概

我国自 20 世纪 60 年代开发河蟹苗自然资源以后，1970～1973 年东海水产研究所和上海水产大学在上海市奉贤、青浦和宝山县(区)的横沙岛进行河蟹人工育苗的小试工作。1971 年浙江省淡水研究所在对省内河蟹苗资源调查的基础上。在奉化海带育苗场，用天然海水获得河蟹人工育苗的成功。在取得成功后于 1977～1980 年期间该项目扩大到中试的研究，3 年共育出蟹苗 7 250 万只，育苗平均 667 平方米(1 亩，下同)产 216.9 万～245.1 万只，共计 13.6～15.3 千克。从第一期蚤状幼体到大眼幼体的平均成活率为 3.41%～6.23%，最高 667 平方米产达 559.2 万只，最高成活率为 13.8%。河蟹土池育苗的成功，为河蟹人工繁育提供了一套比较完整的技术资料，以便沿海有条件的地区推广应用，这对促进河蟹增养殖业的发展具有一定的意义。

为克服河蟹人工育苗仅在沿海地区发展的局限性，及进一步提高育苗的单产水平，1974 年起，安徽省滁县地区水产研究所，在经过 1974～1977 年内陆水体河蟹人工育苗的基础上，于 1978～1980 年期间进行人工配置海水繁育蟹苗的中试研究又获得了成功，这为内陆地区河蟹人工繁育开创了先例，项目多次获得重大成果奖和金牌奖。但就整个 70 年代而言，由于当时我国蟹苗自然资源仍属丰盛阶段，大约 95% 以上用于河蟹增养殖的种苗均来源于自然资源。我国河蟹人工繁育的总产量在1吨以下。可以说尚处在河蟹人工育苗的初级阶段。

80年代起,由于长江河蟹苗自然资源锐减,及我国沿海地区河蟹土池生态育苗和内陆水域人工配置海水育苗的成功,加速了其他沿海各省、市河蟹人工育苗的进程,并大有后浪推前浪的趋势。到80年代末,我国河蟹人工育苗的产量在1～10吨的数量级水平,河蟹自然苗和人工苗的产量各占50%左右。

90年代起,由于河蟹苗自然资源进一步的衰退,迫使河蟹人工繁育的技术水平日趋成熟,河蟹的人工育苗产量迅速上升到100～200吨的水平。如1992年仅辽宁省河蟹苗产量为22吨。到1999年我国河蟹人工育苗产量已达150～200吨,其中辽宁省为100～120吨,江苏省30吨,山东省和河北省各约20吨,浙江省10吨,上海市1吨,至此我国河蟹苗的95%以上已靠人工繁育解决,仅5%左右仍依赖采捕自然苗资源。从此在河蟹苗繁育上由必然王国走向自由王国的时代业已来临。

当前我国河蟹人工育苗按育苗设施可分土池生态育苗和人工控制工业化育苗两种。按育苗用水可分天然海水、配置海水和低盐度海水人工育苗三种方式。上海市水产研究所于80年代后期起开始了低盐度河蟹人工育苗,起初年产量为50千克左右。90年代中期上升到年产量100～300千克,1998年达到年产500千克,每立方米产量为250克的技术水平。

二、河蟹育苗场的总体设计

(一)场址选择

1. 海淡水水源　河蟹育苗场要求水质良好,水资源丰富,附近无工农业废弃物污染,特别是水中重金属离子浓度不得超标,并且水质的其他各项指标应符合渔业水质标准。为此一般可以选择在沿海无工业污染及水中盐度周年不低于15‰,溶氧在 5 毫克/升以上,水源充足的地区。如果是利用配置海水人工育苗,一般可选择水源充足的湖泊、水库、江河作为水源。利用天然海水进行人工育苗还必须有足够的水质达标的淡水用于蟹苗淡化。

2. 交通方便,地域位置良好　河蟹育苗场要求靠近河蟹增养殖发达,并且水陆交通便捷,车船能直接到达的地区。这样亲蟹采集和所生产的蟹苗推销方便,容易获得经济效益。

3. 电力充足稳定　电力为育苗设备运转的动力。断电一刻可能会造成育苗的全军覆没,育苗场应自备小型发电机组供应急之用。

场址选择一般应在前一年着手进行。在最后确定场址前尽可能要做项目的可行性分析。分析的主要项目应包括:投资目的、生产规模、技术指标、技术路线、环境条件、环境影响、经济预算、成本分析、风险、产品销售渠道及诸如投资效果、投资回报期、盈亏平衡点、敏感因子等技术经济分析。只有结合场址的选择,并进行可行性分析后,才能对企业的发展做到心中有数。

(二)育苗场的主要设施

1. 海淡水供应系统 供水系统包括水闸或提水泵房、蓄水池、水塔、过滤池、黑暗沉淀池、配水池及连接上述设施之间的渠道(明渠或暗渠)等。其中从水闸利用其高潮位海水,如无条件建闸,则应改建提水泵房。有时候为了在各种水位时均能达到引水目的,可以同时配备水闸和提水泵房。蓄水池对河口地区特别有用,可在冬季蓄得较高盐度的海水或半咸水,其他水源供给不稳定的地区也应考虑建蓄水池。蓄水池的蓄水量一般应达育苗池蓄水量的 6~10 倍。育苗时用水一般通过二级提水泵房,将水经过滤池由蓄水池抽水经水塔,并通过黑暗沉淀池杀灭藻类后,流入育苗池的供水系统。在沿海低盐度育苗或内陆地区人工配置海水育苗时,还需在进入育苗池前,利用配水池使盐度等指标达到所需的预定要求。上述海淡水供给系统中的各类池子应根据不同育苗方式,可以做适当的增减和合并。

2. 亲蟹池 亲蟹池以土池底、水泥板护坡或垂直石壁为佳,除土池育苗的蟹池面积为 400~600 平方米外,一般600~2 000平方米均可。池的四周必须安装高度不低于 50 厘米的防逃设置,每池必须配备进出水管道,可以进排半咸水或单独注加海水或淡水。蟹池四周最好为圆角,池底为沙泥,不应有过多过厚的淤泥。亲蟹池也可兼用作交配池、抱卵池或幼体培育池。

3. 育苗系统 除土池生态育苗无需单独的人工控制温室育苗房外,其他无论封闭式或开放式人工控制河蟹繁育,都必须另有除室外海淡水系统外的室内育苗系统。包括厂房、育苗池、海水(高位)预热池、饵料池(或缸、桶)以及出入育苗房的给排水管道等。

厂房一般以砖墙结构为主,顶盖瓦片、玻璃或半透明的玻璃钢,四周开窗并可启闭,达到有良好的采光、通风、保温、去湿的功能。育苗池一般为水泥池或玻璃缸池,面积 20~100 平方米均可,长方形,水深 1~1.5 米,一般埋入地下 20~50 厘米,有利于操作和保温,并具有良好的进排水、排污和集苗系统。育苗房内常建有高位预热池,以便使进入的低温半咸水在通入育苗池前先预热至所需的水温。预热池的水体应为育苗水体的 30%~50%,最好达到足够育苗池水体一次换水的目的。如限于厂房容积,预热池也可建在育苗房邻近,再由管道接入育苗池内。

4. 活饵料补给系统 包括藻类、轮虫和卤虫孵育设备。藻类培养分为藻种保纯、1~2 级小池培养及 3 级扩大培养池培育。藻类的 3 级培养通常受饵料培养池面积所限,可直接将 2 级藻液接种在育苗池内作扩大培养,也可将 1~2 级藻种通过室外土池培育后直接泵入室内育苗池。

轮虫培养池和卤虫休眠卵的孵化可采用工业化孵化系统,包括轮虫接种,轮虫卵及卤虫卵的孵化缸、桶及卤虫虫卵分离装置。饵料培养池的面积不应低于育苗池面积的 30% 左右。

5. 供热系统 主要为加热设备和装置,用于育苗和活饵料培养。常用的有蒸汽加温和电热加温。具体的加热方法可根据生产规模因地制宜,如利用电热、地热、蒸汽加热等方式均可。一般需达到的加热水温为 23℃~25℃,需要加热的部位在高位预热池、育苗池及厂房,通常用的为电热棒或通有蒸汽的盘香管等。江南地区目前较为普遍的为锅炉加温,一般每 1000 立方米的育苗水体可配备一台 2.5×10^6 千焦的热水锅炉就可。

6. 供氧系统　供氧系统包括空压机或罗茨鼓风机,因空压机油水分离不全,容易使油带入育苗池形成油膜。所以目前一般均用罗茨鼓风机,其风量大,适合河蟹育苗用。罗茨鼓风机通常安装在育苗房外,由专门管道与每一育苗池接通,其分支接多个通气滤头,在育苗池中按一定密度作平面排布,以保证育苗期间各池溶氧不低于 5 毫克/升水平。

7. 排污系统　排污系统包括排污口和排污管道。排污口通常位于育苗池底部中央,育苗期间的污物通常由此经排污管道外排,或用专用的橡皮管以虹吸方式将污物吸出。育苗期间倒(换)池时或出苗后可将污物连同污水彻底从排污管道外排。

蟹苗出苗时常用灯光诱捕,剩余的苗可在降低水位后从育苗池底部的排水孔或排污孔连同污水一起收集,经过苗水分离后再集中处理。

8. 生物包设施　生物色是一种净化水质的系统。在封闭式育苗时,如能配有生物包设施,可大大提高水净化能力,改善循环水的质量。给育苗后已经利用的废水在正反滤池内接种光合细菌和某些放线菌等有益细菌,通过微流水形成生物膜,其水面因是半咸水,可培养江篱等高等藻类。在大棚地坪和空中放置亚热带盆花,有清除脏物,脱氨氮,净化水质,净化空气及对室外进入的水源和空气起着预热的作用。通过改善育苗室内的空气质量,提高了能量利用率,而且也保证了温室的生态平衡。

9. 机电、仪器、化验及其他设施　一个完整的河蟹育苗场还应配备除水泵、增氧机、罗茨鼓风机以外的一些常用仪器,如显微镜、解剖镜、冰箱、温度计、比重计、照度计以及 pH、溶解氧、氨氮、亚硝酸氮、硝酸氮、盐度等测定仪或配备相应的化学测定手段。为防止停电突发事故的出现,还必须配备一台小型发电机。

三、亲蟹的选择和饲养

(一)亲蟹的选择

1. 亲蟹池的准备　在亲蟹采集之前约一个月,就应该对亲蟹池进行准备,包括排干池水,整平池底,清除过多淤泥和曝晒数天等手续。然后就可以进行药物清塘和修建防逃设施。清塘时最好用石灰,每667平方米用量干塘为75千克。先将石灰在池底挖穴化开,然后在水位5~10厘米条件下,用勺子将穴中的石灰水均匀地泼洒在整个池底,要基本上达到用量及浓度均匀的目的,为此挖穴的数量和每穴间的距离及安放石灰的用量必须基本一致。清塘时,一面泼药一面须用耙子耙翻池底,以求杀死泥底中的有害生物。如是带水清塘在水深1米时每667平方米石灰用量为100千克。清塘10天后,待药性消失,并投放少量亲蟹,经活体检验24小时后,如确无死亡发生,即可认为清塘药性已消失,可以放养亲蟹了。

在清塘的同时,应修建防逃设施。防逃墙高50厘米,可用塑料板、瓦楞板、铝皮、塑料薄膜等多种材料拦设。防逃墙外每隔20厘米左右须在外侧插入支撑桩,使防逃墙牢固可靠。有的地方直接用砖砌墙,再加墙檐,这均可以,但须因地制宜。力求安全可靠和省钱。

2. 亲蟹的挑选　亲蟹的挑选需满足品质优良,具有典型的长江水系形态特征,体质健壮,大小规格和性比适宜,肥满度大,成熟系数高,两螯八步足齐全,无再生足等条件。为此在选择亲蟹时雌蟹要求平均规格在 100 克以上,低限为 90克,雄蟹平均为 125 克,低限 110 克。过高的挑选规格不仅会提高育苗成本,并且增加亲蟹收集来源的难度。性比雌蟹:雄蟹为 2~3:1。

亲蟹在外部形态上应具有长江水系典型的形态特征,这包括头胸甲洁净,具光泽,体黄绿色、古铜色或墨绿色,甲壳边缘具黄色镶边,腹甲及腹部银白色。额齿 4 枚,尖锐,居中两额齿间缺刻最深,其夹角为等于或小于 90° 的直角或锐角,外观呈"U"字形。侧齿 4 枚,眼齿最大,第四侧齿最小,各侧齿几乎平行。头胸甲在胃前部和额后部具 6 个疣状突起,呈"品"字形排列,以额后突最大,上具栉状突。螯足粗壮扭曲,内外侧均被致密绒毛。第二至五对步足细长,无再生肢。第二步足弯曲紧靠头胸甲时,其长节和腕节弯曲处的长度超过或与额齿持平。步足腕节、掌节椭圆柱状,但不平扁。趾节爪状而非桨状。

肥满度(W/L^3)0.5~0.55,数值上雌蟹超过雄蟹,外观背部隆起,背厚,体(壳)长与体重雌蟹等于或大于 $W = 6.0078 \times 10^{-4}L^{2.9724}$ 相关式中的体重(W)值;雄蟹等于或大于 $W = 1.399 \times 10^{-3}L^{2.7530}$ 相关式中的体重(W)值。感官触摸亲蟹步足时,甲壳坚硬,不出现软脚或弹簧脚蟹。雌蟹生殖系数已达 10% 左右。

体质健壮,具较强的防袭及复位能力。人为接近亲蟹,螯足高举,以示反抗。亲蟹仰卧后复位迅速。

(二)亲蟹来源、暂养及运输

1. 亲蟹来源 亲蟹的来源最好选自长江水系的天然苗,

在精养塘、河道或围拦水体中养成的河蟹，这样不仅品质优良，而且对养殖环境的适应能力强。直接捕自长江口繁殖场的河蟹因已经过长途跋涉的生殖洄游，它们到达河口繁育场时，多半已精疲力竭，并且大部分已在微咸水或半咸水中生活过一段时间，这样的蟹如留作亲蟹死亡率高，从亲本收捕到抱卵孵化，成活率一般仅 50% 左右。湖泊、水库和大江河川增养殖的河蟹，因其原来的生境密度低，溶氧高，故作为亲本在池塘中饲养其交配抱卵存活率也低。而只有来自投饵精养的河蟹，从幼蟹开始便在相对密度高的环境中栖息，其生长发育的条件和人工繁殖的饲养水体相似，很容易适应新的环境，有利于饲养、交配、抱卵和孵化出苗。上海市水产研究所在90年代以前曾一度在长江口河蟹捕捞场或直接在内陆省份的湖泊选挑亲本，饲养成活率都未得到满意的结果。

2. 亲蟹采购时间、数量及暂养　河蟹亲本采购的季节最好在立冬前后，因为此时河蟹的头胸甲和步足已坚硬，加之水温一般已下降为 10℃ ~ 14℃，运输的成活率高。同时，此时河蟹生殖细胞已接近生长成熟，多数在第Ⅳ期中、后期的发育时相，卵巢的成熟系数一般在 10% 左右。

采购亲蟹的数量随生产规模而定。一般生产 100 千克蟹苗，随技术水平高低需要 250 ~ 500 千克亲本，这一估算从第一期蚤幼到大眼幼体出苗成活率大致在 5% ~ 10% 范围，而亲本在饲养阶段的存活率、抱卵率、孵出率均在 90% 左右。

亲蟹在采购时，由于不能一次全部收齐，故需有暂养的过程。在收集点暂养亲蟹的时间不宜过长，一般为 2 ~ 3 天，可用室内、池内暂养或笼养。室内散养指把亲蟹放在潮湿的室内或搭棚的水泥池内，四周用中国式瓦片或瓦楞板、砖头搭成隐蔽场，并投放一些食料，如麦子、青菜、芝麻、小杂鱼等。每天冲洗排水一次,以净洁暂养环境。也可以租借小型的池塘作为暂养塘,塘内放置隐蔽物,四周建防逃设施,每日投喂约占体重1%的上述种类的干饲料,每667平方米的暂养密度控制在250千克以下,但一般只有暂养期超过10天半月才会考虑这种方式。笼养是指将亲蟹放入竹或塑料制品的笼内,放养密度应控制在每立方米200~250只(20~25千克),并且要放在流动的水体中,笼的上半部最好要露出在空气中,让缺氧时亲蟹可以爬到笼的上半部来,这样可以防止因短期缺氧而窒息。

3. 亲蟹运输 亲蟹经短期暂养后应迅速装运。装运时可以用蟹笼作运输工具,或用蒲包之类,每包装10~20千克,干放,包扎紧,必须只只头胸甲背朝上。如装车时要叠放,每包外必须用柳条箱、竹筐、塑料箱作为外包装,使各包间不致互相挤压。这样的运输方法,在水温10℃~15℃时,经24小时运输成活率在95%以上,途中可不加专门的管理。如运输时间在2天以上,可以在24小时以后每隔12小时检查一次,检查时将每包蟹放入溶氧高的清水中浸1~2分钟,使河蟹的鳃始终保持湿润,并及时洗去体表的排泄物,有利运输成活率的提高。

亲蟹运到塘后,立即在控制的防逃范围内开箱开包,剔去途中受伤、死亡的蟹,进行记数及登记后,将健壮的亲蟹放入塘内,亲蟹的饲养从此开始。

(三)亲蟹饲养

亲蟹饲养要着重做好防逃、水质控制和坚持日常投饵等三项工作。防逃主要是坚持每日早晚巡塘,如发现防逃设施有破应立即修好。水质控制是指在亲蟹饲养过程中要经常检测水质,观察亲蟹有否浮头现象,如发现亲蟹爬上岸,口吐泡沫,长期不下水或受惊下水后经常徘徊在池边或又爬上岸,这是水中缺氧的征候,应给予注水或添加新水。对亲蟹池要经常测定溶解氧,每日溶氧指标不应低于5毫克/升。为此就要适当控制放养密度,一般为每667平方米放养100～200千克亲蟹,亦即每667平方米放养1000～2000只亲蟹。亲蟹入池越冬,如水温在8℃以下,最好逐渐添加新水,使水深增加到1.5米左右,以利亲蟹安全越冬。冬季如水温继续下降,出现池面结冰,就要每天敲碎冰层,防止冰层以下因缺氧而造成亲蟹窒息死亡。

饲养期间,每日必须投饵。饲喂亲蟹的饵料应新鲜而不变质。用于投饲的饵料种类包括配合饲料、植物性谷类(如煮熟的小麦、玉米等)、草类(青菜及其他水生、陆生草类)或动物性的小杂鱼、咸鱼等。亲蟹饲养期的水温一般在8℃～14℃之间。日投饵以干料计,约为河蟹体重的0.5%～1%,如改投鲜活饲料就要乘上系数比。一般谷类植物其投饵量与干配合饲料相当,如山芋、马铃薯与干饵料的系数比为6:1,杂鱼类与干饵料之比为4:1,螺类为3×4:1,草类中陆生草为30:1,水草为50:1。亲蟹饲养期间合理投饵十分重要,不仅可以提高亲蟹的存活率,还可以促进性腺的进一步发育和性成熟系数的提高,使河蟹在下阶段交配时亲蟹体质健壮,卵子几乎全部达到生长成熟。如水温在6℃以下可以减少投饵率为0.3%～0.5%,并且每隔2～3天投喂一次。

四、亲蟹交配、抱卵及抱卵蟹饲养

(一)卵巢发育

卵巢按其本身的外形、色泽,按其卵细胞中的卵黄积累和卵母细胞的生长状况可以分为下列各发育期。

第Ⅰ期:卵巢细小呈乳白色,肉眼不能辨认卵巢或精巢,生殖系数在 0.4% 以下。经卵巢组织切片观察,增生卵母细胞的生发上皮,贯穿于各叶卵巢的中央部位,而在切片上看到的是一条生卵带。显然位于这一部分的卵母细胞特别小,而远离这一部分的外层卵母细胞则逐渐长大,即最后在靠近卵巢包膜处的卵母细胞发育最早,因此在卵巢各个部位的切片上,常常同时存在着几个不同时相的卵母细胞(图 4-1 之 1)。对卵巢发育的期数是以哪一种卵母细胞占优势而确定的,该期卵巢的卵母细胞处在增殖期和小生长期。当年幼蟹种的卵巢多数处在这一时期。

第Ⅱ期:卵巢乳白色或略带淡粉红色,体积小,线状,肉眼虽可区别雌雄,但还不能辨认卵粒。成熟系数 0.35% ~ 0.67%。所有第Ⅱ期卵巢标本可得自体(壳)长 44 ~ 53 毫米、体重 45 ~ 77.5 克的黄蟹。

本期卵巢经组织切片观察,卵母细胞椭圆形或多边形,细胞排列疏松,直径 35 ~ 43 微米,细胞质着色比核较深,细胞核大,可占整个卵母细胞直径的 1/3 ~ 2/5,为 11 ~ 15 微米,核内同一观察面有核仁数个,其中较大的核仁 1 ~ 3 个,卵母细胞为小生长时期,卵细胞无卵黄粒出现(图 4-1 之 2)。

第Ⅲ期:卵细胞浅红色或橙黄色,肉眼能辨认卵粒,生殖

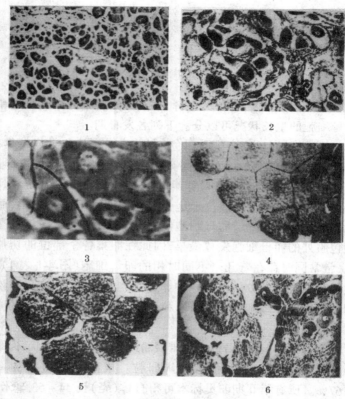

图 4-1 卵巢发育期

1. 第 I 期卵巢,充满生发上皮及第 I 期卵细胞,卵细胞内无卵黄,卵巢为典型的增殖期
2. 第 II 期卵巢,充满第 I , II 期卵细胞,卵细胞无卵黄,处在小生长期
3. 第 III 期卵巢,卵细胞进入大生长期,开始积累卵黄
4. 第 IV 期(中期)卵巢,卵细胞内卵黄基本充满,核在细胞中心,卵细胞未游离
5. 第 V 期(初)卵巢,卵黄充满,卵细胞游离
6. 第 VI 期卵巢,成熟卵已排出,卵巢中充满第 I , II 期卵细胞和未排出的成熟卵

腺比第Ⅱ期增大,成熟系数 0.67% ~ 1.34%。在卵巢组织切片观察时,卵母细胞圆形、亚圆形或多边形,细胞直径 75 ~ 87.5 微米,细胞核的着色仍比细胞质浅,核径 25 ~ 30 微米,同一平面观察,内具 6 ~ 22 个核仁,排列在卵核的周围。后期的卵母细胞在边缘开始出现卵黄粒。本期的卵母细胞开始进入大生长期,但卵巢仍有一定数量的小生长期卵母细胞存在(图 4-1 之 3)。

河蟹第Ⅲ期卵巢的历时较短,一般为 10 ~ 20 天,在长江流域一带自 9 月份的白露至秋分时节,刚蜕壳不久的绿蟹多为此发育时相的卵母细胞。

第Ⅳ期:卵巢迅速膨大,重量由接近肝脏到最后超过肝脏。卵巢紫色、豆沙色。成熟系数为 1.5% ~ 15.2%,本期末卵巢已占满整个头胸甲腔。卵细胞直径 112 ~ 375 微米,核的生长已终止,核径 25 ~ 30 微米。自本期起卵母细胞由于卵黄粒不断充满而不易着色,卵核的着色较深。本阶段卵巢发育历时较长,在长江流域一般自 10 月初的寒露季节起可持续到年底,河蟹大部分抵达河口浅海等待交配繁殖为止,为 40 ~ 60 天。接着卵母细胞处在一个休眠的阶段,这段时间内如有外界温度、盐度等条件的刺激,雌蟹均可接受交配和抱卵。根据本期卵巢发育历程中卵母细胞的大小,卵黄粒的充实度,可将本期卵巢分为初、中、末三期(图 4-1 之 4)。

第Ⅳ期初:卵细胞直径 112 ~ 138 微米,卵黄粒小,主要出现在卵母细胞的周边部位。细胞核仍位在卵母细胞的中心。卵细胞未长足,成熟系数 1.5% ~ 4%。长江流域霜降前后河蟹卵母细胞大部分处在此状态。

第Ⅳ期中:卵细胞直径 165 ~ 212 微米,卵黄粒分布于整个卵母细胞,但以边缘较大,最大可达 12 ~ 15 微米,为核径的

2/5～1/2。细胞核周围的卵黄粒仍较小,胞核仍居中央,成熟系数4.5%～8.6%。长江流域立冬前后卵母细胞多数处在该时相状态。

第Ⅳ期末:卵细胞直径250～370微米,卵黄粒大而充塞整个卵母细胞,胞核在镜检下偏位,此后细胞基本上不再长大,处在生长成熟状态,成熟系数10.1%～15.2%。长江流域立冬以后抵达河口河蟹繁殖场时亲蟹卵母细胞多数处在这一时相状态。

第Ⅴ期:卵巢颜色与第Ⅳ期相同。卵母细胞直径262～375微米,直径大小基本同Ⅳ期末卵母细胞,处在河蟹刚交配或交配后而未抱卵受精的雌蟹。肉眼观察卵子流动,卵张力降低,卵巢内富有卵巢液,成熟系数14%～16%。经切片观察,卵母细胞卵黄粒大,卵细胞处在受精前第一次减数分裂中期前的等待受精阶段(图4-1之5)。

第Ⅵ期:为产卵后的卵巢时相,此时卵巢已萎缩,卵巢一部分呈橘黄色,另一部分乳白色。成熟系数下降到1.4%～2.1%。经组织切片观察,卵巢乳白色部分为第Ⅱ时相卵巢,卵母细胞排列疏松。橘黄色部分为成熟而尚未排出的卵母细胞,其内充实卵黄粒。从形态上看基本上和第Ⅴ期时相的卵母细胞接近。在自然界或人工控制条件下,未成熟各时相的卵,可相继发育成熟,作第二次抱卵(图4-1之6)。

(二)亲蟹交配、抱卵

1. 亲蟹交配　亲蟹交配前进行亲蟹配组时应对交配池进行清理,然后将淡水抽干,放入合适盐度的半咸水,如果用的是配制海水,则将配制好的人工半咸水注入亲蟹培育池内,水深1米左右,总盐度可以低于育苗用水,或用其盐度的下限。并选择晴朗天气,将经过饲养的亲蟹按雌蟹:雄蟹为3~2:1的性比投放入交配池,每667平方米交配池可容放亲蟹1 500~2 500只。亲蟹受到半咸水或配制海水的刺激,很快会有发情反应,但雄蟹发情较早。雄蟹发情时尽力追逐雌蟹,用强有力的大螯抱住雌蟹的步足。当雌蟹也发情时,便将步足、螯足收拢,任凭雄蟹携足而行。待雄蟹找到安静而光弱及有隐蔽物处,便将雌蟹松开并伸展步足,雌蟹往往静待于雄蟹的腹下。雄蟹此时常举起螯足以示对来犯者的威慑。待到雌蟹发情,才行交配动作。交配时,雌蟹主动打开腹部,暴露出胸板上的雌孔,此时雄蟹将交接器末端紧压在雌孔上,而雌蟹则将一对大螯搂住雄蟹的腹部并紧扣在雄蟹头胸甲的后部,利用大螯的力量使交接部位密合相接。交配时雄蟹第二交接器伸入第一交接器基部的外口,由第二交接器将精荚经第一交接器输入雌孔,贮于雌蟹的纳精囊内,这时交配才算完成。由于雌孔细小,输精过程较长,一次充分的交配往往需数小时,若交配时受到干扰,交配就会中途停止,雌雄分离,这样雌蟹纳精囊内因贮精不足,所以还须重复交配。雌蟹在充分交配后,其纳精囊内所贮精荚可以保持数月而不死,所以即使雌蟹以后不再交配也能满足一次或多次排卵受精之用。一只雄蟹可以和多只雌蟹连续交配。

交配季节雌蟹和雄蟹在淡水环境中也能交配,但不能抱卵,可见半咸水的环境条件下合适盐度的刺激,对于促进卵的生理成熟、减数分裂的进行和雌蟹抱卵是必不可少的。

雌蟹交配后,在半咸水中排卵。如前所述排卵和排精在雌蟹体内同时进行,精卵汇合后使卵受精。受精卵先兜在雌蟹腹部,雌蟹腹肢的内肢不停地搅动受精卵,卵受精后吸水膨胀有粘着于刚毛上的能力,并随机地形成长短不一的卵柄,呈葡萄状排列。抱卵的雌蟹称为抱卵蟹。

河蟹有很强的繁殖力。雌蟹的初次抱卵量和个体大小成正相关,抱卵重量可占体重的 1/3～1/5,而每克卵约有 1.5万～2 万粒。一只 250 克的雌蟹可抱卵百万粒之多。抱卵蟹有多次抱卵现象,特别是体质好的雌蟹,在抱卵孵化时,卵巢中卵母细胞仍在快速发育,待第一次孵出幼体,一天后便能第二次抱卵,如此能连续三次抱卵。但这样多次抱卵的蟹较少,而且抱卵量一次比一次少,所以第二、三次抱卵在生产上无多大的价值。

交配后的 10～15 天,绝大多数雌蟹已抱卵,此时就应将雄蟹从池中剔除,否则雄蟹还会不断求偶交配,这会影响胚胎的正常孵化。剔除雄蟹后,抱卵蟹可移入孵化池或者留在原池孵育胚胎。在孵化池内对抱卵蟹需喂食,而交配时可不喂食。

2. 亲蟹抱卵及对环境的要求　当亲蟹性腺成熟系数在10% 以上,卵细胞直径达到 350～370 微米时,在水温 8℃～16℃、盐度 8‰～15‰ 的条件下即可顺利交配。选择交配的季节为 12 月中旬至翌年的 3 月中旬。年前交配称冬季交配,年后交配称春季交配。发育良好的雌蟹,或者需进行早苗繁育,必须选择年前交配,但一般以春节之后交配繁殖为好,因为抱卵蟹的成熟度、抱卵率、饲养存活率及选择合适的水温和气候都是以春季交配为好。

河蟹交配的盐度范围较广,一般在 8‰～32‰ 的范围内均能顺利进行。但过低的盐度也会造成只交配不抱卵的情况。在盐度一定的情况下,水温要求在 8℃～16℃ 范围内,随着水温的上升雌蟹的抱卵率也随之提高,但抱卵蟹的质量在16℃ 过高的水温条件下反而下降。不同水温下亲蟹交配后的抱卵率和抱卵质量状况见表 4-1。从表中可以看出，在交配盐度为 16.5‰ 的条件下，水温在 10℃ ～ 16℃ 时，可获得 65% ～ 95% 的抱卵率和 42% ～ 80% 的一级抱卵蟹。由于 16℃ 过高的水温对抱卵质量不利，而在长江流域 2 月下旬至 3 月中旬的水温一般处在 10℃ ～ 14℃ 状态，故选择交配抱卵应在这一时期为最好。3 月下旬在长江流域水温过高，卵巢多已过熟，交配抱卵的受精率和质量下降。

表 4-1　不同水温下亲蟹的抱卵率和抱卵质量等级

组　别	交配抱卵数			抱卵质量		
	交配数（只）	抱卵数（只）	抱卵率（%）	抱卵数（只）	一等蟹（只）	一等蟹（%）
对照组	20	3	15	3	—	—
8℃组	20	8	40	8	3	37
10℃组	20	13	65	13	9	69
12℃组	20	15	75	15	12	80
14℃组	20	17	85	17	10	58
16℃组	20	19	95	19	8	42

注：表中一等抱卵蟹抱卵饱满，卵块"开花"，腹脐不能覆盖整个卵团；二等抱卵蟹腹部抱卵饱满，腹脐虽不能覆盖整个卵团，但卵块不开花膨大突出；三等抱卵蟹，抱卵不饱满，腹脐闭合时，不易发现抱卵的卵团

　　亲蟹饲养的存活率、抱卵率和抱卵蟹的发育状况还与亲蟹饲养池的底质和环境有关。根据上海市水产研究所育苗生产中对交配抱卵的试验，虽然各种饲养底质和环境都能取得良好的饲养存活率、抱卵率，但抱卵蟹以沙质和泥质土的发育状况为最好（表 4-2）。

表4-2　不同底质和饲养方式下亲蟹的存活率、
抱卵率和抱卵蟹发育状况

底质及环境条件	放养数量（只）	检查数量（只）	抱卵质量状况				平均成活率（%）	平均抱卵率（%）	发育良好的抱卵蟹（%）
			一级	二级	三级	未抱卵			
沙质底	76	66	48	7	1	10	87	73.6	63.2
泥质底	76	72	61	4	—	7	95	85.5	83.6
水泥底	76	74	13	39	13	9	97	87.8	17.1
玻璃缸	38	30	3	21	5	1	79	73.7	7.9
网　箱	50	44	—	24	10	10	88	68.0	—

从表4-2中可以看出，不同饲养亲蟹的环境、底质及饲养方式对亲蟹的成活率、平均抱卵率和抱卵蟹的发育良好的出现率关系很大。其中泥质底为最好，可获得95%的亲蟹成活率，85.5%的平均抱卵率和83.6%的优质抱卵蟹；沙质土可获得亲蟹饲养成活率87%，平均抱卵蟹出现率73.6%和优质抱卵蟹获得率63.2%。其他水泥底、玻璃缸或网箱，虽然也能获得79%～97%的饲养存活率、68%～87.8%的抱卵蟹获得率，但只能获得0%～17.1%的优质抱卵蟹，因此不宜推荐采用这些饲养和交配条件。

（三）抱卵蟹的培育

1. 常规培育　受精卵附在母体腹肢上，并在此完成胚胎发育。这种孵育作用主要是通过母蟹煽动腹脐来完成的，母蟹用步足和螯足直立支撑身体使腹部提高，然后尽力煽动脐部，此时胚胎周围就形成一定的水流，从而保证了胚胎周围水体的不断更新，提供充足的溶氧。由于母蟹的精细孵育，在自然情况下其孵化率可高达90%以上。

(1)饲养　饲养抱卵蟹旨在使其自然正常地生活,保持活力,以便较好地完成孵育任务,使胚胎得以正常发育孵化,而不至于过早夭折或在原蚤状幼体期出膜。抱卵蟹宜在自然温度下的室外土池内饲养,如果放在室内的水泥池里饲养,易受惊扰而造成胚胎自母体脱落,丧失孵化能力。在土池饲养,必须适时地将快孵出幼体的抱卵蟹移入室内,以便将第一期蚤状幼体排放到指定的育苗池内。

(2)饲养密度　抱卵蟹的饲养密度一般比亲蟹饲养的密度要稀些,这样在亲蟹交配抱卵后只要将雄蟹清除后,而让抱卵蟹留在交配池内继续饲养就可。如果转池,则以每667平方米饲养1 000~1 500只为宜。较稀的饲养密度,可以减少抱卵蟹间的相互干扰,达到较好的孵化效果。

(3)水质管理　剔除雄蟹后,池内应注入经消毒处理后的半咸水。水质应保持清新,溶氧应充足,防止藻类旺发使水色转浓,或水中有机质增加使水质变坏。藻类旺发或水质变坏,不仅会使水中缺氧,还会使有毒物质增加和滋生聚缩虫之类,这样不仅会影响胚胎的正常孵化,甚至会使抱卵蟹死亡。因此平时需经常测定水中溶解氧,要求保持在5毫克/升以上,同时还需注意水色是否过浓。一般要求在饲养期内,换入新水2~3次,也可根据水质情况增加换水次数。水深可保持在1米左右。

(4)投喂和管理　饵料应选质量好的甘薯、玉米(需煮熟)、鲜鱼虾、螺蚌肉或鱼干等。日投饵量率干重为池蟹体重的1%~2%,并应依食物种类不同给予折算成干饵料的量。动植物食物应混合或交替投喂。每日投喂1次,傍晚投喂。翌日需检查残饵情况,再作适当的增减。

其他日常管理基本上与饲养亲蟹相同,如防逃、防冻、防止缺氧、灭除老鼠及其他敌害生物等。

(5)检查胚胎发育情况 在孵化至3月中旬时,可于夜间捕捉几只抱卵蟹,检查河蟹胚胎的发育情况。如已是眼点后期,便应多取样,而且要天天捕蟹检查,到发现胚胎多数出现心跳,心跳数达到每分钟130次时,即可干塘将抱卵蟹捕出,并移入室内按布苗要求排放幼体。捕捉抱卵蟹时动作要轻、细,不可使抱卵蟹受伤或自切步足、螯足等。

2. 离体卵人工孵育 河蟹的卵自体内排出附着在腹脐附肢的刚毛上后,与母体直接脱离了营养关系。亲蟹借其不断煽动的腹部及摆动附肢仅对子代的发育保证了溶氧提供和护卵作用。早在70年代,张列士等(1971)为达到减少育苗设施投资和生产成本,曾尝试过离体卵人工孵育技术,但因一些主客观原因,这一技术过程未能推荐到生产上去。后来,刘学军等(1994)对河蟹人工育苗过程中已死亡数小时的抱卵蟹上的处在原肠期、眼点期和心跳期的受精卵的胚胎进行了离体孵育,取得了90.5%~94.3%的孵化率和29.6万~31.2万只的第一期蚤幼。这项试验的成功表明河蟹离体卵的人工孵育可作为常规抱卵蟹孵化的补充渠道,减少由抱卵蟹死亡带来的损失(表4-3)。

表4-3 不同发育期河蟹卵离体孵化情况

| 编号 | 卵 量 | | 阶 段 | 孵出1期蚤幼 | 孵化率 |
	重量(克)	数量(万粒)		数量(万只)	(%)
1	14.2	25.6	原肠期	23.6	92.2
2	20.4	36.7	眼点期	33.2	90.5
3	17.5	31.4	心跳期	29.6	94.3

表中资料录自刘学军,顾景玲.淡水渔业 1994(6):34~35

五、饵料生物培养

(一)单胞藻的培养

单细胞藻类包括的种类繁多,一般个体很小,藻体大小从几个到数十个微米不等,其细胞一般呈卵形、椭圆形或球形,具核和胞质,有的具鞭毛,行自养性,同化产物为淀粉、副淀粉或脂肪等,具较高的营养价值。在适宜的盐度、温度、光线、pH 条件下,单细胞藻类通过分裂生殖,繁殖速度很快。因它是活体的浮游植物,对净化水质,维持水质稳定,提供能量补给有着重要的作用,因此是鱼类、甲壳类、贝类幼体培育阶段优良的适口饵料。目前国内进行培养的单细胞藻类已超过20 余种,主要包括金藻、黄藻、隐藻、硅藻和绿藻类等,可作为河蟹早期幼体的适口饵料,主要为硅藻类的三角褐指藻(*Phaeodactylum tricornutum*)、新月菱形藻(*Nitzschia closterium*)、中肋骨条藻(*Skeletonema costatum*)、角毛藻(*Chaetoceros* sp.)及绿藻类的小球藻(*Chlorella* sp.)和金藻类的湛江叉鞭金藻(*Dicrateria zhanjiangensis*)等(图 4-2)。

1. 培养技术 单胞藻的培养可分纯种培养、藻种扩大培养和生产性培养。

(1)纯种培养 将 1 个 300 或 500 毫升的三角烧瓶洗净并煮沸消毒,加入新配制的培养液 200~300 毫升,接入经严格分离而得或事先保存的纯种。瓶口包以纱布或滤纸,置于适宜的光照和温度中培养,时时摇动藻液,起到搅拌作用。待色泽转浓,用镜检确认瓶内系接种的藻类,并无其他杂藻。此时可用同法在另几个 500 毫升烧瓶中继续作藻种培养。

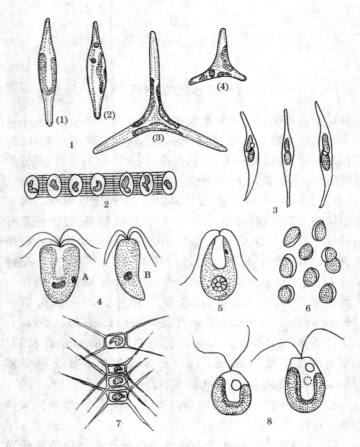

图 4-2　主要培养的单细胞藻类

1. 三角褐指藻〔(1)正常细胞　(2)开始分裂的细胞　(3),(4)三放射形细胞〕
2. 中肋骨条藻　3. 新月菱形藻　4. 亚心形扁藻(A.背面观　B.侧面观)
5. 盐藻　6. 异胶藻　7. 牟勒氏角刺藻　8. 叉鞭金藻

　(2)藻种扩大培养　将已培养好的藻种,逐步扩大接种入已消毒过的无色细口玻璃瓶、水族箱、小水泥池中,培养液同

· 146 ·

藻种培养液,培养中须摇动瓶子和搅拌藻类。一般要求藻类密度为:褐指藻 500 万～1 000 万个/毫升,扁藻 60 万～100 万个/毫升。这类培养液可作为大面积培养的藻种。

(3)生产性大量培养　将藻类培养池用 100 ppm 的漂白粉溶液刷洗消毒,然后加入新配的经沉淀过滤的半咸水或人工配置的半咸水,将营养盐按配方计算总用量溶解后泼洒入池,然后将占培养水体 1/5～1/10 的藻种液接入培养池。培养中应充气,促进藻类生长。生产用培养褐指藻的营养盐配方为每升人工半咸水中含硫酸铵 0.04 毫克,磷酸氢二钾 0.004 毫克,硅酸钠 0.001 毫克,三氯化铁 0.0001 毫克。

单细胞藻类在培养过程中,其生长繁殖表现出"S"形的增殖模式,其特征见图 4-3。从图中可以看出,1 为潜伏期,在这个时期中细胞数增加不大,这与接种时细胞的密度低和接种的细胞又并未处在正常分裂繁殖的阶段有关,因此表现在细胞密度总量的上升

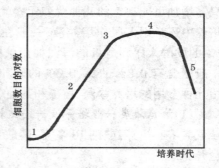

图 4-3　在"一次培养"中,单细胞藻类种群生长模式(仿)
1. 延缓期　2. 指数生长期　3. 相对生长下降期　4. 静止平衡期　5. 死亡期

不快。接着细胞进入指数生长期 2(加速期),细胞迅速增殖,以几何级数的方式增加。3 为缓慢期,或相对增长下降期,表明藻类细胞生长繁殖的速度开始缓慢,这与培养环境开始不良,对藻类的繁殖增长构成环境阻力有关,因此培养环境、营养、藻类密度等生态条件恶化。4 为静止期,细胞数目保持相

对稳定,增殖和死亡趋向平衡。5为死亡期,此期内藻类细胞大量死亡,细胞数目迅速减少。在藻类培育中,一般应避免在加速期大量捞取或稀释藻液浓度,而应在开始进入相对稳定期前稀释或捞取藻液,并改善培养环境,使藻液浓度始终保持良好的状态,因此在培养过程中要不断检查藻液浓度及添加营养物。一般经7~10天,藻类密度常可达到高峰阶段。

2. 常用培养液配方　在实验室进行藻类植物的培养研究,必须使用纯水配制培养液,配置用的种类必须较全面齐全。天然海水是海洋生物长期适应的优良生活环境,而且已存在着植物必须吸收的各类营养物质,所以在配置培养液时,只需增加可能缺乏的几种营养元素就可。我国单胞藻类大量培养中还常用人尿作培养液,一般在天然海水中加入3‰~5‰的发酵人尿和适量的海泥抽出液配成效果良好。人尿中一般已含有0.8%的氮、0.2%的磷和0.3%的钾。下面再介绍几种常用的培养绿藻、扁藻和其他单胞藻的培养液配方。

(1)海产藻类一般培养液——施赖伯培养液(主要适用于硅藻类培养)　硝酸钠10毫克,磷酸氢二钠2毫克,海水100毫升。

(2)绿藻用培养液

①**常用海产绿藻培养液Ⅰ**　硝酸铵50~100毫克,磷酸氢二钾5毫克,柠檬酸铁或柠檬酸铁铵0.1~0.5毫克和海水1000毫升。此配方培养扁藻、小球藻使用。如果加上10~20毫升海泥抽出液效果更好。

②**常用海产绿藻培养液Ⅱ**　人尿3~5毫升,海泥抽出液20~30毫升,海水1000毫升,此配方在扁藻及其他绿藻中效果良好。

③**常用海产绿藻类培养液Ⅲ**　人尿1.5~2毫升,硝酸钠

0.05 克,磷酸氢二钾 0.005 克,1%硫酸铁溶液 5 滴,柠檬酸钠
(2Na$_3$C$_6$H$_5$O$_7$·11H$_2$O) 0.01 克,海泥抽出液 10～20 毫升。海
水 1 000 毫升,此配方培养扁藻及其他绿藻使用。

(3)硅藻用培养液

①三角褐指藻、新月菱形藻培养液 I　人尿 5 毫升,海泥
抽出液 20～50 毫升,海水 1 000 毫升。

②三角褐指藻、新月菱形藻培养液 II　硫酸铵或硝酸铵
30 毫克,过磷酸钙发酵尿液 3 毫升,柠檬酸铁 0.5 毫克,海水
1 000 毫升。

过磷酸钙发酵尿液是用 1%过磷酸钙加入尿中配制而
成。其作用是补充尿中磷肥不足并具有保存氮肥的效
果。

③三角褐指藻、新月菱形藻培养液 III　硝酸铵 30～50 毫
克,磷酸氢二钾 3～5 毫克,柠檬酸铁铵 0.5～1 毫克,硅酸钾
20 毫克,海水 1 000 毫升。

(4)角毛藻培养液

①角毛藻培养液 I　硫酸镁 0.03 克,硝酸钙 0.006 克,
磷酸二氢钾 0.006 克,氧化钙 0.004 克,海水 1 000 毫升。

②角毛藻培养液 II(黄海所)　硝酸铵 5～20 毫克,磷酸
二氢钾 0.5～1 毫克,柠檬酸铁(FeC$_6$H$_5$O$_7$·3H$_2$O) 0.5～2 毫
克,海水 1 000 毫升,此配方如加入少许人尿为更好。

(5)骨条藻培养液

①骨条藻培养液 I(厦门大学)　硝酸钾 0.4 克,磷酸氢
二钠 0.04 克,硅酸钾 0.02 克,硫酸亚铁 0.014 克,土壤抽出液
15 毫升,九二〇植物生长调节剂(赤霉素)4～5 国际单位,海
水 1 000 毫升。

②骨条藻培养液 II(I·A·M 收集)　硝酸钾 0.4 克,磷酸

氢二钠 0.04 克,硅酸钾 0.02 克,硫酸亚铁 0.004 克,海水 1 000 毫升。

上述培养液可因地制宜选用。配制时可用高浓度混合海水(半咸水)或人工配置海水经煮沸冷却后代替。

3. 培养藻类的生态条件 单胞藻的生态条件是否适宜是培养藻类的技术关键,特别重要的生态条件有光照、温度、pH 值、盐度、营养盐等。几种常见单胞藻的适宜生态条件见表 4-4。

表 4-4 几种单胞藻的适宜生态条件

藻 名	生 态 因 子			
	盐度‰	温度(℃)	光照(勒)	pH 值
扁 藻	18 ~ 38	20 ~ 28	10000 ~ 15000	7.5 ~ 8.5
褐指藻	15 ~ 30	15 ~ 20	3000 ~ 5000	7.5 ~ 8.5
义鞭金藻	20 ~ 25	25 ~ 32	5000 ~ 10000	7.5 ~ 8.5
小新月菱形藻	18 ~ 32	16 ~ 20	6000 ~ 8000	7.5 ~ 8.5

(二)轮虫的培养

1. 轮虫的种类和分类地位 轮虫属扁形动物门下的轮虫纲,广泛分布于海、淡水中。在河蟹人工育苗上常用的是褶皱臂尾轮虫,为臂尾轮虫科中的一个常见的属。褶皱臂尾轮虫身体前端为一发达的头盘,头盘的纤毛环上有三个棒上突起,其末端着生许多粗大的纤毛(触毛)。头盘以下为躯干部,被透明、光滑的被甲包裹。被甲长 196 ~ 250 微米,宽 150 ~ 202 微米,被甲背面观略呈椭圆形,其腹面前缘有三个凹痕,分为 4 个片。被甲腹面较平直,背面靠后 1/3 处明显隆起。被甲后端正中有一开孔,尾部由此伸出。

尾部很长,上有环状纹,后端有一对铗状趾。头盘和尾部都能缩入体躯内部。轮虫的内部器官比较复杂,已经具备了消化、排泄、生殖、肌肉、神经等器官系统(图4-4)。

2. 轮虫的生殖习性 褶皱臂尾轮虫的生殖和其他轮虫一样,主要由雌体行孤雌生殖。雌体有非需精卵和需精卵两种。非需精卵又称夏卵,成熟后无需受精就能发育成雄体,这就是单性生殖。非需精卵其壳薄而光滑,长径56～130微米,短径48～96微米。需精卵又称冬卵或休眠卵,只有在不良环境

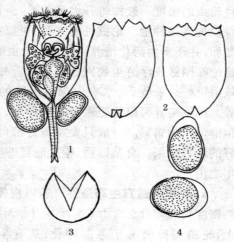

图4-4 褶皱臂尾轮虫(仿)
1. 成虫 2. 外壳 3. 孵化后的卵膜 4. 冬卵

下才能产生。需精卵不经受精发育为雄体。经过受精的需精卵壳变厚,卵的一端有较大空隙,呈橘黄色,称冬卵或休眠卵,可以渡过不良的环境。当环境适宜时,休眠卵发育成雌体,这就是世代交替的两性生殖。

3. 轮虫的培养技术 轮虫可采取水泥池培养和土池培养两种方法。操作时先对培养池消毒,其中水泥池可用100 ppm的漂白粉溶液刷洗,土池消毒使用鱼藤精2～3 ppm,这样均可以杀死轮虫的敌害生物,并不危害池底轮虫冬卵的孵化。消毒后可在每立方米水体中施入硝酸铵37克,过磷酸钙7

克,以繁殖藻类。如池中无藻,可以先通过接种。以后视藻类生长情况进行追肥,保持藻类的旺发。待藻类繁殖到一定密度,而池内(土池)又无轮虫大量发生时,应予以接种轮虫。接种轮虫的密度一般按每升水接入 1~5 个为宜,如需加快旺发可以提高接种量。轮虫种的来源,可以在培养的前一年采收冬卵,并于室内孵化培养后提供。轮虫的采收,可用 100 目的锦纶筛网做成浮游生物网直接捞取。如晚上用灯诱集,捞取效果更好。采收后,水中应保留足够的轮虫种,以便继续培养。继续培养可以施肥保持藻类密度,或者可以投适量的面包酵母作为饵料。一般只要掌握好酵母的投饵量,可取得很好的培养结果。育苗以后,轮虫池要进行冬卵的采集,以备下年之用。

4. 轮虫的适宜生态条件　若以扁藻作为饵料,适宜的饵料密度为每毫升 2.5 万~5 万。当春天平均水温达到 20℃ 以上,轮虫冬卵便易于苏醒孵化;适宜生长的水温是 25℃~30℃;适宜盐度为 15‰~25‰,比重为 1.012 左右。轮虫还以细菌、原生动物及有机碎屑为食,在有机质较多的水体中繁殖很快。一般在适宜条件下,经 10 天培养,其个体数可增加数百倍。

轮虫在培养过程中,其种群增殖曲线某种程度上与藻类增殖曲线相似,在达到加速期后,种群密度的增长趋向平缓,此时环境阻力加大,表现为氧的消耗增大,饵料竞争剧烈,透明度增大,氨态氮在轮虫大量繁殖后上升,pH 值下降。因此也应及时检查,不断起捕,以控制轮虫数量,使其始终保持合适的培养密度和快速增殖上升的势头。如培养方法得当,一般经 10 天培养在小水体内可达 1 500~2 000 个/毫升。为此在河蟹人工育苗时除可用冰冻轮虫作为饵料外,应有数量较多、培养密度处在不同级别的水池。然后每日轮流捞取轮虫，构成一个完整的活轮虫饵料补给系列。

(三)卤虫的培养

1.卤虫的分类地位和形态特征 卤虫又称盐水丰年虫或盐虫。分类上属节肢动物门、甲壳纲、无甲目、盐水丰年虫科。卤虫是生活在高盐度水域的个体，体色较深，呈红色，成虫全长 1.2~1.5 厘米，身体明显分节，可分为头、胸、腹三部，不具头胸甲。作为河蟹人工育苗的主要饵料指的是它的无节幼体。

卤虫头部具单眼一只和柄眼一对，口在头部腹面，背部中央为额器，有感觉功能。头部有附肢包括第一触角、第二触角、大颚、第一小颚、第二小颚等 5 对。胸部 11 节，每节各具 1 对叶片状的胸肢，位在生殖孔前方。胸肢由外叶、内叶和扇叶构成。在扇叶和外叶之间为柔软的鳃，鳃足类的名称就因此而起，所以胸肢是游泳肢又是呼吸器。腹部由 8 节构成，不具附肢。腹部末节为尾节，末端具尾叉，上具刚毛。

卤虫发育有变态，从冬卵中刚孵出的为无节幼体，体长 0.3~0.4 毫米，体宽 0.25~0.3 毫米，不分节，具 3 对附肢，呈很淡的肉红色。卤虫的培养主要是从它的冬卵孵出无节幼体，它们才是河蟹人工育苗优良的活饵料(图 4-5)。

2.卤虫的繁殖习性 卤虫繁殖季节很长，春夏季节行孤雌生殖，产生夏卵，夏卵即非需精卵，成熟后无需经过受精，就能够迅速发育成无节幼体，长成为雌虫。秋季气候条件改变，则行有性生殖，雌雄交尾产生冬卵，冬卵又称休眠卵。休眠卵具有极厚的外壳，直径 200~300 毫米。漂浮或悬浮于水中，并能在水底污泥中渡过严寒，休眠卵可长期保存。在夏季，如

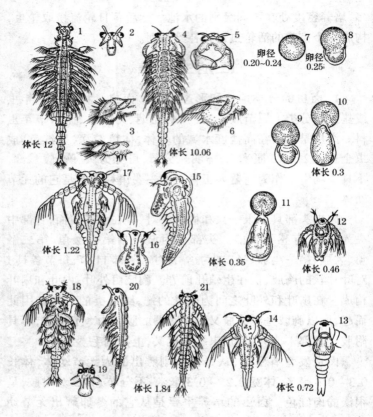

卵径
0.20~0.24

卵径
0.25

体长 12

3

体长 10.06

6

体长 0.3

17

15

16

体长 1.22

11

12

体长 0.35

体长 0.46

18

20

21

14

13

19

体长 1.84

体长 0.72

图 4-5　卤虫孵化后 24 小时不同
发育阶段幼虫及成虫形态　（单位:毫米）

1.卤虫成虫雌性背面观　2.雌性头部背面　3.雌性胸肢　4.卤虫成虫雄
性背面观　5.雄性头部背面　6.雄性胸肢　7.卵　8~11.卵孵化期间
12.刚孵出幼体　13~14.孵化后 5 小时(13.腹面　14.背面)
15~17.孵化后 24 小时(15.侧面　16.头背面　17.背面)
18.卤虫幼体腹面观　19.头部背面　20.卤虫幼
体侧面观　21.卤虫幼体背面观

遇生活环境剧变时,也会促使产生休眠卵。每个雌体一生可3次产卵。每次怀卵量70~110个,一般以初级池及户外条件下怀卵数量较多。开始抱的卵色淡,呈白色,以后逐渐变为茶褐色。卤虫幼体需经无节幼体和后期无节幼体等两个阶段的12次变态,才发育为成体。成体因在每次怀卵期再需经蜕皮1次,因此卤虫一生共蜕皮15次。

3. 卤虫冬卵的孵化技术

(1)卤虫冬卵质量的鉴别   河蟹人工育苗的主要饵料是卤虫的无节幼体,所以应收购当年采集的优质冬卵。鉴别质量可以先采取放大镜观察,只要杂质少,无霉烂,破卵率低,手无潮湿感觉,棕褐色,有光泽便是较好的卵,但应进行纯度和孵化率的鉴定。检查孵化率的方法可以取1 000粒卵,放入100毫升海水中,在保证溶氧条件下,在25℃~30℃水温中经48小时孵化后,用碘液固定,并记数孵出的幼体数,即可得出孵化率。用于河蟹人工育苗的卤虫最好要求达到90%的孵化率。

(2)卤虫冬卵的贮藏   已得到的冬卵,在使用前先要贮藏好。在贮藏期内不应发生霉变或遭低盐度水浸,或受过高的温度烘烤,这些都会降低冬卵的孵化率。现用的贮藏方法很多,较为普遍采用的是将冬卵充分晒干后,置于干燥通风的常温下保存。在保存期内要经常检查有无受潮或出现卵表盐分的潮解,若有潮湿感,应及时翻晒,以利保存。另一方法是将冬卵用饱和盐水浸泡,再贮入冷库,于-15℃条件下可长期有效地保存。风干后存入冷库低温保存是提高孵化率常用的方法之一(表4-5)。

从表4-5中可以看出,低温(-14℃)冰冻30~45天后,停放1~45天比对照组或过长停放时间提高卤虫的孵化率5~8

表4-5 低温冰冻后不同停放时间卤虫孵化率的变化

各组样品孵化率(%)	对照	-14℃(冰冻30天)	-14℃(冰冻30天,停放1天)	处　理　条　件 -14℃(冰冻30天,停放7天)	-14℃(冰冻30天,停放45天)	-14℃(冰冻30天,停放90天)
1	35.1	66.9	75.4	86.6	80.6	78.2
2	29.7	65.6	86.4	89.8	83.0	78.1
3	38.4	55.6	89.9	77.1	83.4	78.0
4	—	—	81.8	—	89.5	69.6
5	—	—	86.1	—	87.2	—
平均数	34.4	62.7	83.9	84.5	83.8	76.0

个百分点。

(3)卤虫冬卵的孵化 孵化器用玻璃、塑料或玻璃钢制成,为圆筒状底部呈圆锥形的容器,底部开口用阀门控制。利用气泡石在容器底部连续充气,保证卵在水中的不断翻滚,便可达到较好的孵化效果。孵化器的大小应与育苗规模大小相匹配。冬卵的适宜孵化水温为 20℃~30℃,适宜盐度为15‰~25‰,在人工半咸水中就可达到理想的孵化率。此外卤虫的孵化还与水中 pH 值有关,一般认为 pH 值最好在 8~9之间。孵化时水中应保持在 3 毫克/升以上的溶氧水平。卤虫孵化需要一定的光照条件,一般从窗户中射进来的散光亮度就可满足要求。孵化密度应掌握恰当,过多会影响孵化率,过低会降低设备和人工半咸水的利用率,以 3 克卵/升为适宜。如采用更为先进的孵化设备,孵化密度还可提高。

(4)虫卵分离 幼体能否和卵壳分离是饵料质量的标志。分离可以设计多种分离器,但尚无普遍采用的器具和方法。如在 25℃~28℃水温条件下,用充气法孵化,孵化密度为 3克/升,经 36~48 小时,肉眼能看到无节幼体游动时,便可将水连同卤虫无节幼体通过管道流入网箱,此时大多数空卵壳漂浮水面或附贴于容器壁上而与虫体分离。

孵出的无节幼体具有较强的趋光性,因此可利用此特性,使光源从水槽一方照射,利用光诱把幼体集中使之与卵壳分开,然后用吸管吸取幼体,或用一定滤孔大小的筛绢、尼龙或合成纤维网袋捞取。但在水槽饲养过程中平时应尽量使水槽内水体光线均匀,避免光集中一处,造成幼体因趋光过早而过分集中。密度过大,影响水中溶氧分配不均和生长。

4.卤虫的分布及生态习性 卤虫在全世界分布甚广,无论亚洲、欧洲或美洲和其他各地的沿海盐田和各种不同的碳酸盐、硫酸盐湖中均有分布。我国沿海从辽宁至广东、海南一带的沿海盐田和内陆盐湖也均有其踪迹,并且河北、辽宁、山东等省的产量最高,质量最好,估计每年产数百吨。

卤虫喜欢生活在各种含氯化物、碳酸盐和硫酸盐的盐湖,沿海盐场以及其他高盐度水域中。幼体适应的盐度范围在20‰~100‰之间,成体的适应盐度范围为 10‰~120‰。冬卵孵育无节幼体的适宜盐度为 10‰~30‰,最适盐度为15‰~25‰。

卤虫成体的温度适应范围在 15℃~35℃,最适温度为25℃~30℃,这也是卤虫孵育无节幼体的推荐温度。当温度低于15℃,卤虫孵育和幼体生长发育缓慢。

卤虫孵化后 24 小时或在后期幼体生长发育阶段以微细藻类及原生动物为饵,饵料大小以 10 微米以下较为合适。卤虫是典型的滤食性动物,但有时也以刮食方式取食。硅藻类的角毛藻、骨条藻等都是卤虫的优良饵料,其他单细胞藻类、海洋酵母等都可作为卤虫的饵料。

在河蟹人工育苗时,作为主体饵料的卤虫,主要指的是它的无节幼体,这一方面是由于它的个体小,从第二期蚤幼起即可作为主要饵料,适口性强。同时卤虫无节幼体具有多量的卵黄,比成虫更具丰富的蛋白质和脂肪。但卤虫成虫也是后期蚤幼和大眼幼体的合适可食饵料。

六、河蟹幼体的发育及形态特征

河蟹的幼体发育共分两个阶段,即蚤状幼体期(Zoea stage)和大眼幼体期(Megalopa stage),共需蜕皮变态 5 次,在23℃~25℃条件下历时 20~22 天。

(一)蚤状幼体

蚤状幼体分五个时期,各期的各个器官形态见图4-6之Ⅰ~Ⅴ。

蚤体长 1.76～4.2 毫米,体分头胸部及腹部。头胸部:具额刺、背刺各一个及侧刺一对。其中以背刺最长,额刺次之,侧刺最短。在各期蚤状幼体比较中,随着蚤体发育期数的增加,额刺长度逐渐增长,最终可超过背刺,但侧刺长度在各期蚤状幼体中大致相仿。头胸甲前端两侧具复眼一对,系由数百个乃至近千个六角形的晶状体镶嵌而成。复眼中心为色素较深的视网膜部分。除第一期蚤状幼体外,复眼具眼柄,并随着蚤体的向前发育,眼柄渐次增长。头胸甲两侧波浪形。自后侧缘起其上具锯状细刺,刺尖向前。除第Ⅰ期蚤状幼体外,头胸甲侧缘锯状小刺的内侧面尚分布几根至十余根细长刚毛(图4-6之1)。

腹部:共 6～7 节。但腹面第一、二节常埋在头胸甲内,除第Ⅰ期蚤状幼体为六节外,第Ⅱ～Ⅴ期蚤状幼体由于第五腹节分化为两节,故为七节。各节长度和宽度以尾节最大,第一、六两节最小,第二至五节则长度和宽度大致相仿。第二腹节具刺尖向前的一对小刺,第三、四节各具一对刺尖向后的小刺。除第Ⅰ,Ⅱ期蚤状幼体外,第Ⅲ~Ⅴ期蚤状体腹部第二至六各节腹面的 2/3 处长出游泳足共 5 对,但至第Ⅴ期蚤状幼体起游泳足分化才日趋明显,尾节分叉扁平而宽大。内侧缘具刚毛 3~5 对,肛门开孔在尾节后方的正中(图4-6之2)。

附肢:共 18 对。其中第Ⅰ至Ⅱ期蚤状幼体由于头胸部的第三颚足、步足及腹部游泳足尚未分化,故实际附肢为 7 对,

159

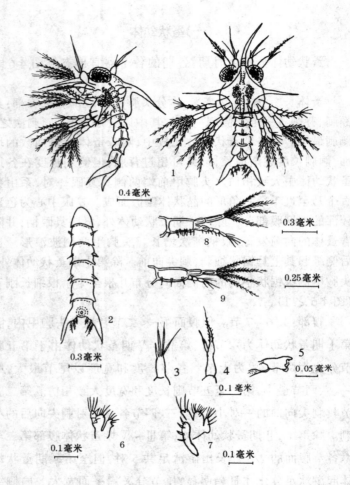

0.4毫米

0.3毫米

0.25毫米

0.3毫米

5
0.05毫米

0.1毫米

0.1毫米

0.1毫米

图 4-6 之 Ⅰ　第Ⅰ期蚤状幼体

1. 整体　2. 腹部　3. 第一触角　4. 第二触角　5. 大颚

6. 第一小颚　7. 第二小颚　8. 第一颚足　9. 第二颚足

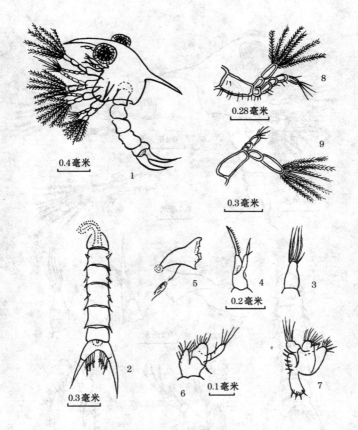

图4-6之Ⅱ 第Ⅱ期蚤状幼体

1~9.同第一期蚤状幼体

即第一触角、第二触角、大颚、第一小颚、第二小颚、第一颚足、
第二颚足等(图4-6之3~9)。

第一触角:短锥形,一节。其中在第Ⅰ~Ⅲ期蚤状幼体时
尚未分化出平衡囊,自第Ⅳ期蚤状体起基部开始出现一芽突,

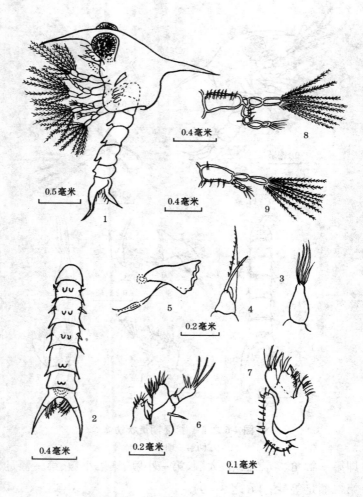

0.4毫米 8

0.5毫米 1

0.4毫米 9

5

4

3

0.2毫米

2

7

6

0.2毫米

0.4毫米

0.1毫米

图 4-6 之 Ⅲ　第 Ⅲ 期蚤状幼体

1~9. 同第一期蚤状幼体

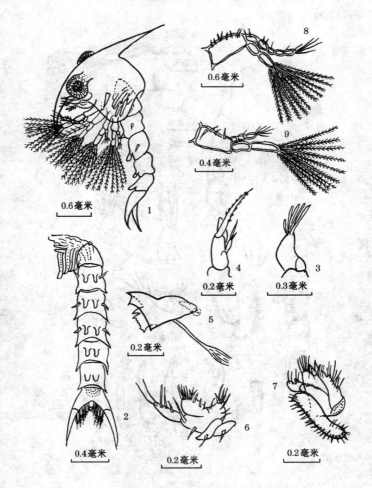

0.6毫米

0.6毫米

0.4毫米

0.2毫米 4

0.3毫米 3

0.2毫米 5

0.4毫米 2

0.2毫米 6

0.2毫米 7

图 4-6 之 Ⅳ　第Ⅳ期蚤状幼体

1~9. 同第一期蚤状幼体

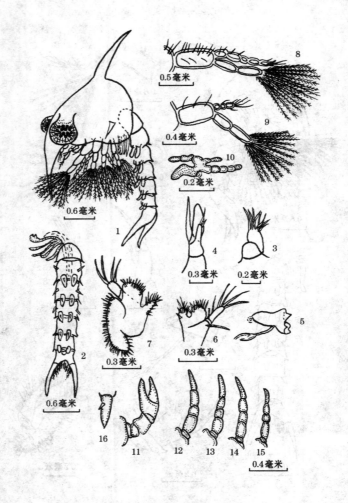

图4-6之Ⅴ 第Ⅴ期蚤状幼体

1~9.同第一期蚤状幼体 10.第三颚足 11~15.步足 16.游泳足

并在第Ⅴ期蚤体时显著膨大,此即为河蟹的平衡囊。第一触角末端的刚毛在第Ⅰ~Ⅳ期为5根,但至第Ⅴ期蚤状幼体时为8根,其中末端4根,亚末端4根(4根一组,共二组),同时在第一触角中部的内侧,开始出现内肢芽突(图4-6之3)。

第二触角:分内外二支,但均属基体(基肢)部分。外支剑状,上有数行细刺,每行小刺达十余个。内支细小而较外支短,由外支中段伸出。其上无锯状细齿,但在内支中段分出一小刺。自第Ⅱ期蚤状幼体起内外支之间已出现拇指状芽突,随着蚤状体向前发育,突起逐渐增大,以后发育成第二触角的内支及节鞭部分(图4-6之4)。

大颚:白齿状,属基体部分,末端角质化。上具角质片,构成咀嚼部分。大颚中部的腹面有一韧带状组织,一端和大颚下部的肌肉部分相连。另一端与蚤状体相接,此韧带可牵动大颚。配合咀嚼体的齿冠面,起着切割、咀嚼食物的功能(图4-6之5)。

第一小颚:扁平,分内肢、基节及底节等三叶,外肢未见。各叶末端具数根至十余根刚毛。刚毛有滤取食饵的作用(图4-6之6)。

第二小颚:扁平,由外向内分外肢(颚舟叶)、内肢、基节及底节共四叶,各叶末端及侧面具刚毛数根至数十根。与第一小颚一样随着蚤体发育期数的增加,各叶的末端刚毛数量增加(图4-6之7)。

第一颚足:双肢型。除基节外,外肢二节。内肢自基节内侧伸出共5节,总长度超过外肢末节。内外肢各节具有几根到十余根不等数量的刚毛,外肢末节的刚毛数是各期蚤状幼体的主要分类依据。自第Ⅰ期至第Ⅴ期蚤状幼体第一颚足外肢末节的刚毛数为 4,6,8,10,12(图 4-6 之 8)。

第二颚足:双肢型。除基节外,外肢二节。内肢自基节内侧分出,共三节,总长度短于外肢而仅达外肢第二节中段。各节具数根刚毛。其中外肢末节的刚毛数是主要的分类依据,自第Ⅰ期到第Ⅴ期蚤状幼体相应的刚毛数也为 4,6,8,10,12(图 4-6 之 9)。

第三颚足:自第Ⅲ期蚤状幼体起,才开始出现雏形的第三颚足,到第Ⅴ期蚤状幼体时分化明显。第三颚足双肢型,外肢 2 节,内肢 5 节,并在内肢后方已出现鳃器官,第三颚足的甲壳在蚤状幼体阶段未见(图 4-6 之Ⅴ-10)。

步足:5 对。但自第Ⅲ期蚤状幼体起,才开始出现雏形的 5 对步足。到第Ⅴ期蚤状幼体时,各对步足的分节(5 节)已趋明显,其中第一对分化为螯肢。各对步足尚未有刚毛和小刺及外包的甲壳出现(图 4-6 之Ⅴ-11~15)。

游泳足:共 5 对。但自第Ⅲ期蚤状幼体起才开始出现。至第Ⅴ期蚤状幼体时,已能分出双肢型的内外肢。游泳足上的刚毛在蚤状幼体阶段尚未出现(图 4-6 之Ⅴ-16)。

综上所述,河蟹的蚤状幼体随着个体发育的进展,蚤体逐渐长大。同时由于附肢对数及第一、二颚足末节刚毛数增加和尾节的扁平加宽,有利于增强蚤体的游泳能力,适应于捕捉食饵时需要。此外,自第Ⅲ期蚤状幼体起,第三颚足、步足及游泳足相继出现雏形,并至第Ⅴ期蚤状幼体时发育渐趋完臻,这为蚤状幼体向大眼幼体过渡奠定了基础。

各期蚤状幼体的主要形态鉴别见表 4-6。

表 4-6 河蟹各期蚤状幼体形态比较

特征比较	发育阶段				
	第一期蚤幼	第二期蚤幼	第三期蚤幼	第四期蚤幼	第五期蚤幼
体长(毫米)	1.6~1.8	1.7~1.85	2.3~2.4	3.3~3.4	4.1~4.3
平均体重(毫克)	0.125	0.267	0.475	1.041	1.773
复眼眼柄	无柄	有柄	有柄	有柄	有柄
腹部节数(节)	6	7	7	7	7
第一触角芽突	基部无芽突	基部无芽突	基部无芽突	基部有芽突	基部芽突显著
第一触角刚毛	末端5根	末端5根	末端5根	末端5根	末端8根
第一、二颚足末端刚毛数(根)	4	6	8	10	12
第三颚足	无	无	原基	原基	明显双肢型
步足	无	无	雏形5对	雏形5对	明显5对,无甲壳
游泳足(对)	无	无	雏形单肢	雏形单肢	明显,双肢
鳃器官	未分化	未分化	未分化	未分化	已具鳃器官

(二)大眼幼体

蚤状幼体经 5 次蜕皮后,变态为大眼幼体。此期幼体兼营游泳和底栖,是从浮游过渡到底栖生活的类型。其形态与幼蟹已基本接近,由于它们的步足和口器发育已趋完臻,加之腹部游泳足的发达,使幼体既能适应在水中迅速游泳,又能进行底栖爬行。这是形态特征适应生理要求的结果。

大眼幼体分头胸部及腹部,共有 18 对附肢。

幼体全长4 010～4 280微米,头部背刺、侧刺均已消失,头胸甲与成体已接近。眼具眼柄。头胸甲后侧缘膨大。近腹部具数十根细刚毛。头胸甲后方正中微内凹(图4-7 之 1)。

腹部 7 节,每节宽均大于长,其中第二至五节大小约相等,第五节后方具 1 对较大的刺。第一、六节小,第一节具几根刚毛,第六节两侧各具刚毛 2～3 根,尾节扁平,无尾叉,边缘具数十根刚毛。其中两侧缘各有刚毛 4～5 根,后缘刚毛 12～14 根(图4-7 之 1,7)。

附肢:共 18 对。其中头胸部附肢13 对,前二对为第一、二触角。第三至五对和三对前胸足构成口器,第九至十三对为后胸足,但其中第九对已特化成螯肢,第十至十三对为第二至五步足。腹部附肢 5 对,自第二至六腹节分出。

第一触角:共 6 节。但基部具一膨大的球囊部分,此即为平衡囊,其上约具刚毛 10 余根。第一触角的 6 节中以第一、二节为最大,这相当于成蟹的底节和基节。第三至六节较小,为外肢部分。其中由第二、三节的交接处向两侧伸出一小叶,顶端具 3 根刚毛。这一小叶相当于成体同对附肢内叶(图4-7 之 11)。

第二触角:由基节伸出,仅存鞭状一支,共 10 节,其中1～3 节较长,4～8 节较短,9～10 最短。各节刚毛数为 3,2,3～4,0,0～1,4,2,4,3,2～3(图4-7 之 12)。

大颚:由臼齿状的基体及内叶组成,无外叶。内叶较小,从基体的 1/2 处分出,覆盖在基体内侧,分 3 节。各节刚毛数为 0,0,11(或 10),其中 2 根刚毛较长。大颚基体腹面中部伸出一韧带状结构,顶部角质化强,冠面具缺刻,是咀嚼的部分。基体角质部下方是肌肉组织。可配合韧带状结构牵引咀嚼部分用以研磨食物(图 4-7 之 15)。

第一小颚较短小,由扁平的基体分出三叶。无外肢。基体基部具刚毛 2 根。内肢具刚毛 6 根外,另具刚毛 24～27 根,底节具刚毛 22 根(图 4-7 之 13)。

第二小颚共 4 叶,扁平的颚舟叶(外肢)特大。边缘具刚毛 63～67 根。其他部分亦具刚毛数根。由颚舟叶向内将第二小颚分成内肢,基节及底节三叶,内肢小,具刚毛 1 根,基节粗大,顶端具缺刻,将基节一分为二,上长刚毛 21～24 根(外 11～13,内 10～11)。底节较小,顶端具刚毛 21～22 根(图 4-7 之 14)。

第一颚足双肢型。由基节分出内外肢,外肢二节,第一节与第二节交接处具刚毛 2 根。顶端生刚毛 4 根。内肢二节,第一节顶端生刚毛 4 根,第二节很小。基肢平扁而宽大,向内侧分出 2 叶。相当于成蟹同一对附肢的底节和基节,上具刚毛 18＋3 根(底节),10＋5 根(基节)。基体后方伸出一宽大的上叶,上长刚毛 8 根(图 4-7 之 8)。

第二颚足双肢型。由基体伸出外肢二节,侧面生二短小刚毛。第二节顶端生刚毛 5 根。内肢 4 节。第一节相当于成蟹同对附肢的坐长合节,具刚毛 1 根;第 2 节三角形,具刚毛 1 根;第三节具刚毛 8 根;第四节具刚毛 9 根。基体部分生刚毛 4～6 根,但底节和基节的分化不明显,上叶长棒状,上长刚毛 8～9 根(图 4-7 之 9)。

第三颚足双肢型。内肢长于外肢,自基体分出外肢两节。第一节具刚毛 6～7 根,其中 3～4 根刚毛较长;第二节末端生

刚毛 4~5 根。内肢 5 节,自第一至五节各节刚毛数为:第一
节具刚毛 18~20 根(通常 16 根长,4 根短);第二节具长刚毛
8 根,短刚毛 9 根;第三节具长刚毛 3 根,短刚毛 5 根;第四节
具刚毛 16~18 根;第五节具刚毛 13 根,基体分化不明显,上
长短小刚毛 28~32 根。上叶细长,具长刚毛 30 根,短刚毛 16
根(图 4-7 之 10)。

步(胸)足:共 5 对,无外肢而内肢发达。各对附肢构造与
成蟹已很相似。第一对为螯肢。第二至五对为步足。每对步
足均由于基体的前(亚)基节与身体融合。所以包括基节、底
节、坐节、长节、腕(胫)节、掌(跗)节、指(趾)节等 7 节。

螯肢:共 7 节,其中第六、七节构成所谓的螯钳。第六节
是螯钳的不活动钳指,第七节是活动钳指(图 4-7 之 2)。

第二至五对步足形态结构大致相似,但第二至四对较第
五对大,每对附肢以长节最长,各节均有细小刚毛分布。此外
第六节与第七节交接处有一长刺,第七节内侧具 3~4 枚刺。
但惟第五对步足末节具 3 根长刚毛(图 4-7 之 3~6)。

腹部游泳足共 5 对,每对游泳足形态构造大体相同,由基
体分出内外肢,其中内肢第一至五对大小相同,外肢第一至五
对长度逐渐减小。每游泳足的内肢呈芽突状,末端具三乳状
突,乳突末端弯向外侧。而外肢大、桨状,是主要的游泳工具,
上具羽状刚毛 14~23 根。而以第五对游泳足的刚毛最长。
刚毛分布自外肢外侧面的 1/3 处分出,沿边缘直达内侧面的
近基体部分。第一至五对游泳足外肢的刚毛数依次为 23,
23,23,20,14(图 4-7 之 7,16,17)。

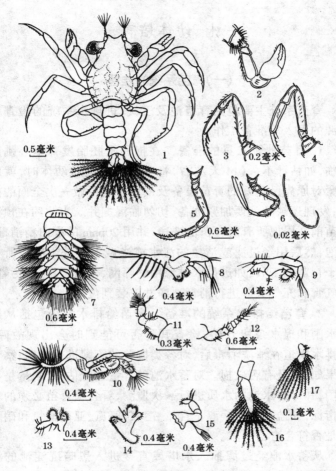

图 4-7　河蟹大眼幼体
1. 整体　2. 螯足　3. 第二步足　4. 第三步足　5. 第四步足
6. 第五步足　7. 腹部　8. 第一颚足　9. 第二颚足　10. 第三颚足
11. 第一触角　12. 第二触角　13. 第一小颚　14. 第二小颚
15. 大颚　16. 第一腹肢　17. 第五腹肢

七、幼体培育

(一)育苗系统的准备

育苗系统主要包括育苗池及工具、进排水系统的检查和水源的引入等准备工作。

1. 育苗池及工具的准备　在抱卵蟹胚胎发育至心跳期将临,如估计不久(14天左右)将可能释放蚤状幼体时,就应加紧对原先已建好的育苗设备及使用工具再做一次全面的检查,发现还缺的就要加紧准备,切勿临渴掘井。为此约在预测出苗前2周把所有的育苗池洗净,并用20ppm的漂白精消毒、浸泡,然后用经过滤或洁净的海水或半咸水冲洗干净。所有用于育苗的工具,如进排水过滤用的筛网、密目网箱、吸污管、充气管和充气头等进行消毒洗净并安装到位。

2. 育苗给排水系统的准备　育苗给排水系统包括从进水水闸和提水泵房开始,检查其是否可能到时会出现故障。给排水渠道在清洗消毒后,对各类搁置的筛网进行试用,察看效果如何,及有否破损。对蓄水池的容量进行估算,水量是否够用,并对蓄水池的水质进行一次监测,看各项育苗必须的水质指标,如盐度、钙、镁离子含量、溶氧、氨氮、亚硝酸氮和硝酸氮是否符合育苗要求。

从蓄水池经过滤抽入水塔或直接进入黑暗沉淀池的海水、半咸水或人工配置海水需进行调配,并经过2～3天的沉淀和100～200目筛绢过滤,然后抽入海水(或高位)预热池,最后在进入育苗池前,能使水温达到23℃～25℃变幅范围内的任何所需育苗水温。

3. 各项控制系统的准备和检查　控制系统的准备主要包括:供电、控温、充氧、加热、排污及水位控制系统的检查和正常运转。对供电系统要注意育苗期间的用电稳定,必要时应与电力公司协商用电的保证,如发生断电则要有补救措施,如自备小型发电机等。控温如是用锅炉加热,则要检查加热设备是否完好,煤是否能及时供应和加热管道有无破损漏气等;排污设备要检查排水道的畅通和吸附器的完好,充氧系统要检查罗茨鼓风机的运转,通气管道是否漏气和充氧头子的排布是否合理。在管理记录和技术检验上要检查必要的测温仪、比重计、盐度表、照度计、显微镜、解剖镜及零星的玻璃器皿和记录本是否齐全。

(二)育苗海水、半咸水、人工配置半咸水和盐卤的准备

根据不同的育苗方式应准备不同盐度的海水、半咸水和人工配置半咸水。育苗过程中有时要调节盐度,还需有一定量的盐卤水。各种育苗用水在纳入蓄水池或育苗池前要用 10 ppm 的漂白精消毒后 5~7 天方可使用,育苗过程中要对蓄水池和各类育苗池定期监测水质。

(三)基础饵料的培养

基础饵料主要指各种单细胞藻类。对其纯种及 1~2 级扩大的培养早在此前业已在室内培养和逐级扩大,这里专就育苗池在放养蚤幼前进行水质培养,使达到蚤状幼体一释放就有适口的饵料供其营养。这步工作在光线较好(或人工光照)的育苗池内进行。方法是在育苗前 10 天左右,水温加至 21℃~22℃,在育苗池内施放无机肥,浓度为硝酸钠 2 ppm,磷酸二氢钾 0.2 ppm,硅酸钠 0.05 ppm。一般 7 天后藻类即可达

到 10 万/毫升左右,如果密度太高,可加些新水,如果密度不足可延长一些天数,或另外接种一些藻类。

这步工作也可在室内藻类培养的 3 级池或室外土池进行。室内藻类培养后的注入就是接种。室外土池培养,除可效仿室内藻类培育的接纯种方式外,还可利用海水中自然生活的单细胞藻类,用水泵泵入经过双(单)层筛网制成的小网箱中,让细小的藻类滤入土池内增殖。土池需预先经过消毒清理,然后投施上述浓度的无机肥料或牛粪、猪粪等有机肥料,每 50 平方米参考的投放量为 50～100 千克。10～15 天后待藻类繁衍增殖后,仍可用密眼筛网制成的双层小网箱过滤,将单细胞藻类泵入各育苗池,使每毫升的藻类密度达到 5 万～10 万个。在河蟹人工育苗时,根据去除或留下污物或藻类大小不等的要求,应该有多种不同网目的筛网框格或小型网箱。不同材料制成的筛绢和筛网,其网孔大小见表 4-7 和表 4-8。

表 4-7　尼龙筛绢的型号及网目大小

型号	孔数/厘米²	网目大小(毫米)	型号	孔数/厘米²	网目大小(毫米)	型号	孔数/厘米²	网目大小(毫米)
GG50	361	0.345	SP45	2270	0.114	NX61	3721	0.095
52	393	0.325	50	2785	0.094	64	4096	0.093
54	427	0.309	56	3467	0.085	73	5329	0.079
56	465	0.291	58	3820	0.078	79	6241	0.076
58	495	0.286	NG7	49	0.980	95	9025	0.063
60	521	0.280	13	169	0.540	103	10609	0.055
62	558	0.265	15	225	0.417	NXX40	1600	0.128
64	596	0.262	18	324	0.349	43	1849	0.112

型号	孔数/厘米²	网目大小(毫米)	型号	孔数/厘米²	网目大小(毫米)	型号	孔数/厘米²	网目大小(毫米)
66	635	0.252	19	361	0.340	46	2116	0.104
68	675	0.250	22	484	0.268	49	2401	0.098
70	717	0.238	23	529	0.248	52	2704	0.081
72	803	0.217	24	576	0.245	64	4096	0.073
SP38	1612	0.133	26	676	0.242	70	4900	0.061
40	1774	0.127	NX34	1156	0.177	76	5776	0.053
42	1945	0.121	58	3364	0.102			

摘自海洋饲料生物培养 . 农业出版社,1997

注:1.GG,XX 为经平纬交织,SP 为平织,易变形

2.GG,XX,NX 宽幅约 140 厘米,SP 宽幅近 130 厘米

表 4-8　筛网的型号及网目大小

型 号(目)	孔数/厘米²	网目大小(毫米)	型 号(目)	孔数/厘米²	网目大小(毫米)
12	22	1.514	50	387	0.288
14	30	1.315	60	558	0.258
16	40	1.147	70	759	0.203
18	50	1.025	80	992	0.198
20	62	0.892	90	1255	0.172
30	140	0.516	100	1550	0.144
40	248	0.360			

(四)布苗密度及水温控制

在一定范围内布苗的密度根据育苗设施条件和技术水平

而定。一般低盐度育苗为 20 万 ~ 40 万只/米^3,北方和浙南地区为 30 万 ~ 50 万只/米^3。前者一茬苗可育出 100 ~ 150 克/米^3 的大眼幼体,后者一茬苗可育出 150 ~ 250 克/米^3 的生产水平。

布幼时抱卵蟹必须发育至心跳期才能将蟹放入育苗池。过去采用按水体体积一次性布幼。这样为使释放的蚤幼尽量发育一致,也有用笼养抱卵蟹直至出膜前放养入池的方法,因此一般要在心跳达到 130 次/分左右时才将抱卵蟹直接放入育苗池,放养布幼的密度为 1 ~ 2 只/米^2,直到蚤幼释放后才移去抱卵蟹。用这种方法幼体的发育不易同步。现在多采用一次布幼,抱卵蟹多次移池放苗的方法。这样在布幼时就必须采用多出数倍的抱卵蟹轮流多次布幼的方法。一般每立方米水体投放 8 ~ 10 只胚胎发育同步的抱卵蟹,每只笼装蟹 20 ~ 30 只,采取集中在短时间内排放幼体,每个育苗池散幼时间一般控制在数小时,并在幼体释放前后不断估算释放幼体的量,直到布幼密度与原先的计划数接近为止,这样可保持同一育苗池中蚤状幼体的发育基本一致。布幼时尚未释放幼体的抱卵蟹再逐次转移入其他育苗池中布幼,直到原先放入笼中的抱卵蟹释放幼体基本结束为止。

布幼时水温一般控制在 20℃ ~ 22℃,布幼后水温逐日上升 1℃,直到 24.5℃ ~ 25.5℃时为止。布幼时低盐度的海水人工育苗为 14‰ ~ 16‰,高盐度半咸水人工育苗为 20‰ ~ 30‰。

(五)日常管理

经布幼后蟹苗培育的日常管理工作立即开始。蟹苗培育的技术关键为饵料补给、水质控制和各项控制设施的正常调控等。河蟹人工育苗是河蟹增养殖中难度较高的生产过程。

1. 饵料系列及饵料补给

(1)饵料系列　为适应各期蚤状幼体发育的营养需要,选定一个饵料系列并及时补给是很重要的。仅单纯以浮游植物为饵料,在数量和质量上都不能满足各期蚤状幼体的营养需要,所以必须有一个饵料系列,否则难以育成蟹苗。同时浮游植物提供的溶氧对于稳定和净化育苗池水质也十分重要,生产上现已初步筛选出一些单胞藻,如扁藻、小球藻、褐指藻、四鞭藻、角毛藻、叉鞭藻等,作为蚤状幼体的基础饵料。Ⅰ期蚤状幼体孵出后就能滤食各种单细胞藻类,不久就能捕食轮虫(褶皱臂尾轮虫为主要种),而且逐渐增强捕食能力。在孵出后 10 小时左右,蚤幼就可捕食卤虫无节幼体。通过对卤虫无节幼体和轮虫饵料效果的比较认为,如果育苗全过程中不喂轮虫,育苗可以成功,但不投卤虫无节幼体育苗就不易成功。因卤虫无节幼体的脂肪含量为干重的 30%,轮虫脂肪只占干重的 9%,且卤虫无节幼体脂肪中含有较多的作为细胞膜组成物的高度不饱和脂肪酸,因此卤虫无节幼体优于轮虫,但使用轮虫和卤虫无节幼体的饵料组合来育苗,由于饵料个体大小配套且容易,质优量足,可以有效地提高育苗的成活率。至Ⅴ期蚤状幼体,特别是大眼幼体。因个体体重已是Ⅰ期蚤状幼体的 20 ~ 40 倍,有很强的摄食能力和很大的需饵量,仅以卤虫无节幼体为饵,不但成本加大,也难收到理想的效果,故必须辅以适合的商品饵料或个体较大的活饵料(如卤虫等)。一般以单胞藻作为河蟹蚤状幼体阶段的基础饵料,轮虫为蚤状幼体的开口饵料,而卤虫无节幼体和卤虫后期幼体为河蟹育苗的主要饵料,用商品饲料或大型浮游动物作补充饲料,即可取得较好的育苗效果。实践证明,用单胞藻、轮虫、卤虫无一般以单胞藻作为河蟹蚤状幼体阶段的基础饵料,轮虫为蚤状幼体的开口饵料,而卤虫无节幼体和卤虫后期幼体为河蟹育苗的主要饵料,用商品饲料或大型浮游动物作补育饲料,即可取得较好的育苗效果。实践证明,用单胞藻、轮虫、卤虫无节幼体、卤虫、商品饲料(或大型浮游动物)组成的河蟹育苗的饵料系列,在生产中使用是行之有效的(图4-8)。

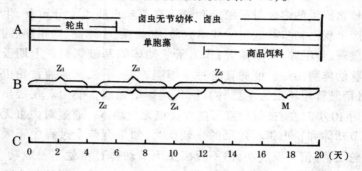

图4-8　河蟹育苗的饵料系列

A. 饵料系列　B. 河蟹幼体的发育阶段　C. 24℃水温的育苗天数

$Z_1 \sim Z_5$. 蚤状幼体　M. 大眼幼体

(2)饵料补给　幼体培养阶段饵料补给是一个非常重要的技术内容。它包括饵料在定性上的系列化,即适口饵料的补给和定量上的满足能量需要,两者缺一不可,否则即使解决了定性上适不适口的问题,但由于提供饵料量的不足,幼体发育将缓慢,最终将因饥饿而导致幼体死亡。上述介绍的饵料系列在实际育苗过程中通常为避免出现饵料量的不足,而常常采用各种饵料一起投喂的办法来补救,这就出现了以下几种饵料投喂的模式:一是按饵料适口性顺序,在蚤幼1期投喂单胞藻为主,蚤幼2~3期投喂单胞藻 + 轮虫 + 丰年虫无节幼体,蚤幼4~5期投单胞藻 + 轮虫 + 丰年虫无节幼体 + 卤虫后期幼体+卤虫成虫+商品饵料。投喂过程中的饵料个体或颗粒由小到大。二是蚤幼1、2期投喂单胞藻+蛋黄+丰年虫无节幼体,蚤幼3期起减少单胞藻投喂数量,仅维持一定的浓度,而改喂丰年虫后期幼体,丰年虫成虫及蛋黄,直至大眼幼体阶段。三是从蚤幼1期至大眼幼体相继投喂冰冻轮虫+丰年虫无节幼体+丰年虫成虫,而不投喂单胞藻。四是从第一期蚤幼起就采用单胞藻+蛋黄+丰年虫无节幼体+丰年虫成虫。总之,可以有多种饵料的投喂模式,这里除了所用饵料的质外,同样要注重饵料的量。因此在确定育苗的规模后应该按5倍左右的丰年虫卵的量,占育苗水体20%~30%的土池或水泥池培养单胞藻、轮虫(或直接从野外自然水体或池塘捞捕)配套,换言之,大约要占育苗产量10倍左右的活饵料(包括丰年虫无节幼体和商品饵料)作为补给。

目前,我国在河蟹苗生产上尚无成熟的投饵标准化,各生产单位均在摸索阶段。表4-9提供的日投饵量标准及育苗水体所需的饵料密度,仅供参考,有待不断完善。

表4-9　河蟹各期幼体日投饵率及水体饵料密度

| 项　目 | 幼　体　发　育　期 | | | | | |
	第一期蚤幼	第二期蚤幼	第三期蚤幼	第四期蚤幼	第五期蚤幼	大眼幼体
体重(毫克/只)	0.125	0.25	0.5	1.0	2.0	6.0
湿重投饵率(%)	300	270	240	210	180	150
干重投饵率(%)	100	90	80	70	60	50
水体饵料密度						
单胞藻(万个/毫升)	10~15	15~20	10~15	5~8	3~5	2~3
轮虫(轮虫/每幼体)	10	20	40	—	—	—

项　　目	幼 体 发 育 期					
	第一期蚤幼	第二期蚤幼	第三期蚤幼	第四期蚤幼	第五期蚤幼	大眼幼体
卤虫无节幼体(卤无幼/每幼体)	5	10	20	—	—	—
卤后幼(卤幼/每幼体)	—	—	1	2	4	8
蛋黄或蛋羹(克或个/百万苗)	125 克(6 个)	225 克(12 个)	400 克(20 个)	700 克(35 克)	1200 克(55 个)	3000 克(150 个)

2. 水质控制　净洁的水无有机物,但育苗池中存在着蚤幼尸体,蚤幼排出的粪便、排泄物和投饵时残饵的积累。在水温 24℃～26℃的环境条件下,育苗水质极易恶化,其氮化合物的含量,以数量级幅度远远超过渔业水质的控制指标。此外育苗池中应控制高溶氧,稳定水温、盐度和 pH 值,并不应有硫化氢等有毒气体或重金属离子的过度超标。对育苗池水质的控制主要是指上述这些水质指标。

(1)溶氧　要求在 5 毫克/升以上。为此必须通过罗茨鼓风机的充气,使育苗池水中的溶氧指标不低于上述水平,如出现溶氧有下降趋势,应该通过增加气泡石分布密度或换水来解决。

(2)水温　育苗期间的控制水温为 24℃～26℃,也有喜欢控制在 25℃±0.5℃或 25℃±1℃。大眼幼体淡化后出售前,水温可自然下降到 20℃～21℃。适宜温度可加速幼体发育,缩短出苗时间。土池生态育苗和低盐度人工育苗,幼体出苗与水温关系见表 4-10。

表 4-10 土池育苗、低盐度半咸水育苗,水温和幼体出苗天数的关系

育苗类型 (盐度)	试验时间 (年)	水 温 (℃)	育苗历经天数 (天)	出苗能量积累 (℃·日)
土池育苗 (15±1‰)	1974	12~15	35	472.5
	1974	19~24	21	451.5
	1976	19~21	23~24	470.0
	1976	23~25	19~20	468.0
低盐度育苗 (15±1‰)	1995	24.5~25.5	18	450.0
	1997	24.5~25.5	20	500.0
	1997	24.5~25.5	18~21	487.5
	1997	24.5~25.5	17~19	450.0

(3)盐度 由于我国各地河口海水盐度的变化很大,长江以北的江苏北部、山东、河北、天津、辽宁和长江以南的浙南地区,河蟹人工育苗的盐度在 24‰~30‰ 范围。长江口及杭州湾低盐度,河蟹人工育苗的盐度为 15‰±3‰,即有的年份低限在 12‰,高限在 18‰。内陆地区人工配置海水育苗一般盐度控制在 15‰左右。朱文祥等(1992)实验室试验的最低育苗盐度为 7.76‰,育苗成活率 12%~16.6%,产量为 201 克/米^3。表明河蟹苗可以在 8‰~30‰ 的广泛盐度范围内育成。因此在育苗过程中盐度的微细变化不会引起大批蟹苗的死亡。但在蟹苗淡化时,盐度的突变每日超过 ±5‰时应引起警惕,尤其在连续降低盐度或过早过快地低于 5‰时则更需注意。

(4)pH 值 pH 是水质综合检验因子,育苗水体要求 pH值控制在 7.5~8.5 的水平。

(5)氮化合物 育苗池中的氮包括有机氮和无机氮,两者合称总氮。主要的无机氮为氨氮、铵氮、亚硝酸氮和硝酸态氮。从有机氮最终消解到硝酸态氮是氧化还原过程,其间氮元素从共价状态的负价氧化为硝酸态氮时,原子价上升。但这里存在着两个瓶颈口,即从有机氮氧化为氨氮或从氨氮氧化为亚硝酸态氮,因此在河蟹育苗池中相继会出现氨氮和亚硝酸态氮的迅速增加。氨氮(也称非离子态氮)和亚硝酸态氮两者具毒性,对蟹苗的成活有很大的影响,只有在氮化合物最终成为硝酸态氮,并为水体中的藻类、水生植物利用或经过其他途径去除后,育苗池中水质的毒性才能缓解。为此必须对育苗池水质中的氨态氮和亚硝酸氮进行监测,并通过换水或充氧来稀释及消解氨氮和亚硝酸态氮的积累。以下的实例很能说明通过肥水(单胞藻液)育苗,适宜的饵料补给及对水质的充氧和换水,有利于提高单位水体育苗量的目的(表4-11)。

表4-11中,A组为清水布苗,蚤幼1期和2期投喂蛋黄和轮虫。蚤幼3期起,投喂卤虫无节幼体及蛋羹。B组也为清水布苗,但蚤幼1期和2期投喂卤虫及蛋黄,不投冰冻轮虫,第三期蚤幼起加投卤虫成虫及蛋羹。C组为培养单胞藻肥水布苗,投喂卤虫。从表中可以看出,在培育单胞藻条件下,因饵料的适口性强,水质控制良好,获得了最高的出苗成活率和产量,并降低了饵料系数,育出的苗体质好,出育时间比清水布苗缩短了1~2天。清水布苗中B组育苗成活率、产量和饵料系数优于A组,这与投喂的轮虫质量差有关,尚不能因此得出轮虫为不良饵料的结论。

3. 不断检查育苗设施及保证各项控制系统的正常运转

关于育苗的设施及各项控制系统早在育苗之前业已准备完毕,并在育苗开始之前还经过了检查。但即使如此,仍需在育

表 4-11　清水(A、B)和肥水(C)布苗不同饵料补给与幼体培育实例

培育模式	育苗缸数(只)	育苗总体积(米³)	幼　体　培　育　各　项　指　标								
			投苗日期(月·日)	出苗日期(月·日)	天数(天)	密度(万·米³)	单位产量(千克·米³)	总产量(千克)	成活率(%)	卤虫用量(千克)	饵料系数
A	6	48	3·31	4·20	20	41.2	0.108	5.18	2.24	50.6	9.76
B	6	90	3·31~4·1	4·17~22	18~21	15.5	0.137	12.33	7.08	88.7	7.19
C	6	90	3·31~4·1	4·17~20	17~19	20.5	0.306	27.45	12.1	82.9	3.02

苗期间作为重要的日常管理内容不断检查,以确保育苗期间各项控制系统正常运转。

(1)育苗室及育苗池 育苗室和育苗池按设计方案建筑,符合育苗的工艺技术要求。在育苗过程中要检查采光强度是否不足,保温能力是否会下降等。如有类似情况出现严重发生,应及时修理及增加照明度,如通过加强光照等增加照度,使达到育苗要求。

对育苗池要及时检查是否渗水、漏水,检查每个育苗池的输水、排水、充气和加温管是否发生故障,管道经使用后是否坚固和便于操作,以及育苗池池底排水孔与蟹苗收集槽之间是否可能会发生逃苗等,如遇经使用后的育苗室、育苗池及各类管道发生毁损或原先未做考虑的地方,均要及时修理。

(2)供水系统 供水系统包括蓄水池、沉淀池、盐卤池、调配池、预热池、水泵、水塔和各种进出水管道。育苗期间要随时检查这些供水系统运转是否正常,如蓄水池的水量够不够,水质如何,过滤和沉淀池能否达到育苗要求,过滤用的筛绢网是否因使用而已损毁。总之,不要认为在育苗前已彻底检查过就不可能再出现问题。如一经发现有问题需及时修好。

(3)充氧系统 育苗池、饵料池、预热池等均设有充气管道和气泡球,其主要设备为鼓风机。检查时要检查供气能力每分钟能否大致达到育苗池水体的 $1.5\% \sim 2.5\%$,溶氧是否在 5 毫克/升以上。如充气量不足,应增加气泡球数量;如输气管道局部堵塞,要修理管道或更换橡皮管及气泡球等。

(4)增温设施 根据各地区气候和能源状况不同,一般通过锅炉管道或电热器、工厂余热、地热增温。要检查增温设施的运转是否正常,如遇断电后如何解救及这套设施能否达到控温 $25 \pm 0.5℃$ 的水平等,否则就应增加加热设备或不得不减少育苗水体容积。

(5)盐度保障系统　育苗期间水的盐度主要由天然半咸水供给。由于河口地区的天然半咸水其盐度常受江河径流量影响，而人工配置半咸水往往受人为或育苗需要所影响，因此要经常监测使之通过调配达到所需水平。

4. 日常管理的操作及注意事项　河蟹人工育苗的主要技术关键是饵料补给，水质控制，以及如何保证育苗设施和控制系统的正常运作等三个技术过程。掌握这三个技术过程的统筹兼顾和以下日常管理的操作将使育苗过程得到满意的结果。

(1)肥水布苗　按照上述要求，坚持肥水布苗。通过各种单胞藻的培养，为孵化后的蚤状幼体营造适宜生存的生态环境。不同蚤幼阶段可通过上述表 4-9 参考值，给定育苗初期育苗池内的藻类密度，因此应在每期蚤幼阶段定期估算藻类的生物量(或生物数)。具体的估算方法有重量测定法和个体计数法两种。重量测定法包括称湿重和干重。个体计数法是在显微镜下直接记数定量水体(如一滴水 0.05 毫升)内的细胞数。如果知道细胞体积和重量的对应关系，两者就可互相使用。

计数时，如果藻类细胞有运动能力，必须加碘液杀死后再计数。如果培养的藻液浓度太高，可以稀释或采用减少水滴容量后再计数。然后估算育苗池内的总体生物量或生物数(克/升或万个/升)。但由于在育苗生产中用实数法来估算生物量太烦琐，生产上可以采用透明度定量法。这是由于藻液中藻类细胞的数量与透明度值的大小有密切的相关关系。根据这个关系就可以通过测定藻液透明度的大小来推算出藻类细胞的数量，这是一种虽简易，但在育苗生产上有应用价值的方法。

在进行透明度定量法时,先比较仔细地(如记数3次平均)用显微镜记数法测定出某种浓藻液在育苗池内的平均密度(万个/毫升或 10^6 万个/米^3),然后用 1 000 毫升,底部贴上标有"E"字(24×24毫米)涂蜡的白底黑字标志的定量量筒一只,将已定量的浓藻液倒入量筒内,测出其透明度,以藻液深度看不清"E"字标志的高度为止,再用过滤后的育苗半咸水将藻液稀释成不同档次的藻液浓度,并分别测出和记录它的透明度,组成比色列。稀释藻液浓度的公式为:

$$稀藻液浓度 = \frac{浓藻液浓度}{稀藻液体积} \times 浓藻液体积$$

这样只要通过比色,知道某一育苗池藻液与其对应藻液的浓度后,就很简便地可以测出当时该育苗池藻种的藻液浓度和细胞数了。这对及时了解当时育苗池的藻类密度及进一步作出添加藻类饵料或控制(稀释)藻类密度十分有用。

(2)活饵料的投喂模式 在育苗过程中,主要的活饵料有单细胞藻类、酵母、轮虫、卤虫前期无节幼体和后期无节幼体、卤虫成虫、桡足幼体、桡足类和枝角类等。其饵料系列顺序上已述及。因此必须随时对育苗池的蚤幼进行发育期数的监测和蚤幼密度的估算,以便合理投饵。蚤幼发育期数的鉴别,如前所述。蚤幼密度的估数每日每池需进行 1~2 次。在日常管理的估数时,可以通过对育苗池不同层面和垂直深度条件下,在点数定量水体中的蚤幼数量后推算而得,因此每日检查育苗的发育状态和密度是日常管理中属于投饵前的必要程序。

(3)日给食率的确定 育苗期间管理人员当掌握蚤幼的发育时态和密度后,管理人员可根据蚤幼的体积、数量,对育苗池的生物量进行估算,然后按相当 100%~200% 湿体重的蚤体或蟹苗生物量进行投喂和饵料补给,但目前在河蟹育苗生产上尚未达到投饵标准化。

(4)代用饵料的制备 育苗过程中经常会出现活饵料的不足而不得不提前使用代用饵料的状况。主要的代用饵料有蛋黄、蛋羹及冰冻轮虫或卤虫等。

①蛋黄制备 将鸡蛋煮熟煮老,去除蛋白,将蛋黄经过100目筛绢(筛孔0.144毫米)或NXX40号尼龙筛绢(筛孔0.053毫米)经捣碎过滤后带水全池泼洒(日给率参考表4-9)。

②蛋羹 将鸡蛋打碎后加入鱼粉、鱼肝油、复合维生素或鱼糜、蛤汁等拌均后隔水蒸熟,然后用30目筛绢(筛孔0.516毫米)或NG13号尼龙筛绢(筛孔0.54毫米)过滤成小颗粒全池泼洒(日给食率参考表4-9)。

③冰冻轮虫和冰冻卤虫成体 采购于河北、山东等省,产品是从当地的天然水域中滤取捕捞后浓缩速冻制成。使用时先解冻后再用水冲洗干净,带水泼洒(日给食率参考表4-9)。新鲜捞取的轮虫和卤虫成虫仍不失为良好的饵料。其中在江苏省干榆一带,一般育苗厂均从湖泊(微山湖中)中当场捕捞轮虫,当地称鱼虫,淡绿色,投喂给河蟹育苗阶段幼体,效果良好。

(5)注意消毒和病害防治 在育苗过程中必须始终贯彻以防为主的原则,因此除了对所有的育苗用具、育苗池、抱卵亲本及丰年虫卵都须用10 ppm漂白精或10~40 ppm孔雀石绿严格消毒外,在育苗过程中,应每天监测水质,检查幼体发育状况,及早发现病灶和寄生虫等,采取针对性的治疗措施。如遇弧菌可采用抗菌类药物,使水中的土霉素、呋喃西林浓度达到1~2 ppm。如有聚缩虫,应用20 ppm福尔马林或5~10 ppm的制霉菌素药浴。

(6)微粒子饵料在河蟹育苗上的应用 传统的育苗工艺

在饵料补给上采用自然活饵料为主,商品饵料为辅的方法。但由于活饵料培养技术上的困难和在质地数量上的极难满足,常使蟹苗因适口饵料不足而饥饿致死。因此微粒子饵料的试验、推广、应用,将成为河蟹育苗生产上力求解决的技术关键。

根据蚤状幼体在不同发育阶段的个体大小,河蟹微粒子饵料的一般粒径规格在 10~500 微米之间。可分为三级:其中 10~50 微米为小型微粒子饵料,主要供给第一到第三期蚤状幼体食用;50~300 微米为中型微粒子饵料,其给食对象主要为第三、四期蚤状幼体;300~500 微米为大型微粒子饵料,主要给食对象为第四、五期蚤状幼体和大眼幼体。

河蟹育苗期微粒子饵料的主要原料有鱼粉、奶粉、血粉、豆粉、鸡蛋和鱼虾提取物等组成,常见的组分为奶粉 10%~12%,豆粉 44%~46%,鱼虾提取物 18%~22%,豆油 4%~6% 等。配制时原料经捣碎、研细、过筛、混合调匀后,经喷粉干燥成型,也有在混合调匀过筛后经紧压粘合再包膜成型。制成的饵料成分一般蛋白质含量为 45%~50%,脂肪为 5%~7%,糖类 24%~26%,添加剂 0.5%,无机盐 2.5%~3%。微粒子饵料中 10 种必需氨基酸的含量占蛋白质总量的 40% 左右,其中早期第一至三期蚤幼饵料中的蛋白质含量为 50%,后期第四、五期蚤幼和大眼幼体饲料中的蛋白质含量为 45% 左右,而第三、四、五期蚤幼也可食用蛋白质含量为 45%~50% 之间的中型微粒子饵料。育苗阶段微粒子饵料每日的投喂次数为 6~8 次。利用微粒子饵料在河蟹育苗上目前尚属试验阶段,但已有取得较好的业绩,可因地制宜地推荐应用。

刘修业等(1990)曾报道了利用微粒子饵料培育蚤状幼体至河蟹苗的应用效果。试验在 32 立方米的水体中进行,共投

放了 960 万只蚤状幼体,利用 10～50,50～100,100～300 微米
3 种粒径规格的微粒饵料。经 20 天培育,共育出蟹苗 301.76
万只,平均存活率为 31%,总体上略超过对照组育出的蟹苗
288.96 万只,平均存活率 30% 的试验水平。具体见表 4-12。

表 4-12 自然活饵料和微粒子饵
料培育河蟹苗出苗量、存活率对比试验

| 发育期 | 发育天数 | 微粒子饵料 | | | 自然活饵料 | | | |
		微粒料型号	每发育期用量(克)	估算蚤幼总数(万只)	各期存活率(%)	投饵种类	每发育期用量	估算蚤幼总数(万只)	各期存活率(%)
Z₁	3	Ⅰ	1088	960	100	豆浆	60ppm	960	100
Z₂	3	Ⅰ	1538	698.8	72.8	鸡蛋黄 轮虫	18 个 2.4 亿个	710.7	74.0
Z₃	3	Ⅰ～Ⅱ	1101 375	656.8	68.4	鸡蛋黄 轮虫	21 个 4.2 亿个	633.6	66.0
Z₄	3	Ⅱ～Ⅲ	1461 975	601.5	62.7	卤虫无 节幼体	2.4 亿个	579.0	60.3
Z₅	4	Ⅲ	4000	483.2	50.3	卤虫幼 体	3.2 亿个	508.8	53.3
M	4	Ⅲ	5740	301.8	31.0	卤虫幼 体、鱼糜	2.1 亿个 3000 克	289.0	30
总计	20	Ⅰ	3727	—	—	豆浆	60ppm	—	—
		Ⅱ	1836	301.8	31.0	鸡蛋黄 轮虫	39 个 6.6 亿个	289.0	30
		Ⅲ	10715	—	—	卤虫 鱼糜	7.7 亿个 3000 克	—	—

资料引自刘修业等.1990 淡水渔业第 5 期.编者修改汇总
注:Z—蚤状幼体.M—大眼幼体

(7)投饵次数和方法　由于在育苗池内蚤幼或大眼幼体分布的不随机性,因此投喂的饵料必须是次多面广。即日给食量每日应分6~8次投喂,投喂时全池泼洒。

在育苗过程中,往往由于仅考虑蚤状幼体或大眼幼体发育的营养需要,一般都投喂充足的饵料,并且还会增加一些代用饵料,这样在投喂量上就有一定的过剩,而过剩的饵料在育苗水体中很容易腐烂、变质。这是水质败坏,氨氮过高的主要原因。因此管理人员必须经过估算育苗池的生物量,并严格控制不合理的过量投饵。

(8)充气、换水和排污　育苗过程中,除投喂饵料过剩造成水质败坏外,蚤状幼体的不断死亡和幼体的排泄物,是造成水质变质的另二个因素。因此必须经常进行氨氮、亚硝酸态氮、溶氧、水温、盐度等的监测,并做到及时排污。育苗期间管理人员改良水质的主要操作为换水、增加充氧及通过换池、并池等手续。

换水是一种稀释的操作手段,操作时先通过密眼网箱将败坏的水质除去1/3~1/2,然后补充基本同温、同盐度的新鲜半咸水。充气是加速氧化的有效手段,使积累的过高氨氮氧化为亚硝酸态氮而进一步氧化为硝酸态氮,后者被藻类植物所利用。因此在用单细胞藻类作基础饵料的肥水布苗程式中,第一、二期蚤状幼体阶段可以少换水或不换水,就是由于藻类有释放氧气、净化水质的作用。育苗池在后期阶段,因藻类密度下降,蚤体长大,投饵量增加。故育苗池每日的换水量也要相应增加。育苗池内随着蚤状幼体的发育变态换水量逐渐增加,每次每池换水量尽量做到彻底,前期(第一、二蚤幼阶段)换水量可控制在30%,中后期日换水量逐渐增加到50%~60%,对于情况特别差的育苗池,其日换水量可达到

80%～90%,或者进行转(倒)池处理。出售剩余的残留蟹苗,可通过苗污分离,将剩余部分的蟹苗转并入其他育苗池。

(9)氨氮、亚硝酸态氮的控制操作 过剩饵料、蚤幼尸体及幼体排泄物是导致水质变质的三大主要原因。虽然水温上升,可加速水质恶化,而盐度提高和溶氧充足,可缓解水质败坏,育苗水质主要反映在氨氮和亚硝酸态氮的毒性积累。但在实际运作时应时刻以控制氨氮和亚硝酸态氮作为重点。

NH_3-N 在总氨氮中的比值随 pH 值的升高而大幅度增加时,幼体成活率才会急剧下降。据上海市水产研究所几年的实践证明,在管理育苗水体时,NH_3-N 的含量应不超过 3 毫克/升,NO_2-N 的含量应控制在 0.8 毫克/升,与之相匹配的 pH 值应控制在 7.8～8.5,溶氧应在 5 毫克/升以上。

(10)水温的控制操作 育苗过程中,低温延长出苗时间,温度过高蟹苗易受过高热污染影响,导致畸形苗上升,因此管理过程中应将水温控制在 25℃±0.5℃ 的水平,或放宽到 25℃±1℃ 的水平。但当大眼幼体淡化后,管理人员必须使该池水温自然下降,如停止加热加温等,必要时可掺入一些低温低咸水,使出苗时水温在 20℃～22℃ 范围,这样使放养时和池塘、湖泊水体的温度不大于 3℃。

(11)盐度控制的操作 我国河蟹人工育苗有低盐度半咸水人工育苗和高盐度半咸水人工育苗两种。前者一般控制育苗的盐度为 15‰±1‰,其中又分河口半咸水育苗、土池生态育苗和内陆地区人工配置半咸水育苗等。后者一般控制育苗的盐度为 25‰～30‰。但当由第五期蚤幼变态为大眼幼体后,都需经过淡化这一管理程序。河蟹低盐度人工育苗一般从第五期蚤幼开始变态为大眼幼体后 36～48 小时起,此时大约 90% 的 5 期蚤幼变态为大眼幼体后就开始淡化,一般经第

三天从 15‰淡化到 8‰~10‰,第四天从 8‰淡化到4‰~5‰
的 2 次淡化后,再经过 1 天时间,待育苗池盐度稳定在 5‰左
右时,早期苗 6 日足龄晚期苗 5 日足龄即可出售。

在高盐度半咸水育苗条件下,大眼幼体的淡化应分为3~
4 个级差,并且淡化的起始日要稍早一些,一般在 5 期蚤幼
70%~90%变态为大眼幼体时就开始淡化。如第三天将盐度
从 25‰左右下降到 18‰,第四天从 18‰下降到 11‰~12‰,
第五天从 12‰下降到 5‰~7‰,然后再经过 1~2 天的稳定,
待大眼幼体发育到 6~7 日足龄后再出售。有的育苗场在淡
化过程中喜欢采取螺旋式的降低盐度,这样盐度的淡化时间
要长一些,但出售的苗老一些,苗的质量也会好一些,一般出
售的大眼幼体为 7 日足龄。

(12)大眼幼体的捕捞　大眼幼体多采用灯光照诱,用抄
网或拉网捕捞两种方法。捕捞前 6~12 小时应告诉客户何时
可以装运,出售时一般都是先收款,然后先通过降低育苗池水
位再作捕捞。捕捞时用小太阳灯照明使蟹苗集中,然后用拉
网或三角抄网先拉捕或抄捕在一容器(如脚盆等)内积存。到
略多于所需数量时,再次沥干水分后在电子秤上或台秤上称
取,然后由客户清点后,自己装运。

用抄网或拉网一般可起捕 80%以上的蟹苗,剩余的蟹苗
由育苗池放水或在集苗池内放水收集。这部分的蟹苗如暂时
无客户,可以并入发育日龄大致相近的另一育苗池中。出苗
后的育苗池打扫干净待用或另作育苗用。

大眼幼体一般都采取干法运输。

八、土池生态育苗和低盐度半咸水人工育苗实例

(一)土池生态育苗实例

土池生态育苗由于基本投资低,利润高,虽然单位水体产量不够稳定,但仍具很大的开发应用潜力,至今在江苏、浙江、上海地区仍有广泛的推广应用价值。现以浙江省淡水水产研究所在土池生态育苗上的实例,经汇总后进行业绩分析。

1. 亲蟹的饲养存活率和抱卵率 1977～1980 年期间,共选留了亲蟹 19 351 只,通过每年 5 个月(165～171 天)的散养越冬、海水促产和怀卵蟹专池饲养等措施,共获得亲蟹 11 167 只,平均饲养存活率 57.7%。越冬后共获抱卵蟹 9 023 只,三年平均抱卵蟹获得率为 46.62%。其中用于试验的抱卵蟹 1978 年 2 693 只,1979 年 1 921 只,1980 年 1 823 只,三年共计 6 437 只。历年亲蟹存活率和抱卵率见表 4-13。

表 4-13 浙江省淡水水产研究所
土池生态育苗亲蟹饲养存活率和交配抱卵率

年 份	亲蟹放养数(只)	亲蟹起捕数(只)	饲养天数(天)	亲蟹饲养存活率(%)	抱卵蟹数(只)	亲蟹抱卵率(%)
1978	5100	3416	165	67.0	2874	56.4
1979	7752	2969	165	38.3	2728	35.2
1980	6499	4782	171	73.6	3421	52.6
总计(或平均值)	19351	11167	167	57.7	9023	46.6

资料引自浙江省淡水水产研究所,经编者分析汇总

从表 4-13 中可以看出,亲蟹饲养存活率和亲蟹交配抱卵率均较低,这与亲蟹收集时间过早,饲养期过长(达 165~171天),所选亲蟹均来自洪泽湖大水体及亲蟹留选个体过大(78~190 克/只)有关。在现今河蟹人工育苗时,一般以挑选池塘养殖蟹作为亲本,个体规格选择 90~125 克/只,并适当推迟亲蟹选留季节,缩短饲养期为好。

2. 蚤状幼体和大眼幼体的存活率及产量　育苗池池型和幼体放养密度(布苗密度)是影响幼体培育存活率和单位产量的重要因素,其结果见表 4-14。

表 4-14　浙江省淡水水产研究所土池生态育苗产量及存活率

池　型	面积 (米²)	第Ⅰ期 蚤状幼体 (万只)	密度 (万只/ 米³)	大眼幼体 总产量		存活 率(%)	单位产量	
				千克	(万只)		(万只/ 667 米²)	(千克/ 667 米²)
石壁土泥 底加搅水	3996	20496	5.6558	79.8	1276.1	6.23	213.0	13.31
石壁泥底	2627	11907	4.5325	20.8	332.8	2.80	84.5	5.28
土　池	1374	7119	5.1812	18.9	302.4	4.25	146.8	9.18
聚乙烯筛 绢底池	873	6762	7.7457	7.6	122.3	1.81	93.4	5.83
水泥池	60	882	14.70	1.3	20.2	2.29	224.6	14.04
土　池(作 移苗试验 用)	2256	9387	4.1609	移入 江河	—	—	—	—
1978 年 小计	11186	56553	5.0557	128.4	2053.8	4.35	122.5	7.66
石壁泥底 加搅水	6054	42546	7.0277	90.6	1449.8	3.4	159.7	9.98
水泥池	110	796	7.24	3.37	53.9	6.8	326.8	20.43

池　型	面积 (米²)	第Ⅰ期 蚤状幼体 (万只)	密度 (万只/ 米³)	大眼幼体 总产量 千克　(万只)	存活 率(%)	单位产量 (万只/ 667米²)	单位产量 (千克/ 667米²)
筛绢底池	981	10881	11.09	7.36　117.7	1.08	80.2	5.00
1979年 小计	7145	54223	7.59	101.3　1621.4	2.99	151.4	9.46
石壁土池 加搅水	7236	35361.9	4.89	123.3　1973.1	5.58	181.9	11.37
水泥池	50	260.1	5.20	0.8　12.8	4.96	172.1	10.76
1980年 小计	7286	35622	4.89	124.1　1986	5.58	181.8	11.36
1978～ 1980年 总计	25617	146398	5.72	353.8　5661.2	3.87	147.4	9.21

资料引自浙江省淡水水产研究所.河蟹人工繁殖技术中试报告.1980。经编著者分析汇总

从表 4-14 中可以看出，1978 年选择了 6 种育苗池型，由于石壁泥底和水泥池相对存活率和产量较好，因此 1980 年完全改为石壁土池加搅水和水泥池育苗。三年来育苗总面积为25 617 平方米，仅第一茬共育出第一期蚤幼 146 398 万只，生产大眼幼体 353.8 千克，以每千克 16 万只计算，为 5 661 万只。从第一期蚤幼到大眼幼体的平均存活率为 3.87%，以石壁泥地加拌水的土池为最好，平均存活率为 5.07%，最高达6.23%；水泥池次之，平均存活率为 4.68%，最高为 6.8%。在大眼幼体产量上石壁泥地加搅水土池三年产量为 293.7 千克，占各类池子总产量 353.8 千克的 83%。三年中石壁土池育苗每 667 平方米平均产量相继为 213,159.7,181.9 万只，折合每 667 平方米平均育出 13.31,9.98 和 11.37 千克。迄今为

止土池生态育苗已在生产上广泛推广应用,并仍具强大的生命力。

3. 丰年虫的用量及饵料系数 在 1978～1980 年三年中试期间,对有关试验塘的第一茬蟹苗培育期间的丰年虫用量进行了统计,各阶段幼体期间的投喂量及饵料系数见表 4-15。

从表 4-15 中可以看出,1978～1980 年期间,育苗面积共 16 340 平方米,共育出蟹苗 4 501.6 万只,计 281.4 千克,共投喂丰年虫 629.2 千克,饵料系数为 2.24。每年中丰年虫分三个阶段投喂,其中第一次作为基础性饵料,平均为 103.8 万只/米^3,相当于每毫升水体含 1.04 只丰年虫无节幼体。而第一期蚤幼释放密度为 1.9 万～10 万只/米^3 不等,平均为 53 只/米^{3}左右,表明放养初期平均每只蚤幼可分摊到 20 只左右的丰年虫无节幼体。

(二)低盐度半咸水人工育苗实例

选择了上海市水产研究所 1995～1997 年低盐度半咸水人工育苗的实例进行分析。这一育苗模式可在河口低盐度河蟹人工育苗上广泛推广应用,并取得良好经济效益的业绩。该实例也可在高盐度河蟹人工育苗上借鉴。

1. 河蟹的越冬成活率、抱卵率、孵化率 河蟹越冬在亲本饲养池内进行。亲本池在饲养前必须经过彻底清淤、清塘、消毒。该所的亲本除早期(80 年代的中试时期)直接收集自长江口渔场外,后因越冬饲养成活率一般在 50% 左右,故自 1995 年起基本上都在立冬前后收集挑选,亲本来源于天然蟹苗经二年池塘养殖的亲蟹,雌蟹的规格为 85～110 克/只,雄蟹为 100～125 克/只。

越冬期的亲蟹在当地育苗场的淡水中饲养,除预订早繁

表 4-15　1978～1980 年土池生态育苗丰年虫卵投喂量及饵料系数

年　份	育苗面积 (米²)	池塘数量 (只)	首次丰年虫卵投放量		第Ⅰ～Ⅲ期蚤幼投喂量(千克)	第Ⅳ期蚤到蟹苗投喂量(千克)	总投喂量 (千克)	育出蟹苗数量		饵料系数
			(千克)	(万只/米³)				(千克)	(万只)	
1978	6623	14	31.8	52.1	55.3	133.7	220.8	100.6	1609.1	2.19
1979	2481	5	8.5	34.3	26.9	74.4	109.8	57.5	919.4	1.91
1980	7236	14	32	44.4	80.3	186.3	298.6	123.3	1973.1	2.42
合　计	16340	33	72.3	130.8	162.5	394.4	629.2	281.4	4501.6	2.24

资料引自浙江省淡水水产研究所．河蟹人工繁殖技术中试报告．1980。经编著者分析汇总

苗需提前在 12 月份进行交配外,一般均为春季 3 月 15 日前完成交配抱卵,即通常在 2 月底或 3 月初抽干亲蟹塘淡水后注入半咸水,常规的交配抱卵盐度为 12‰ ~ 14‰,但生产性试验表明在 9‰以上河蟹即可以顺利交配抱卵,并且时间上在 12 月至翌年 2 月期间也不例外。常年一般冬季交配的温度为 10℃ ~ 12℃,春季交配的水温通常在 12℃ ~ 14℃ 之间,在上海地区 10℃ ~ 14℃ 均为河蟹合适的交配抱卵水温,但 8℃左右或 6℃ ~ 8℃ 范围河蟹的性活动不够强烈,交配后抱卵的时间会延长。一般在交配后 10 ~ 14 天即检查亲蟹饲养成活率和抱卵率,其结果见表 4-16。

表 4-16 河蟹的越冬成活率、抱卵率和孵化率

年　份		收购河蟹数(只)	越冬后存活数(只)	越冬成活率(%)	抱卵蟹数(只)	抱卵率(%)	发育至心跳期蟹数(只)	孵化率(%)
1995 年	♀ 3045		2514	82.6	2486	98.9	2277	91.6
	♂ 1144		838	73.3				
1996 年	♀ 3522		3029	86.0	2910	96.1	1791	61.5
	♂ 1231		972	79.0				
1996 年秋	♀ 2846		2846	100.0	2533	89.0	2280	90.0
	♂ 1241		940	76.0				
1997 年春	♀ 4475		4251	95.0	4028	94.8	3810	94.6
	♂ 1790		1539	86.0				
合　计	♀ 13888		12640	91.0	11957	94.6	10158	84.9
	♂ 5406		4289	79.3				

从表 4-16 中可以看出,1995～1997 年期间上海水产研究所亲蟹的饲养存活率为 73.3%～100%,抱卵率为 89%～98.9%,以发育至心跳期作为可孵化计算,其孵化率除 1996 年的第一批亲本曾发生过流产而导致孵化率下降为 61.5% 外,其余各次为 90%～94.6%,无论从亲蟹饲养成活率、交配抱卵率或孵化率都达到了高而稳定的可生产水平。

2. 幼体培育　每年所进行的幼体培育批数为 2～4 茬不等,时间上主要在 4～5 月份,其次为 1997 年的 2～3 月份。早期培育的为早苗,用于当年育成商品蟹。1995～1997 年幼体培育的水体,丰年虫投喂量、大眼幼体产量及饵料系数见表 4-17。

从表中可以看出,从 1995～1997 年期间,共收集亲本 253.5～508 千克,育出的蟹苗相继为 110.4,54 和 311.9 千克,平均育出每千克蟹苗所需的雌蟹相继为 2.3,5.88 和 1.63 千克,以 1997 年为最优。1996 年由于第一批抱卵蟹的流产,从而导致雌蟹用量上升和出苗量的下降。如果再加上 50% 的雄蟹数量,大约需要 3～8 千克或平均 5 千克左右的雌雄亲本才能育出 1 千克大眼幼体。

三年中该所总育苗水体为 3 051 立方米,共投喂丰年虫 3 313千克,产出蟹苗 476.4 千克。丰年虫用量的平均饵料系数为 6.95,每千克抱卵蟹平均育出的大眼幼体数量为 0.44 千克。

3. 成本核算　1995～1997 年的投入、产出及利润见表 4-18。

表 4-17　投饵与蟹苗出苗情况

年份	编号	收购雌蟹重量(千克)	心跳期胞卵蟹数(只)	育苗水体(米³)	布苗日期(月/日)	投喂丰年虫(千克)	丰年虫/大眼幼体	大眼幼体/雌蟹(千克)	出苗日期(月/日)	出苗量(千克)
1995 年	第一批		1431	350	4/1~4/4	445.3	7.6	—	4/18~4/22	58.7
	第二批		846	430	4/19~4/26	331.5	6.4	—	5/6~5/11	51.8
	合 计	253.5	2277	780	—	776.8	7.04	0.43	—	110.5
1996 年	第一批		流产	—	—	—	—	—	—	—
	第二批		1797	320	4/26~5/1	520.4	9.6	—	5/12~5/18	54
	合 计	317.3	1797	320	—	520.4	9.6	0.17	—	54
1997 年	第一批	70	1080	240	2/18~2/22	195.9	4.9	0.58	3/10~3/14	40.4
	第二批	80	1200	120	3/10~3/14	199.4	11.5	0.11	4/1~4/3	17.4
	第三批	178	1800	691	3/31~4/2	689.5	4.9	0.80	4/16~4/20	141.4
	第四批	180	2010	900	4/15~4/18	931.0	8.3	0.63	4/30~5/4	112.7
	合 计	508	6090	1951	—	2015.8	6.5	0.62	—	311.9
	总 计	1078.8	10164	3051	2/18~5/1	3313	6.95	0.44	3/10~5/18	476.4

表 4-18 成本核算

年 份	投 入				产 出			利 润	
	亲本 (万元)	丰年虫 (万元)	药品、水、虫、煤等 (万元)	合计 (万元)	成本/千克大眼幼体 (万元)	产量 (千克)	价格 (元/千克)	产值 (万元)	总利润 (万元)	利润/千克蟹苗 (万元)
1995年	6.7	15.5	15	37.2	0.34	110.4	7000	77.3	40.1	0.36
1996年	15.5	21.9	12	49.4	0.92	54.0	20000	108.0	58.6	1.09
1997年	22.5	36.4	50	108.9	0.35	311.8	8000	249.4	120.5	0.39
合 计	44.7	73.8	77	195.5	0.41	476.2	9128	434.7	219.2	0.46

从表 4-18 中可以看出,1995～1997 年期间共投入资金 195.5 万元,育出蟹苗 476.2 千克,每千克蟹苗平均价为 0.41 万元,平均出售价为 9 128 元/千克,产值 434.7 万元,毛利 219.2 万元。平均每千克蟹苗利润为 0.46 万元。三年中由于 1996 年第一批育苗发生流产,从而使育出每千克蟹苗的成本价上升为 0.92 万元。但由于该年产品的销售渠道畅通,蟹苗售价较高,为每千克 2 万元,因此每千克蟹苗的利润高达 1.08 万元。由此可见在本项目中,控制成本,提高单位水体育苗产量和产品销售价上升同为育苗生产的敏感因素,本项目在经济分析中,未考虑管理人员工资支出、设备折旧和资金贴息。

第五章　蟹种培育

一、蟹苗的采购和运输

(一)蟹苗的采购

1. 野杂蟹苗的鉴别　对于配套养蟹的生产场来说,当大眼幼体一经孵化出苗后,即可在条件具备的水体中进行放养。但对大多数内陆地区的养蟹场或养蟹专业户来说,一般均需到河口滨海地区去采购自然或人工培育的蟹苗,然后运回放养,因此蟹种培育或蟹苗直接在大水体中放流增养殖都必须经过蟹苗采购这一技术过程。天然蟹苗的发汛在河口地区,因此所购的蟹苗难免混有野杂蟹苗,即使是人工育苗,如经营作风不正,也难免会出现人为掺和野杂蟹苗的现象,尤其是自然苗价格在 90 年代中期曾出现数倍高出人工蟹苗的情况下，在长江口以假苗充真苗，鱼目混珠层出不穷，使广大养蟹专业户造成巨大损失。

对野杂蟹苗的鉴别或蟹苗（真苗）成色的判别，不仅是一个技术过程，还应涉及商业行为和根据当时的环境条件，诸如能提供的蟹苗量、该年的发汛日期、单船的捕捞能力等。生产上除形态特征外，现已摸索出以下鉴别野杂蟹苗的方法可供广大购苗人员参考。

(1)天然野生蟹苗或人工繁育蟹苗的特征　具有本种蟹苗的前述形态特征和生态需求。天然蟹苗体玉白色或姜黄色，因是过境群体，刚起捕时背部正中具一青筋，为肠子和取食后所反映的色彩，经暂养后呈灰白色。如人工繁育蟹苗色较深，背部淡灰黑色，但尚在池中孵育的色较淡。镜检时具有本种苗的形态结构，体长 4~4.2 毫米，重 6~7 毫克/只，每千克蟹苗 14 万~16 万只。体质强壮，天然蟹苗干放 24 小时或人工蟹苗干放 8 小时成活率在 95% 以上，蟹苗沥干后如迅速放入淡水或 5‰ 以下半咸水中经 24 小时成活率达 100%。6 日龄苗体支撑力强，体质健壮。

(2)野杂蟹苗的特征　据王云龙等(1997)报道，在苏南沿海一带已收集的蟹类计 12 属 13 种。据编者历年收集到可鉴别的野杂蟹苗主要为天津厚蟹(*Helice tientsinensis*)和相手蟹属(*Sesarma*)的螃蜞苗，其他尚有狭额绒螯蟹(*Eriocheir leptognathus*)、三疣梭子蟹(*portunus trituberculatus*)、日本蟳(*Charybdis japonica*)。但相互间在繁殖季节上与河蟹不同或前后有错开现象，因此在河蟹苗发汛期内主要的混杂蟹苗为天津厚蟹和螃蜞苗。这部分野杂蟹苗体灰黑色，个体长 3~3.5 毫米，体重在 5 毫克/只以下，每千克蟹苗在 20 万只以上，苗体纤弱,干放时 12 小时内大部分蟹苗因支撑力弱而死亡,它们喜生活在低盐度(1‰~3‰)的半咸水中,如迅速放入淡水中 24 小时内绝大部分死亡。以前在长江口 1969~1981 年的蟹苗汛期内,因河蟹苗资源丰盛,所捕的蟹苗内这种野杂苗在汛期高峰期间很少发现,仅出现在汛末期间的闸口及闸外港道。1994 年长江口曾出现大量蟹苗,但群体中河蟹苗的成色很少,大部分为天津厚蟹和螃蜞苗,曾使广大渔民误购此苗,造成巨大损失。这种野杂蟹苗与同河蟹苗的其他形态区别为:野杂蟹眼间距狭为 1.9 毫米,额区的额角边缘圆钝,第二至四对步足的指节腹缘无棘状突起;而河蟹苗眼间距宽 2.1 毫米,两眼间额具尖角突起,第二至四对步足腹缘具 3~4 枚棘状突起。长江口主要几种野杂蟹苗的主要形态特征,见表 5-1 和图 5-1。

表 5-1　长江口常见野杂蟹苗主要形态鉴别

种　类	平均体长(毫米)	头胸甲	第二触角	胸　足	腹　肢	腹　部
中华绒螯蟹	4~4.5	长方形,长>宽,1:2~2.5,额缘中央弯成"V"字形缺刻,两侧呈双角状突起	10 节,各节刚毛数 3,2,4,0,0,9,2,4,3,3	第二至四胸足指节腹缘具 3~4 枚齿,第五胸足指节末端具 3 根羽状刚毛	5 对,双肢型,外肢羽状刚毛依次 23,23,23,20,14,内肢芽突状	7 节,第五节后方具 1 对较大的刺,尾节扁平,无尾叉,两侧缘具 4~5 根刚毛,后缘 12~14 根刚毛

种　类	平均体长(毫米)	头胸甲	第二触角	胸足	腹肢	腹部
天津厚蟹	3.1~3.3	长方形，长＞宽,1:2~2.5,额缘内凹，两侧无双角状突起	11节，各节刚毛数不详，末端具3根刚毛	第二至四胸足指节腹缘不具齿，第五胸足指节具3根弯曲的羽状刚毛	5对,双肢型,外肢具9~11根羽状刚毛，内肢芽突状	
三疣梭子蟹	3.7~4.2	卵圆形，长≥宽，额缘中央呈钟形突出，末端尖刺状，双侧无双角状突起	11节，各节刚毛数3,3,5,0,0,4,2,3,2,4,末节末端具3根刚毛	第二至四胸足具4~7枚齿，第五胸足指节末端具7根弯曲的羽状刚毛	5对,双肢型,第五腹肢原肢外侧具1根刚毛,第一至五对外肢23,24,24,21,13根羽状刚毛	7节,第五节后方具1对较大的刺,尾叉消失,后缘中央具3根羽状刚毛
锯缘青蟹	3.6~3.7	卵圆形，长≥宽，额缘中央具尖刺状突起，双侧无双角状突起	11节，各节刚毛数为1,1,2,0,0,3,2,5,2,3,3,末节末端具3根刚毛	第二至四对胸足指节腹缘具8~11枚齿，第五胸足指节较宽扁,具7~8根羽状刚毛	5对,双肢型,第一至五对腹肢外侧刚毛数依次为22,21,21,18,12	7节,第五节后方具1对较大的刺,尾叉消失,尾节后缘具5枚刚毛

2. 蟹苗质量的鉴别　野杂蟹苗的鉴别属于种的定性,但即使是正宗的长江河蟹苗,也应鉴定其质量优劣。这是采购蟹苗时同样重要的问题,以便获得良好的运输和下塘存活率。

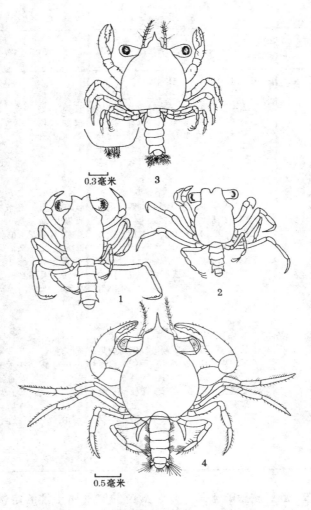

0.3毫米 3

0.5毫米

图 5-1 长江口主要野杂蟹苗外形特征

1. 中华绒螯蟹 2. 天津厚蟹 3. 三疣梭子蟹 4. 锯缘青蟹

这样的蟹苗在饲养过程中其生长率和生长速度也较快。选择购买优质蟹苗时要考虑如下几点。

(1)体质强壮,出苗日龄足　为了选择日龄足,体质健壮的蟹苗,采购前要掌握出售苗的育苗日足龄。要求蟹苗在20℃~22℃的降温条件下,从第五期蚤状幼体到大眼幼体在长江口或内陆地区低盐度人工育苗条件下不低于6日足龄。而在长江以南的浙南地区或长江以北高盐度半咸水育苗条件下,出苗日龄不低于7日龄。只有达到规定的育苗出售日足龄后,才能使苗体嫩老适当,淡化充分,可承受运输途中较大的挤压并获得较高的运输存活率。

(2)支撑力和活动能力强　质量好的蟹苗支撑力强,蟹苗堆放在一起,互相成团粒结构状。这样的蟹苗称完后放入蟹苗箱内,蟹苗蓬松,个体间保持一定的空隙,这是支撑力强的表现。这种蟹苗适宜运输。如将蟹苗用手抓起,然后放开,蟹苗迅速爬向四周;如将蟹苗倒向腹部朝天,能迅速翻身复位;如用水滴包住单只蟹苗,能反抗水的粘滞性迅速爬出水滴。这样的蟹苗表明其支撑力、复位能力和抗粘滞力强,是优质蟹苗所具有的共性。应该挑选这样的蟹苗放养。

(3)蟹苗个体均匀,嫩老一致,大小规格符合标准　日龄不足或质量差的蟹苗,往往个体偏小,或大小不均匀,嫩老不一致。这样的蟹苗通常日龄不一,不宜采购。选购的蟹苗规格要求每千克为14万~16万只。因此购苗时对初步选定的蟹苗要抽样点数,要求每克蟹苗在140只以上,或每只蟹苗平均在7毫克以上。方法是:向卖方出售单位随意要取一定数量(数百只)的蟹苗,放在感量为0.1克或0.01克的普通天平上称重,然后清点只数,计算出每克蟹苗的只数或每只蟹苗的平均重量,最后判断蟹苗的规格是否符合质量指标。

(4)检查出苗时水温,避免出苗池水温与放养池水温温差过大　育苗生产的一般水温为 24℃ ~ 26℃ 或 25 ± 0.5℃。购苗时如已初步选定购苗日期和数量,应与销售单位商定出苗时的控制水温,要求出苗时的水温能自然下降为 20℃ ~ 22℃,防止蟹苗下塘后因温差过大而影响体质,造成运输途中或放养后蟹苗夭折死亡。

(5)淡化蟹苗,提高下塘存活率　蟹苗采购经途中运输后立即下塘。为提高蟹苗下塘存活率,要求在出售前降低育苗水体的盐度。淡化蟹苗的盐度要保持在 5‰ ~ 6‰,比重保持在 1.002 ~ 1.003 的水平,以防止育苗水体与放养水体盐度相差太大,蟹苗无法适应渗透压的变化而死亡。同时出苗时盐度过高也会造成蟹苗下塘后不适应新的淡水环境,而导致蟹苗离岸上爬外逃。

对育苗池盐度测定,有条件的可采用硝酸银滴定法。也可以先测定比重,再根据水温转换成盐度。

不同水温下海水比重与盐度的经验转换公式为:水温高于 17° 时,盐度(盐‰) = 1 305(比重 - 1) + (t - 17.5) × 0.3;水温低于 17℃ 时,盐度(盐‰) = 1 305(比重 - 1) - (17.5 - t) × 0.2。

根据上式,如水温为 20℃,比重为 1.002,相当于盐度 3.36‰。如水温为 22℃,比重同样为 1.002,则盐度上升为 3.95‰。根据生产实践的反映,只要蟹苗的质量良好,下塘时盐度的突变在 5‰ ~ 6‰ 与零的变化范围内,蟹苗不至于死亡。

(6)盐度突变时的质量监测　在经过蟹苗质量的测试和鉴别后,最好进行一次盐度的质量监测。采购人员应在购苗时自带一小桶淡水或最好是一桶准备放养蟹苗的塘水,在携带条件不允许时,也可以在当地用瓶装饮用水经充分摇动后代替。然后在准备决定购苗前,将一定数量的蟹苗(如 20～50 只/盆)迅速放入装有淡水的容器中,观察 24 小时后的存活率能否达到 100%。这样的苗如其他质量指标符合,可认为放养后不会出现因盐度突变而发生死亡。

(7)综合模拟监测鉴别蟹苗质量　经上述肉眼或仪器手段检验后,如对所购蟹苗的质量还不敢最后肯定,可做一次综合性的模拟运输质量监测试验。方法是:随意取蟹苗生产单位翌日出售的蟹苗 100 只左右,先在蟹苗箱(或面盆、脚盆)内用湿毛巾或纱布垫底,四角用图钉钉牢并使其伸展平整,然后干放一定量蟹苗,其上轻轻盖上纱布或湿毛巾或另一只蟹苗箱的框架,以达到不使干放的蟹苗水分蒸干,经 10～12 小时(最好一个晚上)后,再将蟹苗放养入淡水中,如在 12 小时内蟹苗存活率在 100%,24 小时存活率在 90% 以上,即可认为该批苗可以认购。这样的蟹苗体质健壮,育苗日龄足,规格符合标准,支撑力强,能忍受水温和盐度的突变,并可经 10～12 小时运输而达到 90% 以上的存活率。近十年来我们多次根据上述方法鉴别测试蟹苗质量,并结合栽培植物床进行运苗,在 8～10 小时运途内途中,不加水喷雾,无一出现过蟹苗运输的途中夭折和存活率低的结果。

(二)蟹苗的运输

1. 蟹苗运输的技术原理和关键　在蟹苗运输的历史上,曾试用过尼龙袋加水充氧湿运的方式,但几乎没有成功的范例可以借鉴,这与蟹苗营底栖并能游泳的生态特点,不随机地在运苗容器内分布,并带来水质容易败坏,造成二氧化碳的积累,导致蟹苗昏迷死亡有关。因此迄今为止生产上仍均采用干法运输。这种方法对天然野生蟹苗,如在35厘米×50厘米×8厘米的箱框中装运0.5~1千克蟹苗,经24小时干运运输存活率在95%以上,36小时下降为60%~80%,40小时后存活率进一步下降为30%~50%,而48小时运输存活率几乎为零,因而该时间被称为天然野生蟹苗的运输极限。人工蟹苗因体质较野生蟹苗差,如运输蟹苗的质量良好,一般6小时内的存活率为90%以上,8小时为80%,10~12小时60%,但一般不能超过24小时的极限。

蟹苗运输的基本条件为合适的温度、湿度、通风和尽可能减少相互间的挤压,但运输途中一般不给食,也不宜用喷水、喷雾来防止干燥。

(1)温度 要求运输时温度控制在20℃以下,如天气炎热气温超过30℃,应通过适当开窗或箱四周及顶部淋水,用冰块降温或在不直接风吹状况下使用空调车降温。低温主要是降低蟹苗的活动力和代谢强度,延长其支撑力,达到减少体力消耗,提高运输成活率的目的。

(2)湿度 蟹苗运输要求箱内的湿度大,这样鳃部的水分可以使蟹苗能保持较长的时间,有利于蟹苗的正常呼吸。但运输时不能直接喷洒水分或喷雾。以上两种保湿措施实际上增加了蟹苗活动时的粘滞性,这对随着运苗时间延长,支撑力下降的蟹苗来说无疑是雪上加霜。为了防止水分的散失,一般可采用持续有效的保湿手段,如使用的蟹苗箱最好用吸水率强的杉木制作,运输前将蟹苗箱放入水中持续浸泡一段时间,如晚上浸泡早晨装运或早晨浸泡晚上装运,并且在运输途中还要用浸湿的麻袋等覆盖在蟹苗箱的前部和顶部。

(3)通风 通风是供氧的一种手段。运输途中蟹苗的呼吸:一是靠鳃部的湿润,不能使蟹苗鳃部和鳃腔长期过分干燥;二是要有适当的通风,使空气中的氧缓慢经过鳃部呼吸,吸入氧气并排放体内的二氧化碳。但运苗途中切不可过分强调通风换气,如把蟹苗箱直接放在卡车后面敞开车斗里,或直接用空调车降温,并把风口对准蟹苗箱的通风口,这样很快会吹干蟹苗鳃部的水分,使蟹苗因失水干燥而无法生存,显然这种情况下蟹苗死亡不是由于支撑力的下降,而是由于过大的通风所引起的。

(4)挤压　蟹苗因采取干运,运输时蟹苗常互相挤压或成层成堆,一般厚度为 2～3 厘米。这样的挤压自然苗一般经 24 小时,人工苗一般经 8～10 小时,其支撑力和抗粘滞力会很快下降,蟹苗的厚度层比装苗时变薄,此时如加水喷雾实际上对蟹苗会增加粘滞性,加速它们的死亡。这种情况下加水草可使蟹苗层面疏松,蟹苗分散,同时水草也还有保湿的功能。但运苗期间过高的气温,常会使水草腐败,草与草之间的隙缝减小,因此在运途较长的运苗过程中,运输后期加水草的作用变弱。比较好的方法是用种子发芽栽培植物床,这样避免了水草腐败的缺点,同时又可防止蟹苗间的互相挤压,可大幅度提高蟹苗运输的存活率。

2. 运输工具　1969 年至今共尝试过半湿法和干法两种运输方法。半湿法运输工具主要是大木桶。装运蟹苗时一批水草、一批蟹苗交替排放,然后用车、船等不同的运输工具,将蟹苗运到目的地放养。这种运输工具因体积大而笨重,一只木桶仅装 1～2 千克,因此自 1970 年起陆续淘汰。干法运输是用一种特制的蟹苗运输箱,一般长 40～60 厘米,宽 30～40 厘米,高 8～12 厘米。箱框用木料制成,最好是杉木,质轻而易吸水,能使箱体保持潮湿。箱框四周各挖一窗孔,用以通风。箱框底部及四周衬有聚乙烯密眼网纱,网目大小以不使蟹苗逃逸为度。通常以 10 只箱为一叠。运输前先将箱框在水中浸泡一夜,让箱体保持潮湿状,以利于提高运输时的成活率。运输时先沥干箱内的水分铺上水草并将蟹苗放入箱内,待装到 10 只框均满后,盖上箱盖,用棕绳扎成一捆然后起运。每一箱框可装蟹苗 0.5 ~ 1 千克,每捆蟹苗箱可装 5 ~ 10 千克。干法运输的优点是成活率高。蟹苗运输的主要工具见图5-2。

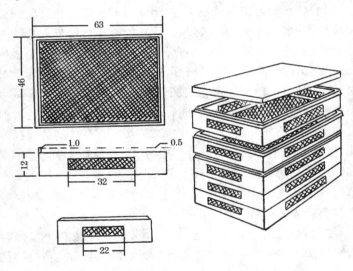

图 5-2 蟹苗箱结构图 (单位:厘米)

3. 栽培植物床运输蟹苗 影响蟹苗运输存活率的主要技术关键上已述及。利用栽培植物床可以在相同气温和通风条件下,因降低运苗期间气温、提高保湿程度和防止蟹苗相互之间的挤压而大幅度地提高运输成活率。

植物床的培植方法简便可行。先根据需要准备一定数量的小麦种子,每一只蟹箱的框格需用 100 ~ 200 克小麦种子就可。栽培前先将小麦洗净,放入清水中浸泡 24 小时,每隔6～8 小时换水一次,将浸胀的麦子均匀撒入各个箱格的底部聚乙烯网布上。然后将框格平放在垫有麻袋的水泥地或泥土上,上盖麻袋保湿,每天早、中、晚各淋一次水,务使框格内保持潮湿。在气温 15℃～20℃情况下,大约 48 小时后就可见到小麦出芽发根,3～5 天后穿透底层网布的根系已非常紧密地缠绕在框架底部空间的网布上,其上长出了黄白色叶子。此时如启开盖在上面的麻袋,黄白色叶子不久变成绿色,并继续不断每日泼水 3～4 次,叶将更茂密,根系也更为发达。整个培植过程 7 天左右就可用来运输蟹苗。

运输蟹苗时每一框格可装苗 0.5 千克。由于植物床的存在,使蟹苗在运输途中箱内温度凉爽,通风保湿良好,蟹苗又不容易受振动而堆积在一起,蟹苗因有植物株隔开,根系立体附着蟹苗而使挤压状况大为改善。经我们在生产中实践检验,可比传统的运苗方法延长 4～6 小时而取得相同的运输成活率,此法操作方便,值得推广应用。

4. 运输要求和注意事项

第一,短途运输不应暂养,可随捕随运。但运输前蟹苗箱必须在水中浸泡一夜,以保证运输时的湿润环境。

第二,天然蟹苗运输时间最好不超过 36 小时,人工繁殖的蟹苗不宜超过 10～12 小时,并尽量减少途中停留时间,严禁停车用膳。

第三,最好夜间运输,黎明或上午到达目的地,运输保持湿润的环境和微风增氧条件。

第四,白天运输应避免阳光直射,必要时可在蟹苗箱外盖上一层窗纱或浸湿的麻袋。

第五,运输时尽量避免凉风直吹蟹苗,尽量防止蟹苗鳃部水分被蒸发干燥。

第六,自然蟹苗运输时间在 24 小时或人工繁育的蟹苗在10 小时以内,苗层厚度应不超过 1 厘米。上述规格的蟹苗箱一般装苗 0.5 千克。

第七,蟹苗装入容器时,必须防止蟹苗四肢粘附较多的水分,如水分过多,苗层通透性不良,常使蟹苗支撑力减弱,导致底层蟹苗缺氧而死。

第八,汽车运输蟹苗时,最好在蟹苗箱外加盖一层避光避风网布,否则汽车快速行驶时,过快过大的风速对保持蟹苗的湿度不利。如为空运要求蟹苗箱保持垂直放置,并尽量避开发动机管道的高温区。

第九,空运蟹苗要求在 2 小时前的规定时间内到达机场并办理托运手续。有部分城市空运蟹苗需预约登记。到达目的地的航空港后,应凭托运单或托运人的身份证迅速去活货提货处领取蟹苗。空运蟹苗必须按要求包装,不能出现蟹苗逃逸造成污染货仓或出现危及安全的事故。

第十,蟹苗运输如需经过中转,需制订中转计划,并派员联络接苗。

第十一,如条件许可,可用冷藏车运输蟹苗,并给以适当通风,达到控温、控湿,保持适当溶氧目的。

第十二,蟹苗到达目的地后,应迅速拆箱估算运输存活率,然后按箱的框格为单位将蟹苗放流入湖或放养入塘。蟹苗放养后,日常管理应立即开始。

二、蟹种培育

由大眼幼体经 5~8 个月的饲养,到当年年底或翌年 3~4

月份为止的生长阶段总称蟹种培育。生产上常把从大眼幼体开始经 20～30 天的培育使蟹苗蜕壳 3～5 次称为早期幼蟹培育,即豆蟹培育。其中饲养约 20 天蟹苗蜕壳 3 次的前期豆蟹规格一般为每千克 1 万～2 万只;饲养 30 天蟹苗蜕壳 5～6 次的后期豆蟹一般规格为每千克 2 000～4 000 只。它们仅是蟹种培育中的一个阶段,这相当于鱼种培育阶段的乌仔和夏花。

豆蟹经同塘或分塘饲养到当年年底或翌年 3～4 月份,当大部分幼蟹长至规格为每千克 100～400 只时称为扣蟹。这相当于鱼种培育中的冬片及春片,其实这都是种苗培育的不同生长阶段。

生产上有称蟹苗经 3～5 次蜕壳前为仔蟹,以后才称幼蟹。因考虑到蟹苗经第一次蜕壳后其形态特征已与幼蟹十分相似,表明对河蟹来说其相当于鱼类中的仔、稚鱼生长发育阶段业已在蚤状幼体和大眼幼体阶段渡过,因此在本书编著中把蟹苗经第一次蜕壳后就直接划入第一期幼蟹。第一期幼蟹经十余次蜕壳直到完成最后一次生长成熟的蜕壳,幼蟹由黄蟹变为绿蟹才成为成蟹。

蟹种培育从蟹苗下塘开始,主要的技术内容包括蟹苗放养前的蟹塘准备、防逃设施的围建、蟹塘清整、水质培育、水草栽培、隐蔽物的设置及蟹苗放养后的日常管理等。

在蟹种培育的方式上,主要是土池培育,其次常见的还有网箱培育和水泥池培育等。

(一)蟹苗放养前的准备

1. 蟹池准备

(1)稻田蟹种培育池　我国利用稻田培育蟹种始于 20 世纪 80 年代初期温州市的瓯海县一带。当时由于长江口蟹苗资源衰退,导致加速对瓯江口河蟹苗资源的开发利用。由于当时尚处在经济改革的初期,土地资源的紧缺和以粮为纲的农业发展方向的持续,使蟹种在当地仅限于豆蟹阶段的培育,要求到8月初即使还未销售出的豆蟹种也要通过增殖放流,将豆蟹放流入江河等自然水体,而让稻田续种后季晚稻,这就创造出适合稻田复种,蟹稻轮作双丰收的豆蟹种的培育技术。

稻田培育蟹种单块面积以原田块为基础,一般2 000~3 333平方米均可,但可以几块或十几块稻田为单位并连、串连成组。在稻田改为蟹种培育塘的设计上,一切依据于蟹和稻能轮作复耕为原则,这样每块稻田的四周必须加固原来的田块使成为蟹塘的堤岸。田埂(堤岸)宽仅0.3~0.5米,堤坡1:1或1:0.5,并必须夯实,使达到加水后不致漏水,蟹塘的四周需建有防逃设备。如果是几块蟹塘连在一起,还需在最外有一个包围圈,以确保所养的蟹种不至于外逃。蟹塘的附近搭建一座小棚作为看护用。

每块稻田的一端需有一条进水沟,可专门蓄贮一定数量的水体。进水沟宽3米,深0.5~0.8米,长度可以与稻田的宽度持平。改作养蟹种的稻田一般宽20~30米,长度可不等,长比宽可以定为4~6:1。每块稻田接近水源的一面需单独配备1只3米×3米×0.5~0.8米的水池,称贮水池或蟹种捕捞池,该池也可用上述一长条进水沟代替。贮水池在功能上兼有贮水、灌水、调节蟹塘内水温及起捕蟹种的多重功能。这样在捕捞蟹种时,可以通过注入水到稻田,利用水流和蟹种的逆水顶流习性进入装在专门捕捞蟹种的贮水小池的定置网内,同时不时地向稻田灌注水还可以在炎热夏季起着调节水温的作用。

培育蟹种的稻田另一端为出水口,使不断流入蟹塘的水流由这一端流出。如培育稻田的蟹种塘成片,每块稻田的出水口外可以是一条总的排水沟,多余的水由总排水沟再向外排。

培育蟹种的稻田内,在放养蟹种前需先沿着堤岸(田埂)开挖一圈围沟,围沟可以紧靠着田埂开挖,这样挖出来的土可以加在田埂上。围沟也可以离田埂1~2米开挖,这样挖出来的土可以堆在围沟的两侧。这条由堆土形成的堤埂可以不必淹没在水下,是一条很好的蟹种隐蔽穴居的场所。在这条堤内穴居的蟹种生长速度较活动的蟹缓慢,但当年出现性成熟的蟹种比例很少。围沟宽0.5~1米,深0.3~0.5米,它主要用于增加蟹塘的贮存水量,调节夏季高温时的水温及捕捞蟹种时通过降低水位,诱导蟹种入沟而便于捕捉等多种功能。围沟中间所包围的区域为原来田块的田坂(平台)部分,仍可因塘制宜种植水稻或其他水生作物,如水花生、水葫芦等,既可夏季降温又可供蟹种栖息及食用。

考虑到培育蟹种的稻田其田坂部分过分宽阔,故在纵向方向上可每隔5米左右开挖1条与围沟宽度相等的纵沟,使整个蟹种塘抽干水后就成为"目"字形的样子。这样原来的一块稻田经改造后就变成四周田埂加固加高,其外建有防逃设备,其内在稻田四周挖有围沟,稻田中央纵沟平行排布,广阔的田坂区栽培水稻或水生作物的蟹种培育塘或稻蟹共生塘(图5-3)。

经过上述改造后的蟹种培育塘,加水后水位控制在田坂以上20~30厘米,高温时可通过进排水的交换调节水温,捕捞时可以通过降低水位,露出田坂,然后利用蟹种顶流逆水的习性,最后在捕捞蟹种的水池内用倒口(口向稻田)的张网起捕蟹种。

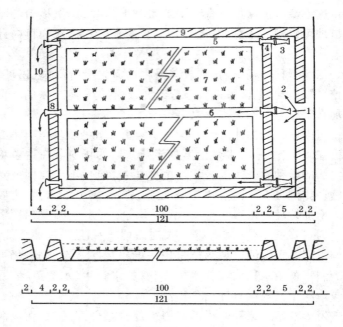

图 5-3 稻田蟹种培育池 （单位：米）

1.进水沟　2.蟹种捕捞池　3.捕捞蟹种张网　4.进水涵管　5.围沟
6.纵沟　7.田坂　8.出水涵管　9.围堤　10.出水沟

(2)池塘蟹种培育池　可利用旧有养鱼池经过改造或新开挖池塘培育蟹种,在我国长江以北及长江口一带多数用池塘培育蟹种。蟹种塘面积一般330～3 000平方米不等。蟹塘塘堤一般宽2～3米,坡比1:2～3,如粘土为1:2,壤土为1:2.5,沙土为1:3。这样的塘蟹种容易爬滩栖息摄食。有的地方因是以原有的养鱼塘改造养蟹,蟹塘底部应整平或略向出口处倾斜2%～3%的坡度,使捕捞蟹种时易将蟹塘排干水。如为新开挖的蟹塘,应在上述建池规范内,沿池堤开挖一条宽

3~5米的围沟,中间部分为浅水区,其上种水稻或其他水生植物,供蟹种平时隐蔽、栖息和觅食。浅水区的坡度应比堤坡更缓些,以利蟹种自由游弋和爬行栖息。

　　蟹种塘从池底到堤岸顶端高1.6~1.8米,注水后水深0.8~1.2米,浅水区水深0.5~0.7米。这样的蟹塘加满水后,因浅水区已浸没,整个蟹种塘就成为一个池塘。当抽干水至浅水区露出水面时就成为一个小岛。蟹种塘平时必须浸没浅水区,扩大蟹塘的水体容积。浅水区种植水稻或水生作物,使成为蟹种的优良生长、肥育和隐蔽场所,以提高培育蟹种的存活率(图5-4)。

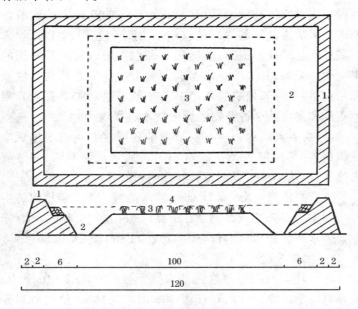

图5-4　池塘蟹种培育池　(单位:米)

1. 主堤　2. 深水区　3. 浅水区　4. 水生作物区

2. 蟹塘清整　　无论是由稻田改造的蟹种塘或新开挖的池塘都必须经过蟹塘清整和药物清塘。蟹塘清整的目的是给放养后的蟹苗有一个良好的生长环境。在这个环境中水质良好，无敌害，致病菌少，蟹种生长良好和成活率高。

清塘前先需排干塘水。如为池塘就要整平塘底，挖去淤泥，修好堤岸、田埂和进排水口，一旦发现有漏洞或裂缝要填补后再进行清塘，如是新开挖的稻田或池塘一般只需清整就可。

稻田和池塘清整后就应用药物进行清塘。生产中可使用多种药物进行清塘达到消灭敌害的目的。有的生产者喜欢用两种不同性质的药物，采取在杀灭对象上的互补来达到最终全部杀灭敌害的目的，如石灰和五氯酚钠的连用，可以既杀灭石灰所不易杀死的泥鳅、黄鳝之类和五氯酚钠所不易杀死的甲壳类的目的，并又改良了水质。关于各种清塘药物的性质和用量，可参考其他有关水产品养殖的书籍。本书着重介绍生石灰和漂白粉2种药物清塘的技术过程。

(1)生石灰清塘　　生石灰清塘是利用生石灰遇水生成氢氧化钙，在短时间内迅速提高 pH 值，使水呈强碱性，并释放出热量，以达到杀灭野杂鱼类及致病菌的目的。

生石灰清塘可分干塘和带水清塘两种。干水清塘时的生石灰用量为每公顷 900～1 200 千克(每 667 平方米 60～80 千克)，带水清塘的用量为每公顷 1 500～1 800 千克(每 667 平方米 100～120 千克)。

干塘清塘时先将蟹塘内的水排干至仅剩水 5～10 厘米，并每隔一定距离挖穴(潭)按蟹塘平面均匀排布，把生石灰分成若干摊放入其中，然后用水勺盛水化开生石灰，直接将石灰浆均匀泼入塘中，边泼边用铁耙翻动、拌搅泥土，务使清塘药液尽量分布均匀。带水清塘要求将上述生石灰用量在尽可能短的时间内操作完毕。带水清塘水深不应超过 1 米，否则要按比例再增加生石灰用量。清塘时将生石灰放入空船的中舱中，加水化开生石灰后均匀有序地泼洒于整个蟹塘，也应尽量在较短时间内泼完并使其达到药液浓度基本一致为目的，必要时可用水泵或开动增氧机作原塘水的搅拌。生石灰清塘的反应式为：

$$CaO + H_2O \longrightarrow Ca(OH)_2 + 热量$$

$$Ca(OH)_2 \rightleftharpoons Ca^{++} + 2(OH)^-$$

其中 $(OH)^-$ 能迅速提高水的碱性，并使 pH 值从 7 左右迅速上升到 11，将野杂鱼类、敌害生物及致病菌杀死。清塘后的水质因偏碱性，有利于浮游生物的增殖，对保护和改善蟹塘的水质有利。生石灰清塘的药性持续较久，一般需 10~14 天后才消失，因此为安全起见必须在蟹苗正式放养前用其他甲壳类或鱼类的活体进行检验，判断水中的毒性是否已彻底消失或已在安全浓度之内。有时如蟹苗放养时间过紧，在最近几天内必须放养蟹苗，则需改用药效消失较快的药物进行清塘。

(2) 漂白粉清塘　漂白粉的主要成分为次氯酸钙，一般含有效氯为 30%。清塘时利用漂白粉潮解时释放出的次氯酸和碱性氯化钙，产生初生态氧进行杀灭野杂鱼类和致病菌。

漂白粉带水清塘时，如水深 1 米，一般用量为每公顷 200 千克（每 667 平方米 13.3 千克），即泼药后使塘水浓度达到 20 ppm。如排水干塘清塘时药物用量可减少到原用量的 50% 左右。漂白粉清塘药液浓度消失较快，一般仅 3~4 天，因此如放苗时间紧迫，用生石灰清塘时间上来不及可改用漂白粉清塘。

漂白粉是极易挥发和分解的药物,因此清塘时应将药物密封装在筒内或其他容器内,操作人员应戴口罩,并要在上风处泼洒药剂,要避免衣服沾染药液及口吸中毒。漂白粉清塘效果与生石灰相同,但肥水和改良水质的效果差一些。漂白粉清塘的反应式为:

$$CaOCl_2 + H_2O \longrightarrow HClO + Ca \begin{array}{l} Cl \\ \\ OH \end{array}$$

$$HClO \longrightarrow HCl + [O]$$

由于漂白粉中的次氯酸钙易潮解而随贮存时间延长而失效,因此需在使用前对漂白粉的有效氯含量进行测定。然后根据其有效氯含量的状况,增加其含量。如测定后的含量为15%,则必须加倍用量,使之达到清塘所需的应有浓度。

3. 水质培育　蟹苗有清水下塘和肥水下塘两种培育方式。其中清水下塘是指蟹苗下塘时水体预先未经过水质培育,而是直接投喂豆浆、豆粉、蛋黄、豆饼浆、麦子等来培育蟹种,这样因缺乏适口饵料蟹苗饲养成活率较低。肥水下塘是指在蟹苗下塘前蟹塘内的水质先经过施肥培育水质,蟹苗一经下塘就可以食到大量的适口饵料,供蟹苗蜕壳生长及发育,用这种方式培育蟹苗或幼蟹生长快、存活率高。

虽然清水下塘也能培育蟹种,并可节约时间和手续,但总体效果不及肥水下塘好。肥水下塘对蟹种培育的作用主要在第一到第三期幼蟹阶段,以后幼蟹已逐渐适应了杂食性,能吞食各种类型的饵料生物,如大型枝角类、桡足类、鱼糜、蚌肉、豆饼粉、豆粉、浸泡后的麦子、山芋丝、马铃薯片及各类水草、蔬菜、瓜果等。但这一阶段对早期幼蟹培育的体质和存活率影响很大,因此蟹种培育最好要肥水下塘。蟹塘施肥常用的有无机肥料和有机肥料两大类。

(1)无机肥料　按其肥源成分不同可分氮肥、磷肥、钾肥、钙肥等。其中氮肥含氮素,常用的有铵态氮肥中的氯化铵、碳酸氢铵和氨水;硝态氮肥中的硝酸铵和硝酸铵钙以及酰胺态氮肥中的尿素等。磷肥含磷素,常用的有水溶性磷肥中的过磷酸钙和重过磷酸钙,不(枸)溶性磷肥中的磷酸四钙和难溶性磷肥中的磷矿石及骨粉。钾肥含钾,常用的有氯化钾、硫酸钾和草木灰等。因蟹塘中都已含有足够的钾,故钾肥在蟹塘施肥中的作用较小。钙肥含钙,常用的种类有生石灰、消石灰和碳酸钙等。

蟹塘中无机肥料的施放量,随蟹塘深度条件而异,并比养鱼塘少些。一般每公顷水体施放氮肥 10~12 千克,施放磷肥(以五氧化二磷计算)8~10 千克,施放钾肥(以氧化钾计算)10~15 千克。

我国在池塘施放无机肥料时,一般认为以氮肥和磷肥混合使用对浮游生物的增殖效果最好,其间以 1∶1 的比例组合,并使浓度各为 0.9ppm。

(2)有机肥料　有机肥料所含有的营养元素全面,但施肥后分解慢,肥效持续时间长,主要有绿肥、粪肥和混合堆肥等。

绿肥是指天然生长的野生青草、水草或人工栽培植物的根、茎、叶等。绿肥在水中经腐烂能为细菌、原生动物和浮游生物创造良好的生长增殖环境。一般在使用时可将绿肥以每公顷 1.5 万~3 万千克(每 667 平方米 1 000~2 000 千克)用量,扎成捆状堆放在蟹塘四角处,并每隔一定天数(3~4 天)经常翻动一次,以加速腐烂和分解。绿肥的肥效时间较长,一般可持续 15~30 天。

粪肥是指人粪、家畜和禽畜粪便的总称,主要为氮肥。在蟹塘中施用的各种粪肥应先经发酵腐熟,避免生鲜粪肥直接施入蟹塘,消耗过多的氧气。施肥用量一般为每公顷0.75万~1.5万千克(每667平方米500~1000千克)。

混合堆肥由绿肥、粪肥堆制发酵而成,一般10~20天即可使用。堆肥能使肥料成分更趋完善,适合浮游生物增殖,其每公顷投放量和肥效持续时间基本与粪肥相同,因此蟹塘在蟹苗放养前10~20天就应因地制宜地选择不同类型的有机肥料培育水质。在蟹种培育时,由于蟹种为杂食性,一般只需施基肥,而不必在以后再加追肥,这与第三期幼蟹阶段河蟹已为杂食性,以食鱼糜、谷类植物和草类等食物为主食有关,所以不必再专门培育浮游生物供其营养。

4. 防逃设施的围建　蟹塘准备完毕后,几乎与蟹塘清整、水质培育同步,就要去考虑防逃设备的围建。此时需着手考虑建修方案和材料选购等准备。防逃设施的围建要立足于防逃高效,安全耐用,造价低廉等基本条件。高效是指防逃的效率要高,基本上要达到100%的蟹种不会逃逸。安全耐用是指围拦设备要既安全又经久耐用,不会因风吹雨打而破损或冲垮围拦设备,并至少要在1个养殖周期内不必再度更换围建材料,最好是连续能用几年而不必大修。节缩开支是指围拦设施的成体低,造价不高。换言之,选择围拦的材料要防逃效果好,使用寿命长而又成本低廉。根据上述要求目前常用的防逃设施有防逃墙和防逃沟等两类。

(1)防逃墙　防逃墙呈矮墙或篱笆式,按使用材料不同常见的有以下几种。

①玻璃钢类防逃墙　玻璃钢坚硬而质轻,使用寿命长,是用玻璃纤维作为材料的制成品,因其表面光滑,作为防逃建材,蟹种不易翻墙逃逸,一般规格为200厘米×80厘米。安

装时可在蟹塘离岸 0.5 米处,掘一条深度为 10~20 厘米的浅土沟,然后将玻璃钢横向插入土沟内,再盖土加固。其墙外侧每隔 0.7~1 米用木条或三角铁固定,顶部钻孔用铅丝扎缚,或用螺栓把木条(角铁)与玻璃钢一起铆牢固定。玻璃钢的接缝处可相互叠压,使其拼接无空隙。类似可代用的围栏材料有塑料板、瓦楞板、玻璃、油毛毡等,建成后的高度不应低于 50 厘米,埋入土的深度不应少于 5 厘米。所有的固定桩应插在墙外侧,以防蟹种沿木桩或角铁爬出外逃。

②**砖式水泥防逃墙**　在离蟹塘 0.5~1 米处,用单砖砌成高 0.5~0.6 米单砖墙,内外(或仅内面)涂抹水泥,墙底嵌入泥土 0.1~0.2 米,墙顶向内用砖块或铁皮出檐 20 厘米,以防蟹种翻墙外逃。蟹种培育因个体小,即使是垂直的水泥墙仍有蟹种外逃,因此要求墙底镶嵌一道厚 1~2 毫米,宽 30 厘米的塑料带(或贴玻璃),以确保饲养蟹种不致外逃。

③**防逃塑膜**　多见于浙南地区的瓯海一带。塑膜黑色、厚 0.1~0.2 毫米。从稻田四周底部一直向上围栏,用木条每隔 0.3~0.5 米插入土中 1 根,其上用包装带包住塑膜,钉在木条上。这种围栏方式因塑膜紧贴稻田可以防止蟹种打洞穿越田埂。田埂以上的防逃墙与田埂成锐角状,以达到控制蟹种在堤岸的田埂打洞及防逃双重功能。这种围栏方式安全可靠,防逃设施建价低廉,一般使用期为二年,在稻田培育蟹种的模式上广泛应用。

(2)**防逃沟**　沿蟹塘四周离岸 0.5 米处,开挖深 40 厘米,宽 20 厘米长的垂直环沟一圈。环沟内层和底部铺上塑料薄膜。如有条件最好用单砖砌成壕沟,壕沟向蟹塘一侧可以是斜坡,但向外一侧必须垂直,壕沟底部再铺垫塑料薄膜,以达到减少伤害的目的。每日管理人员检查有无蟹种掉在沟内,如发现即捉出放回蟹塘。

为了验证防逃效果及加强防逃安全性,有的生产场如条件许可,在离内防逃土墙外侧50厘米处还建有第二条土沟,这样可通过内外沟内的逃蟹数量来检查内防逃沟的防逃率和防逃效果。据邵贻均(1997)报道,内防逃墙的防逃率为89.5%~95.5%。换言之,内层防逃墙仍有4.5%~11.5%的蟹种将翻越防逃沟外逃。

经广大河蟹种养殖户的生产实践,认为防逃墙虽然造价高一些,但它的防逃效果好,只要管理良好可以达到100%的防逃率,如选择材料合理,还可大幅度降低成本。而防逃沟除水泥沟渠外,造价虽低,基本上只需花费劳力,但防逃率差,并且人畜、家禽、敌害均可自由进出,又因必须有较宽的堤岸,所以很少普遍推广应用。有的生产场,如大规模成片饲养蟹种,则在每一分隔的防逃墙外,还需有一道高1~2米的护墙,这道护墙一般可用聚乙烯网片或竹竿围栏。为了提高防逃效果,外护墙的底部50厘米处还可再加一道双层薄膜,下层嵌入泥土,上层和网片连成一起,这样的防逃设施更加安全可靠。

5. 水草栽培 蟹种培育需要有良好的生长环境和丰富的饵料供给,这样在合适的放养密度和管理方式下才能获得较快的生长速度、较小的变异系数和良好的存活率。因此必须通过水草栽培,使其达到蟹种培育的上述目的。可以用来栽种的水草种类繁多,包括漂浮植物、沉水植物、挺水植物和浮叶植物等(图5-5)。生产上除常见的水花生、水葫芦、水浮莲、浮萍、瓢莎等漂浮植物外,本书着重介绍苦草的栽培,因为它对蟹种(或成蟹)更具多种有效的作用。

苦草(*Vallisneria spiralis*)俗称鸭舌草、面条草、扁担草等,

图 5-5　水生植物之Ⅰ(漂浮植物)

1. 紫背浮萍　2. 喜旱莲子草(水花生)　3. 大藻(水浮莲)　4. 凤眼莲

图 5-5　水生植物之 II (沉水植物)
1. 苦草　2. 菹草　3. 轮叶黑藻　4. 金鱼藻

图 5-5　水生植物之Ⅲ（挺水植物和浮叶植物）

1. 宽叶香蒲　2. 狭叶香蒲　3. 蘋

隶属茨菜科的苦草属（*Vallisneria*）。其叶丛生，呈狭长带状，长 30～200 厘米，宽 0.4～1.8 厘米，叶基部透明，鲜绿色，先端钝圆,叶缘有锯齿状缺刻,是以匍匐茎在水底蔓延方式生长的沉水植物。它是河蟹、沼虾及草食性鱼类的优良饵料。

苦草的栽培有两种方式:一为根移植,即取其根部单株插移。但成本高,劳动强度大,存活率低。二为播种法,即取其种子进行播种。此法成本低,劳动强度小,存活率高。加之种子可以在较长时间内贮存,更便于广泛推广。

苦草籽包埋在其果荚之内。具体栽培方法为:将采集或购得的带细长果荚的草种晒干后搓碎,取出其针棒状长 2~5 毫米细长棕褐色的种子,用一般的洁净河水连带果实浸泡 3 昼夜,多次清洗掉种子上的粘液。搓研的方法最好是把浸泡后沥干的种子放在用长条凳搁起的金属网筛内或直接在搓板上搓揉,让揉下的种子积放在地上的容器内(如脚盆),然后按每公顷 0.75 千克用量(每 667 平方米 50 克)连带果荚,内含尚未搓揉下来少量种子一起和淤泥(湿泥)搅拌后泼入水中。泼洒时为达到均匀的目的,可以把定量的种子先分成几份,每一份泼洒入定量的水面积内。

苦草种植的时间在长江流域一带为清明前后,最早不宜早于春分前后,最迟不宜迟于立夏。苦草栽培合适的水温为 15℃~25℃,最适水温为 18℃~22℃。播种时最好先在蟹塘内注入新水 10~20 厘米,为保证日照充足,水深最好不超过 50 厘米,这样可提高发芽率。当水温及水体的其他环境条件(如水深、光照、淤泥沉积厚度等)适宜时,种子经 4~5 天后开始发芽,2 周后发芽率可达 90%,长出大量的白色根须,1 个半月(45 天)后,当苦草已长至 8~10 厘米,此时植株基部生长出匍匐茎 2~4 根,并可通过匍匐茎又长出新的植株。因此在 6 月初就可初步形成繁茂的水下绿色草地,7 月初苦草丛继续长高,形成一片茂密的水下森林。此时可加深水至0.8~

1.2米,这样就为蟹种(或成蟹)开创了一个极为良好的生态环境。

通过苦草栽培为蟹种(或成蟹)培育提供了饵料充足、水质优良、蜕壳隐蔽方便的环境,所以培育出的蟹种(或成蟹)生长快,体色好,规格大,存活率高。

6.穴居和攀附条件的准备 蟹种培育时部分蟹种常在水位线上下的泥穴中,久居不出,摄食反应的能力也差,蟹种个体极小,年终时起捕规格仍在1 000只/千克以上。另外底栖也限制了培育蟹种的产量提高,并且长期投饵还促使了底层水质的败坏,这就对蟹种培育的生产工艺提出了如何减少水位线上下穴居蟹种的数量,减少只占穴但少食慢长的"懒蟹"出现率及如何改平面培育蟹种(或成蟹)为立体开发利用水体的要求。

(1)控制穴居蟹种的数量,减少"懒蟹"的出现率 懒蟹是指长期穴居水位线上下,只占穴位摄食反应不强的幼蟹的俗称。在培育蟹种时为了减少这部分蟹种的数量,最好的办法是采用堤坡贴塑料薄膜,或在蟹塘四周围建网围的方法。其中堤坡贴膜是指在蟹塘堤坡开挖或整修时,必须将堤坡切平刮光,然后在其上覆盖一层0.1~0.2毫米的塑料薄膜。使这道薄膜向上与围栏的防逃设施连接,向下深入水下20厘米左右,直至平台踏脚为止,并用竹木或金属制品的薄片固定,不使薄膜随意或随水的波动而上翘,这样放养后的蟹苗或蟹种,受所贴薄膜的阻挡无法掘穴在水位线上下穴居,避免或减少了"懒蟹"出现的可能。目前我国浙南一带在培育蟹种时就利用这种防范设施。但对于大多数用旧塘改造或开挖池塘来培育蟹种时,由于堤坡多不平整,无法贴上平整的薄膜,即使贴上了也极易损坏。因此可改为围网拦阻的方式,围建时用聚乙烯密网,网目大小以不使蟹苗钻出为度。网下建石笼,埋入池底 5～10 厘米。网外每隔一定距离(如 1～2 米)用竹竿缚牢网墙插入池底,不使围网倾斜或倒塌。网围高出水面 30～50 厘米,以装倒网,不使蟹苗或幼蟹翻网逃逸后再打洞穴居。一般有贴薄膜就不必再建网围,有网围就可省去贴膜这一道手续,但均不能省去最外的一层防逃墙或防逃沟。

(2)增加攀附物和隐蔽物　叶奕佐等(1995)以幼蟹为试验对象,在实验条件下进行了攀附率的初步研究。认为幼蟹喜在浮生植物和多层式人工蟹巢中隐蔽、攀附,但平均攀附率与栖息隐蔽物的所处水层有关,并以底层较高。而昼夜间或活体与人工制品之间的比较无明显的差异性。对于攀附物的色彩仍以绿色为最好,而在人工栖息的隐蔽物上,攀附效果主要取决于可攀附的面积大小和质地性能。这就意味着在堤坡贴塑料薄膜,虽可以减少蟹种(或成蟹)在水位线上下的穴居率,减少"懒蟹"的出现率,但仍必须有相当数量的隐蔽场所,使蟹种既能摄食生长又能隐蔽蜕壳。为了弥补因堤岸贴膜而减少了幼蟹的栖居场所,前述的苦草栽培和浮生植物的移植均出于这一目的。另外,在生产上还应在沿着蟹塘或浅水区四周的底部或平台处用塑料、建材、陶器等制品搭建成人工隐蔽场来弥补上述缺陷。如用中国式的瓦片、瓦楞板、塑料蜂窝状结构、竹制管笼等制成各种形态各异,名称繁多的隐蔽物,并按需排布等。

利用人工隐蔽巢来提高蟹种培育产量和存活率的实例在生产中已日益普遍。姜连峰(1997)报道了稻田栽插干稻草培育蟹种的试验。在 1 250 平方米的水稻田内,投放了 7 千克(110 万只)蟹苗,经 20 余天饲养,获得 64.5% 的存活率,比对照组 42% 的存活率高出 50%,与生产上一般从蟹苗到 5 期幼蟹的平均存活率30％相比要高出1倍以上。

7.分级培育蟹种塘的准备 蟹苗放养后常常会因分布不均或一时难适应新的水体而不易食到所投喂的饵料,因此最好配备一级土池或围网,直到放养后长到3～4期幼蟹后再正式放养入塘培育。因此在蟹苗放养前先要准备好相应的一级土池或围网。

一级土池一般可安排在蟹种培育池的一端,此时实际上把原蟹种培育池当作二级池。一级池面积为二级池的10％左右。因一级池的使用时间不长,因此以后也可作为前述的蟹种捕捞池。一级池的构造及要求与蟹种培育池相同。蟹种放养时先放入一级池内,经15天左右的饲养,待长到第三期幼蟹时,即打通一级池和二级池之间的分隔或涵管一端的闸板或封在涵管上的泥土即可,然后给二级池加注新水,利用水位差使原先饲养在一级培育池内的幼蟹逆水顶流进入二级培育池。如需估算存活率,以便折算成放养量和幼蟹密度,一级和二级培育池之间就必须用堤岸相隔离,并在底部埋有涵管,涵管的下口与培育池持平,两端分别露出在一级池和二级池内,并在二级培育池的一侧安装张网,这样当水流从二级池向一级池流动时,幼蟹借其逆水顶流的生态习性,由一级池向二级池移动,最终进入张网内,然后估算放养量、放养规格和蟹苗放养至前期幼蟹的存活率。但此法不能全部捕尽一级池内的幼蟹,同时经过冲水捕获的幼蟹,体质强壮,生长快,在经过以后几个月的培育后很容易变成当年性早熟的小绿蟹,为此生产上常用网围分级饲养来代替土池的分级饲养。

用作分级培育的网围一般采用捕蟹苗用的聚乙烯网片或网目单脚1毫米(100目/厘米²)为好,底部用石笼沉底,安装时用脚踏入泥土10～20厘米。围网外侧用插竹插入淤泥固定网墙,围网顶部露出水面以上30~50厘米,并在内侧用倒网覆盖,或悬挂塑料薄膜,总之以不使放养在围网内的蟹苗或幼蟹外逃为原则。饲养7~15天可拔去这一圈网围,从此时起让幼蟹直接生长在蟹种培育池(二级池)内。网围可放置在二级池的一角、四角或中间的浅水区,如设置在浅水区,这样水的深度适宜,水温较高,水底又有水生植物铺垫,放养的蟹苗变态率和存活率高。

(二)蟹苗放养后的管理技术

当完成了蟹池设计、防逃设施、清塘消毒、水质培育,水草栽培、隐蔽及攀附设施,二级蟹塘等各项准备后,即可实施蟹苗放养,并进入蟹种培育的饲养阶段。属于蟹种培育的主要技术内容有蟹苗放养、存活率和变态率的估算、日投饵计算及投饵方法、防逃、防害和防偷、水质管理、性早熟蟹及"懒蟹"的控制和蟹种的收捕等。

1. 放养密度和蟹苗下塘 当蟹苗放养前的各项工作准备完毕后,蟹苗即可下塘放养。蟹苗放养要确定放养密度和方式。在早年蟹苗资源丰盛时,一般每公顷放养量为37.5~75千克(每667平方米2.5~5千克),因为从放苗时的生物量计,无论稻田或池塘是完全具备这一容纳水平的,当幼蟹长到豆蟹后(以第五期幼蟹左右为标准),可以通过轮捕的方式来调整密度。以后由于蟹苗价格昂贵,放养密度过高,养出的幼蟹其规格变小,而豆蟹生产又逐渐为蟹种生产所代替,因此蟹苗培育成蟹种多采取一步到位(即跳越豆蟹培育)的生产方式,蟹苗放养密度一般下降到每公顷7.5千克,即每667平方米0.5千克的水平。

蟹苗到达蟹塘时如有分级培养的设备,此时可先放养入围网或一级土池内。如无分级培育的打算,也可直接放入蟹种培育池。但在放养前都必须先打开蟹苗箱,用肉眼估算运输成活率,并在放养时应按蟹苗箱的框格为单位,将框格浸入或倾斜浸入水中,而让蟹苗自由鱼贯入水,最后观察一下是否还有蟹苗在框格内,并用肉眼估算一下积存在底部的死苗数,这对校正蟹苗运输的最后成活率很有必要。如蟹苗培育池的面积为数百或数千平方米,则蟹苗箱的框格需分散排布,切不可将蟹苗集中在一侧或一角放养,这样可使下塘的蟹苗分布均匀一些。蟹苗放养后需观察其游动方式,一般如自在地在蟹塘或围网四周游动为正常,这是蟹苗迁移到新的饲养环境必然要作出的觅食和适应反应,此时即可投饵,如投饵时蟹苗掠出水面抢食均属正常,也可以说是优质苗的状态。为此,蟹苗放养最好在白天,这就要求运输时间最好定在前一天的晚上出发运苗,翌日上午到达,或短距离白天上午运苗下午到达,这是因为晚上或早晨气温低,适宜运输,而白天又能观察到蟹苗放养后活动的全过程。但有时蟹苗必须在夜间空运到塘,这就只能在灯光下估算运输成活率,然后按原先的计划放养。

蟹苗放养后应立即给食,其饵料种类、给食量和投饵方式基本上与育苗池内培育蟹苗相同,蟹苗放养后次日尚可见到蟹苗在蟹塘或围网内游动,自第三天起蟹苗数量减少,甚至已难能观察到蟹苗,这是因为大多数蟹苗已蜕壳变态为第一期幼蟹,但也有可能下塘时的死亡率很高,这就要作存活率和变态率的估算,因为这是决定日投饵率的主要依据。

2. 存活率的估算 未用围网的一级培育,很难较正确地估算蟹苗下塘的存活率。在有围网拦养的分级培育时,可以用总体估算法、单位(水体)估算法和间接估算法来估算存活率。这三种估算法均可在生产上因地制宜地应用。

(1)总体估算法　蟹苗放养时,所用的围网底层铺有密眼聚乙烯网布,这就实际上把一级围网池制成一只有底着泥的网箱,箱内放一些自然或人工制成的浮生植物。蟹苗在围网内饲养 5~7 天后,当 95% 以上的蟹苗已蜕壳变态为第一期幼蟹,此时即可拉网起捕,用容量法或秤量法估算存活率,然后将幼蟹趁机直接放入培育池内。这种估算方法较正确,但劳动强度大。用于围网制作需要一定的费用,同时有底围网蟹苗的变态率也不及无底围网高,蟹苗在一级培育(围网)池内的培育时间也较短。

(2)单位水体估算法　用聚乙烯密网制成 1 平方米的有底网箱,网箱着泥放置,其上放一定数量的浮生植物。放苗时按放养密度称取(或点数)定量蟹苗,如每 667 平方米放苗 0.5千克,每千克蟹苗 16 万只,围网面积 66 平方米,每平方米网箱放养密度为 1 212 只。因此要求制备 2~3 只小网箱放置在一级围网池内,用同样的方法投饵喂养,5~7 天后观察其存活率和变态率,并以此作为全塘幼蟹的下塘数。此法不影响一级幼蟹在网箱内的继续围养,但幼蟹的下塘数以此为依据。

(3)抽样估算法　取面积为 1 平方米聚乙烯密眼网布 5块,网目 0.1~0.2 毫米(25~100 目/厘米^2),四周用焊接的金属框或竹片、木条缝制,四角用聚乙烯细线穿过并缚扎成罾网状,上挂塑料浮球一只,饲养 5~7 天后,起网片并清点攀附其上的幼蟹和蟹苗数,估算出存活率和变态率。由于幼蟹在围网(或土池)内分布的不随机性,一般以围网四周分布较多,因此网片框格必须按等距离在对角线上排布,如要重复作第二次估数,可以改变网片框格的排布位置,如排布在另一条对角线的方向上。

3. 投饵率和投饵方法 蟹苗放养后应立即给饵,因此就要考虑给食率和给食量。投饵的技术过程除如何掌握合理的给食率和给食量外,还要注意投饵的方法。

(1)给食率和给食量 每日所投的饵料占放养对象当时体重的百分率为给食率,给食率乘上水体的生物量为投饵给食量。河蟹的给食率与其他水生动物相类似,即与饲养对象的体重和当时的水温条件相关。一般给食率随蟹种的规格增大而下降,随水温的上升而增加,但与鱼虾类等水生动物相比,其给食率比相同个体规格和水温条件下的鱼、虾类更低些,这与河蟹底栖生存的习性及在其跳跃生长阶段中,大约占30%的时间(主要在蜕壳前期和蜕壳变态期)内不摄食有关。为防止蟹种因生长过快和脂肪积累的过多而引起性早熟,因此在饵料质量上要做到前精后粗,先足后紧的营养和投饵方法。

在蟹苗放养后蜕壳变态为第一期幼蟹前,日投饵率以干料计为蟹苗体重的100%左右,饵料的质量可参考大眼幼体培育阶段的饵料,除浮游动物外,可以投喂鱼糜、蛋黄粒、豆浆、豆粉、豆饼浆等,但一经蜕壳为第一期幼蟹后,日投饵率应立即降低到大约占体重的70%,以后每隔5日左右调整给食率一次,如在第二至第五期幼蟹阶段,根据生产上的经验相应的日投饵率为50%,30%,20%和10%。在蟹苗至幼蟹阶段,同期幼蟹日投饵率可以不变,但由于每次蜕壳后的存活率都有一个削减的过程,虽然每次蜕壳后的生物量在增加,但从蟹苗到第五期幼蟹期间,每发育期内幼蟹的投饵量变化不大。

蟹苗下塘30天后,此时幼蟹大约已经完成了5次蜕壳,规格达到每千克5 000~10 000只的水平。以后为蟹种培育阶段,即由前期蟹种培育到后期蟹种的过渡阶段,在长江流域季节上在 7 月中旬的小暑到大暑时节。立秋以后日给食率可以按每半月调整一次,使给食率相应为 5%,4%,3%,2% 和 1%。12 月份以后逐渐进入越冬阶段,其给食率可以进一步下降到 0.5% ～ 0.3%。同时从 7 月中下旬起,饵料的种类在保证必要的蛋白质水平基础上,可适当增加粗纤维和淀粉的比例,具体投饵的种类可以是动物性的小杂鱼和鱼糜或植物性的小麦、豆饼粉、山芋丝、马铃薯片、南瓜及各种浮生植物和水草等。即营养和投饵应进入前精后粗,前丰后紧的"粗"和"紧"阶段,这是防止性早熟蟹发生的有效方法之一。

鲜湿饵料与干饵料的折算值可参见本书第四章中的有关章节。即 1 千克干饵料相当于 4 千克小杂鱼,12 千克螺蚌,6 千克山芋、马铃薯,30 千克陆生旱草或 60 千克水草等。其他未在上述列出的饵料种类可参照上述干湿标准折算。

蟹种培育一般每 667 平方米放 0.5 千克的蟹苗,饲养 30 天左右到第五期幼蟹(豆蟹)阶段其存活率为 30% 左右。而由豆蟹经 4 ～ 5 个月培育到扣蟹存活率为 40% 左右,这相当于由大眼幼体培育到扣蟹 10% ～ 12% 的存活率,或 0.5 千克的蟹苗年终大约可以起捕 1 万只左右规格为 160 ～ 240 只/千克扣蟹的生产水平,其饵料系数为 1.5 ～ 2。冬季当水温降低到 8℃ 以下,因为蟹种已进入越冬期,可以不投食或每隔 3 ～ 5 天投喂 1 次,直至第二年 3 月初水温重新回升到 8℃ 以上,再开始适量给食。表 5-2 为长江流域蟹苗放养后的生长、存活、投饵量及投饵率模式,是根据各生产单位的生产业绩汇编而成,可供参考及不断调整完善。

(2)投饵次数和方法 在大眼幼体蜕壳变态为第一期幼蟹的阶段,每天投饵 6 ～ 8 次,大约每隔 2 小时投饵 1 次。如有条件,投饵时间可从早晨 6 时一直持续投到晚上 10 时。投

表5-2 蟹种培育期内1千克蟹苗生长、存活、投饵及饵料控制模式

发育阶段	规格 毫克/只	规格 只/千克	投饵率(%) 干料	投饵量(克)	存活率(%)	生物量(千克)	预测蜕壳天数	累积饲养天数	生长变态期
蟹苗	6.25	160000	100	1000	100	1	5	5	变态期(5天)
第一期幼蟹	12	80000	70	1075	80	1.536	4	9	
第二期幼蟹	24	40000	50	1152	60	2.304	5	14	
第三期幼蟹	48	20000	30	1152	50	3.840	6	20	快速蜕壳期(30天)
第四期幼蟹	96	10000	20	1229	40	6.144	7	27	
第五期幼蟹	192	5000	10	921.6	30	9.216	8	35	
第六期幼蟹	340	1470	5	734.4	27	14.688	15	50	
第七期幼蟹	578	862	4	890.9	24	22.195	20	70	
第八期幼蟹	983	506	3	990.84	21	33.028	25	95	生长期(200天)
第九期幼蟹	1670	324	2	819.2	18	48.096	30	125	
第十期幼蟹	2840	176	1	681.39	15	68.136	35	160	
第十一期幼蟹	4828	108	0.5	444.29	12	92.698	40	200	12月越冬前期
第十二期幼蟹	4828	108	0.3	222.14	10	77.248	60	260	(1~2月)越冬期

注：表中自第六期幼蟹起,2次蜕壳间幼蟹体重宜的算增长70%

饵位置以围网四周或一级池四周为重点,但需进行全池泼洒,以保证绝大多数的蟹苗能食到饵料,这样可减少饵料的散失。饵料种类和颗粒大小力求适口,饵料着重质精量足。

当蟹苗进入第一至第五期发育阶段,每日的投饵次数可减少到 2 次。其中黎明的一次投喂 30% 的量,傍晚一次投喂 70% 的量。

立秋以后,虽然河蟹处在迅速生长阶段,但为了控制性早熟蟹种的出现率,除控制给食量外,每日投喂的次数可减少到 1 次,一般在傍晚投饵,以适应蟹种夜间摄食的特性。并且饵料的组成可开始增加粗纤维和粗蛋白质的含量,投饵转入前精后粗的"粗"阶段和前丰后紧的控制减量阶段,这样如能再配合水温和盐度的控制,可以大大减少性早熟蟹的出现率。

4. 防逃、防害、防偷、防盗

(1)防逃 河蟹养殖如能选种正确,放养密度合理,投饵适当和不出现逃蟹就一定会得到满意的养殖结果。防逃的主要工作是看守好防逃墙和篱笆,每日检查防逃设施,有无因破损而逃蟹,一经发现要立即修补。特别要注意进排水口,有无用网布包扎好出入水口。防护墙要检查底部是否有漏洞,墙是否和地面垂直及墙面是否有泥土积累。

要经常注意天气预报。在防台、防汛季节一定要扎好篱笆,加固防逃墙。台风暴雨之后要彻底检查一次围栏设施有无破损及堤岸漏水逃蟹,如有发现立即修堵。

(2)防害 清塘是防害的主要手段。但清塘后每日清晨、傍晚仍要检查可能留在塘内的敌害,如青蛙、水蛇及凶猛鱼类和蝌蚪等,一经发现要立即捕捉清除。

(3)防偷、防盗 防偷、防盗是一种管理上的戒备措施。虽然蟹种培育对一般人来说比成蟹要好些,但也应通过在蟹塘、蟹田周围建立看守棚,饲养狼犬及在塘边安装照明灯、警报器、通讯设备等来加强防范。这样蟹种培育有专人看守,养狗可使偷盗者不敢轻易靠近蟹塘,晚间灯光可使蟹塘四周形同白昼,对偷盗者有警戒的作用,而对看守人员在通讯联络上完善装备,可威慑改偷为劫者的入户抢劫。

(三)"小绿蟹"的产生及控制技术

"小绿蟹"是当龄性早熟河蟹的俗称,一般规格为每千克20~40只。当龄性早熟的雌蟹腹部呈蒲扇形,四周长满致密的绒毛,覆盖整个腹甲。雄蟹大螯绒毛致密,步足刚毛发达。这种蟹在天然水域中也时有发生,出现率较低,一般为5%~10%,个体大小50克左右,其生殖洄游时间比二秋龄河蟹延迟1~2个月,上海地区一般从11月开始至12月下旬结束。在20世纪的50~60年代,上海市黄浦江立冬以后所捕的河蟹多为这类蟹,它们紧随着二秋龄河蟹生殖洄游期的结束而相继洄游入海交配繁殖,其寿命雌蟹为1足龄,雄蟹为10~11月龄。

在池塘培育蟹种的生态环境下,当年性早熟的河蟹其出现率较高,一般为20%~30%,在微咸水中甚至可高达60%~80%。在蟹种培育时这种蟹的出现降低了河蟹的经济价值,使大量蟹种在养成阶段中途淘汰,增加养蟹专业户的经济亏损,因此必须采取各种措施予以控制。

河蟹当年性早熟的主要成因为营养过剩,饲养水体水温过高,蟹苗的放养期过早和养殖水体水质略带咸味等所致。但如在大规模生产性培育蟹种时,生产上可以通过预留15%~20%的水面作为空塘,然后适当增加放养密度,采用一次放养多次捕捞,提大留小,并将提出的蟹种在增加水生植物覆盖面及通过停食或控食条件下,来控制性早熟蟹的形成。

1. 营养过剩 蟹种培育要有充足的营养,供其正常生长,但不能过剩,使过多的营养物质,如脂肪、蛋白质及其他高能物质在肝胰脏中积存。白露以后水温开始迅速下降,河蟹生长减慢,此时肝胰脏中积存的大量营养物质将逐渐转化为性腺发育的能源物质,以致在立冬前后随着生殖系数的上升肝胰脏系数下降,两者基本达到等当的程度,以后雌蟹生殖系数将超过肝胰脏系数,表明随着水温的下降,生长率减缓,积存在肝胰脏中的营养物质可迅速转化为生殖腺发育。因此在蟹种培育上,对投喂饵料的质和量上要抓好前精后粗、先足后紧,目的是前期饲料的质精量足可保证早期蟹种的健康生长,后期的质粗量紧是控制脂肪、蛋白质及其他高能物质在肝胰脏中积累,这样当在白露以后河蟹生长减慢的季节来临时,不会因肝胰脏中大量营养物质的积累而转化为促使性腺发育的能源物质,从而控制住当龄蟹的性早熟。

2. 水温过高 蟹种应在不高于 30℃ 的环境下培育。过高的水温将增加蟹种的代谢速率,这样会通过加快生长、蜕壳而促进当年性早熟蟹的出现率。生产上常采取的性早熟控制措施为:一是通过进排水交换量和交换频率或应用地下水、自流水来控制水温。二是建造露出水面的土堤或人工蟹巢使蟹种在较低温度的土堤或蟹巢中穴居。三是移栽水花生、水蕹菜等漂浮植物,栽培苦草、苲草等沉水植物或种植水稻、稗草、茭白、芦苇等挺水植物来控制水温。

3. 蟹苗放养季节过早 我国天然蟹苗的发汛季节随纬度不同而异,一般在 3～7 月份,南早北迟。在长江流域要求选择在 5 月底 6 月初蟹苗放养下塘。过早放养蟹苗将使当年养殖周期延长而增加性早熟蟹的出现率。生产上利用放养自然苗或后期人工蟹苗,虽然缩短了当年蟹种培育的生长期,但控制了当年性成熟蟹的出现率。

4. 水质微咸 河蟹蜕壳瞬间伴随着体躯外骨骼的迅速增长,这是梯级异速生长的典型例子。对河蟹蜕壳与增重的相关研究,目前虽尚未全部明了,但一般把它看作渗透过程。河蟹在蜕壳前停止摄食,此时体液浓度上升,是蜕壳前有利于蜕壳时体重增长的一种适应。蜕壳时河蟹蜕去旧壳,此时新壳柔软,迅速吸水膨胀。根据渗透原理,其中蜕壳前后的体重增长倍率,与河蟹体液及其生存介质的浓度(渗透压)有关。显然河蟹在淡水中蜕壳可以获得较大的增长倍率(蜕壳后体重:蜕壳前体重)。在半咸或微咸水中由于外界介质盐度上升,河蟹体液和生存介质之间的渗透压差别下降,河蟹蜕壳前后的增长倍率下降。但整个生长周期内的蜕壳频率加快,生长终止点和性成熟期来临提前。表现为在相等的生长期内在半咸水中生存的河蟹蜕壳次数增加,从而使性成熟期提前到来。因此河蟹或蟹种必须在淡水中饲养培育,以便在相邻两次蜕壳期内获得较大的个体,或在相同的生长期内获得较少的蜕壳次数,抑制性腺过早的成熟。我们(1993)曾在崇明县相同经度的团结沙和东旺沙进行蟹种培育,结果在盐度为1‰的团结沙出现了 30.2% 的当年性早熟蟹,而在年均盐度为 5‰的东旺沙出现了 60%~80% 的当年性早熟蟹。

(四)"懒蟹"的产生和控制

"懒蟹"是一类长期穴居水位线以上,平时对投饵的应答反应不强的一群小规格蟹种的俗称。这类蟹种主要形成原因为蟹苗放养后,由于蟹种培育塘的隐蔽攀附物少,而蟹塘四周堤岸坡度陡,又不覆盖塑料薄膜,这样蟹种穴居方便,而一旦穴居后,因穴外环境差,洞穴又多在水位线上方,这样即使投饵时,也无法将饵料的香味通过液体介质由化感器传给蟹种,因此久而久之就形成了"懒蟹"的一个特殊种群。这部分蟹种平时穴居洞中,仅夜间偶而外出觅食,它们因长期得不到饵料的补给,虽当年不会性早熟,但个体规格过小,至年终每千克规格在1 000~2 000只,这种蟹种第二年养成商品蟹,一般规格在50~80克,是蟹种培育的另一个极端。针对"懒蟹"发生的原因,控制的方法如下:

第一,在蟹塘四周堤岸的内坡面用0.1~0.2毫米的塑料膜覆盖,使放养后的蟹苗蜕壳变态为蟹种后无法在坡边打洞穴居。

第二,在蟹塘中种植沉水植物、挺水植物或移栽漂浮植物,增加蟹种的栖息地和隐蔽场所。

第三,用密眼聚乙烯网(每平方厘米40~60目)拦围蟹塘四周,并在其内增加上述隐蔽设施或因地制宜布置人工蟹巢。

第四,减缓蟹塘的坡度,并在坡度的常水位线一带种植水生作物,方便蟹种能自由出入洞穴,觅食后回居。

(五)养殖方式

蟹苗一般作一次放养,但可以一次或分次起捕,分次捕捞一般从大眼幼体培育到第五期幼蟹的豆蟹阶段开始。早期幼蟹种主要用于湖泊放养或采购后进一步分级作扣蟹种培育,其间在生产上的划分相当于鱼种培育中的乌仔、夏花、冬片和春片鱼种。生产上发现用早期豆蟹培育蟹种常增加性早熟的出现率,这与捕捞幼蟹时用冲水捕捉,起捕的豆蟹为摄食能力强,体质好的幼蟹有关。它们能促进性腺早熟,因此除用于湖泊放养外,目前一般已不采取这种分级的培育方式了。

一次起捕是指从大眼幼体下塘,直接培养到冬季或早春将蟹种(扣蟹)一次起捕的培育方式。由于春节前后蟹种处在越冬期,故在河蟹蟹种培育上相当于鱼种的冬片和春片的划分在生产上无多大意义,但在价格上春节或立春后出售的蟹种一般要高出冬季扣蟹种的30%左右。这主要与上一年度的养蟹生产周期业已结束,买主手头已有钱,而又急于放养,并且在经过越冬期后要死亡一部分越冬的蟹种有关。

(六)蟹种捕捞

蟹种捕捞常采用冲水诱捕、地笼张捕、干塘及挖穴起捕等方法。

冲水诱捕最适用于豆蟹阶段。起捕时将张网安置在蟹塘进水口的外口上,张网口比进水口略大,用聚乙烯线扎牢网口,尾部扎紧后用细线缚结于小竹竿上再直接插入泥中。张网内有2~3层倒须网,使豆蟹或扣蟹进网后不易从网口原路返回逃逸。这样当加水入悬挂张网的小池(或进水沟)内,由于水位不断上升,水从小池流向蟹塘,蟹塘内的豆、扣蟹种就会顶着水流而爬入张网的尾梢内,然后定期移去张网内的蟹种。豆蟹阶段用这种方法在1~2小时内可捕去大部分蟹种。在扣蟹阶段用此法的捕捞效果较豆蟹差。

地笼是类似张网的定置网具,是陷阱或诱网具的一种,长10余米,分成30~40个长方形的多节网笼。每节的笼格上左右两侧具二孔(口),蟹种被拦截后进入笼格,只进不出,地笼的整条网身形似安置在地面上的"笼"。地笼可放置在纵沟、环沟或塘底,一般横截池床,放置时地笼要着泥,傍晚放网,清晨起捕,利用河蟹夜间觅食的习性捕捉蟹种。

干塘起捕在冲水和地笼捕捞以后进行。捕蟹时抽干塘水,先在挺水、沉水、漂浮植物及隐蔽物处收捕蟹种,然后挖穴收捕,直至翻过 2~3 遍基本捕尽挖绝蟹种为止。捕捞蟹种是一件艰苦、劳动强度很大的工作,先进而简便的捕捞方法尚有待研究改进。

综上本书已介绍了蟹种培育技术的全过程,从中可见蟹种培育尚有许多技术关键有待解决,这主要是控制当龄蟹的性早熟和懒蟹的出现率,及提高蟹种起捕时的起捕率和减少劳动强度等。

(七)其他方式的蟹种培育

1. 网箱培育蟹种 在缺乏池塘的湖泊、水库可以用网箱培育蟹种。培育早期幼蟹用的网箱多为小型网箱,采用 40~60 目/厘米^2 的聚乙烯网布缝制而成,网箱一般采用浮式,放养密度随环境条件而异,一般为 3 000~5 000 只/米^2,以生物量计为 200~300 克/米^2,放养后在大眼幼体阶段每日投喂占体重 50%~100% 的日给食率,从第一期幼蟹起到第五期幼蟹,日给食率逐期从 70% 减少到 10%。饵料种类为蛋黄粒、豆饼粉、鱼糜浆、水生植物及瓜果等。一般经 15~20 天可饲养成第二、三期幼蟹,30~35 天可饲养成第五、六期幼蟹。自第二到第三期幼蟹一般成活率可达 60%~40%,第五到第六期幼蟹存活率为 30%~25%。网箱培育蟹种占地面积小,可在水库、湖泊地区因地制宜开发应用。方于人等(1988)在安徽省霍邱县水门塘水库利用 80 只规格为 3 米 × 1.6 米 × 0.8 米的聚乙烯浮式网箱培育第二至第三期幼蟹,在放养密度为 2 041~4 083 只/米^2,经 15 天培育,各组网箱中第二、三期幼蟹平均存活率为 60.4%~40.7%。平均体重为 19.75~23.76 毫克。每只幼蟹的重量为放养时的 2~3 倍。

2. 水泥池培育幼蟹　水泥池培育幼蟹具有放养密度高，起捕方便等优点，在条件具备的地方可利用原有的设备因地制宜地开发生产。用于培育早期幼蟹的水泥池一般水深 1 ~ 2 米，面积从数十到数百平方米不等，放养密度随流水条件而异，一般可高出池塘 10 ~ 50 倍。培育时池面上移放漂浮植物，如水花生、浮萍等，在大眼幼体阶段每日投喂占放养量的 100% ~ 70%，以后在 1 ~ 5 期幼蟹阶段逐渐从 70% 减至 10%。中后期蟹种的给食率为 5% ~ 1%，每日投喂豆浆、蛋黄粒、豆饼粉、鱼糜、植物瓜果，后期可投喂小麦等。陈要武等(1989)在铜陵市曾利用河蟹育苗场 343 平方米的配水池培育幼蟹，在每平方米饲养规格为 8.3 毫克大眼幼体 70 只的情况下，经 5 月 23 日 ~ 12 月 13 日 204 天饲养，出池时获规格为 10 克/只的扣蟹种 2605 只，存活率为 10.9%。表明在水泥池可以直接从大眼幼体培育到扣蟹种。如在水泥池中增加隐蔽及攀附设施，可进一步获得更高存活率和更大规格的蟹种。

第六章　商品蟹养殖

　　商品蟹养殖是指由蟹种(扣蟹或豆蟹)经一个养殖周期，使达到上市商品规格的一种生产方式。依据养殖的设施及水体不同，包括池塘养蟹、湖泊增养蟹、湖泊围养、稻田养蟹、网箱和工厂化等其他方式的养蟹。其中随着养殖对象的年龄不同，又可分为两龄蟹和当龄蟹的养殖及根据投饵与否分为增养和喂养等不同养殖方法，但无论是哪一种养蟹方式都必须从蟹种购捕开始。

一、蟹种购捕及运输

(一)自然蟹种的购捕

在我国沿海河口的蟹苗分布范围内,几乎所有的通海水系的河口上游均有自然蟹种分布,而以长江、瓯江、辽河幼蟹资源最为丰盛。以长江水系为例,每年6月初芒种前后的第一次蟹苗发汛后,它们在迅速回归淡水的途中,部分蟹苗在洄游过程中相继蜕壳变态为第一期幼蟹。这部分幼蟹继续向河口上游作索饵洄游,最终进入江河湖泊或直接在江中安居生长。在蟹苗资源丰盛的70年代,长江水系大眼幼体离河口向上最远可抵达江苏省的江阴江段。赵仁宣等(1990)认为,在长江口自然幼蟹种的汛期由河口至下游江段,相继至江阴江段为8月份,镇江江段为10月份,南京江段为12月份和芜湖江段为1~2月份,汛期的持续时间为2~3个月,这与长江口区自90年代开始才直接在7月份的浏河及常熟浒浦一带江段已能捕到当年的幼蟹种在时间上吻合。这表明6月初在长江口发汛的蟹苗此时早已蜕壳变态为幼蟹,但其上溯的过程十分缓慢,大致上需经过2,4,6,8个月才能集中抵达上述江阴、镇江、南京和芜湖等江段,而汛期在某一江段的历时长短则取决于该年蟹苗蜕壳变态为幼蟹时种群数量的丰歉,并且常出现在不同时空条件下,上述江段蟹种汛期的更替。在长江水系显然70年代的幼蟹汛期要比80年代和90年代长一些。

长江水系幼蟹种的数量和分布,具有严格的时空变化。其特征表现为:

第一,不同江段在同一时间(月份)内,上游江段的蟹种规格大于下游的河口江段,及同一江段不同时间(月份)内早期捕捞的幼蟹种其规格大于后期。这标志着由于每年长江口的蟹苗在变态成幼蟹后,它们以塔形的墨迹渗透轨迹向上游缓慢移动,其间体强力壮的蟹种或早汛蟹苗变态后的幼蟹爬行在种群的前列,因此构成了上游江段蟹种的规格比下游较大的结果,及以同点(空间)内幼蟹的规格逐月减小的现象。拖网作业在不同时空条件下的规格比较见表6-1。

表6-1 1986~1989南京江段不同时期拖网捕获幼蟹的规格比较

日 期 (年·月·日)	规 格 (只/千克)	日 期 (年·月·日)	规 格 (只/千克)	日 期 (年·月·日)	规 格 (只/千克)
1986·12·20	52	1987·12·20	68	1988·12·20	26
1987·1·8	68	1988·1·8	86	1989·1·9	109
1·17	87	1·19	113	1·17	146
1·27	121	1·26	147	1·28	183
2·5	153	2·7	179	2·9	235
2·16	208	2·15	225	2·16	264
2·27	262	2·26	284	2·28	339
3·7	295	3·9	334	3·6	386
平均规格	155.8	—	179.5	—	211.0

资料引自赵仁宣水产科技情报.1990(1):28~29。经编者稍改

第二,同一江段的断面在同一时空条件下蟹种的分布,江心的规格大于岸边。而产量江心的小于岸边。这与幼蟹种群具有接岸性,它们向周边扩散,为寻求食饵以及相应地江心水流湍急,大规格的蟹种更能承受水流冲击相一致。

长江水系捕捞蟹种的主要网具为江心作业的拖网和岸边作业的板罾网。拖网网口宽 2.7~3 米,网身长 1.7~2 米,网

目 2.5 厘米,作业水区水深约 20 米,顺流拖捕,汛期内产量一般以起汛潮至大汛潮为最高。在不同江段存在着横船和直船顺水拖网两种形式。前者捕捞蟹种时船身位置和水流方向垂直,在潮流和水流淌击下顺水而下,利用船舷挂网捕捞蟹种,这与长江口冬蟹和春蟹的捕捞方式相近。后者船身行驶方向和水流平行而下,船舷的两侧或头尾挂网,利用水流或动力作为能源捕捞蟹种。一般拖网的时间为 40 分钟。板罾网仅适用岸边作业,一般 6 米见方,与内河常用的罾网结构相似。

据赵仁宣(1990)调查统计,长江南京江段及芜湖江段1986～1990 年幼蟹捕捞量约 10 万千克,如包括下游江段年总捕捞量为 20 万千克左右,这部分资源在 80 年代长江蟹苗资源匮乏的情况下,补充了江苏和安徽两省沿江地区蟹种放养的部分需要。

长江自然野生的蟹种具有相同规格下蜕壳次数少,或相同蜕壳次数下规格比人工繁育经培育的蟹种个体大的特点,这种蟹种步足细长,体质健壮,当年性早熟的出现率极低,并且饲养存活率高,为各种河蟹种群中之珍品。

(二)蟹种采购

1. 扣蟹种　对于大多数养蟹专业户来说,饲养商品蟹的蟹种多来源于天然或人工繁育的蟹苗经人工培育而成,在采购时都需经过质量及品种(种群产地)的鉴别。关于不同水系蟹种的形态前已述及,它们是同一个种在不同水系生态环境下培育出的种群。在剔除价格因素情况下,以长江天然蟹苗在自然生态环境中长成或经人工培育的蟹种为最优,但在价格过分悬殊的情况下,养殖户应以经济效益为杠杆,因地制宜地选购。但不论来自何种水系的蟹种,都应严格掌握以下质量标准。

(1)**体重规格** 每千克 200 只以下,抽样规格合格率在 80% 以上。

(2)**外部形态** 头胸甲青绿色、古铜色、墨绿色,腹部银白色或灰白色。体表凹突不平,常具色斑、色块、色纹。额齿 4 个,尖锐,居中两额刺之间缺刻最深,其夹角为等于或小于 90° 的直角或锐角,外观呈"V"字形或"U"字形。侧齿 4 枚,头胸甲胃前部和额后部具 6 个疣状突起。雌蟹腹部卵圆形或雄蟹腹部三角形,两侧略向内凹。

螯足粗壮,但尚不够强有力,内外侧掌、指节绒毛稀疏,不致密。第二至五对步足细长,其中第二对步足弯曲紧靠头胸甲时,其长节和腕节弯曲处的长度超过或与额齿持平,步足腕节、掌节椭圆柱状,但不平扁呈桨状,指节爪状。步足背面黄绿色、古铜色,腹部银白色或玉白色。步足刚毛稀疏。

(3)**腹脐形状** 雌蟹腹脐三角形或卵形,但绝不能呈蒲扇形。腹脐第五节宽度与腹甲宽度之比小于 0.7,经估算这样的蟹种尚可蜕壳的次数不低于 5 次。雄蟹腹脐钟形或呈两侧内凹的三角形。

(4)**步足数量和再生肢** 蟹种 2 螯 8 步足基本齐全,再生肢极少。出售的蟹种断足缺脚总数不得多于两条,大螯至少要保留一只。出售的蟹种断肢率和再生肢率应控制在 5% 以下。

(5)**复位能力** 仰卧蟹种立即复位,每分钟反正复位的能力超过 10 次,持续反正复位的能力超过 20 次。

2.豆蟹种

(1)**购苗时间** 豆蟹种一般用于天然水域增养殖或当龄商品蟹养殖。如用于天然水域的增养殖,购买豆蟹种的时间应适当推迟至7月初的小暑以后,要求放养豆蟹种的规格在每千克0.4万~1万只,这相当于发育至第三至五期个体大小为50~200毫克/只的幼蟹。放养后一般在增养殖过程中不投饵,这样才能控制当年不过多形成性早熟的蟹。放养规格大或放养时间提前,当年容易形成小绿蟹。这批蟹1周龄时陆续相继死亡。

在当年养成商品蟹的情况下,在长江流域一带购蟹苗的时间应提前为3月底4月初,要求用塑料大棚到5月底培育出规格为每千克500~1000只的豆蟹。目的是确保当年能养成规格为65~100克/只的当龄商品蟹。

(2)其他选购条件 参考扣蟹种。

(三)蟹种运输

1.扣蟹种运输

(1)估数 为防止在抽样时购销双方因抽样不当而引起争执,现一般采用点数法代替抽样秤取或量取法。购销双方主要争执常发生在对选取经拌和后的蟹种样品认识上的不一致。通常表层蟹种的样品规格大,抽取这样的样品卖方吃亏;而选取底层的样品规格小,以这样的样品来推算总数买方吃亏。因此要求在样品选取经双方认可后,才过秤点数,最后推算购种数量。目前为减少不必要的纠纷,已改为实数法购买蟹种。

(2)装载工具和容量 因扣蟹种一般在冬季或早春低温阶段运输。可用聚乙烯网袋装种,经点数后,装袋放入蟹苗箱的箱框或泡沫塑料箱内。运输时一般每只50厘米×50厘米×30厘米的塑料箱,可装每袋容量为5千克(约1000只)的扣蟹3~4袋。装好后加盖用透明胶带封盖。为使空气流通,可在箱的四周每边开 2～3 个小孔。如怕运输蟹种时温度太高,可在塑料箱的底部加密封包装后的冰块,再用竹片隔开使其不直接和蟹种接触。空运条件下需提防漏水逃种。如用前述规格的蟹苗箱运输,每一格箱框一般可装蟹种 5 千克。蟹种先装入聚乙烯密网袋,然后每格放一袋,并视运输时温度高低再决定是否要放冰块。

(3)对抽样袋严格进行质量抽检　装袋前对总体蟹种进行质量监测,并任意挑选 1～2 袋样品进行抽检。抽查时须严格剔除样品中不符合合同或口述惯例要求的蟹种,然后逐只点数,最终根据样品袋中蟹种的只数及样品袋的总数来推算所有购买蟹种的数量。

(4)冲洗蟹种　购后上车、上机待运的蟹种,必须先用清水冲洗,使其鳃部湿润,将体表粘液污物洗净。如运输时间超过 12 小时,可在途中淋水浸浴 1 次,务必洗去蟹种身上的粘液和继续保持鳃部的湿润。因此蟹种运输前应事先对路况进行调查,如哪些地方水源充足,蟹箱上下车搬动是否方便,以及水质是否良好。用塑料泡沫箱运输,一般沿途不开箱和淋水浸浴。

(5)拆箱放养　蟹种到达目的地后,可在塘边的围栏设施内或湖边拆箱放养,让蟹种自由入塘,或湖泊放养时将蟹种倒在一块木板(门)上,让其慢慢爬入水中,并剔除留在木板(门)上的死蟹种或半死不活不能翻身复位的蟹种,如事先有合约,可将这部分蟹种退还给销售一方。

2. **豆蟹种运输**　豆蟹运输通常在夏季高温下进行。其估数、包装原则与扣蟹运输相同,但运输途中最好放冰块,并需缩短淋水冲洗间隔,一般每隔 3 小时就要冲水 1 次。淋水时可用塑料桶直接冲水入箱。用塑料泡沫箱运输时必须放冰块,冰块和豆蟹之间最好用竹片编成的竹垫分隔。

豆蟹运输只要方法得当,在48小时内运输成活率可达95%以上。我们近十年来曾为客户在夏季高温的条件下,运输豆蟹数十次,最低成活率也在97%以上。

豆蟹运输至塘边或湖边,可按扣蟹种放养方式拆箱放养。

二、池塘河蟹单养

(一)放养前的准备

1. 蟹塘选择和设计

(1)面积 0.5~5公顷,但最好为1~4公顷。过小的面积不易构建适合于养蟹的生态环境,面积过大养蟹单位产量会受到一定的制约。

(2)水深 0.8~1.2米,最好1.2~1.5米。过浅夏季底层水温过高,也会超过30℃以上,不适宜养蟹;过深会因氧的分层使底层水溶氧过低,而影响河蟹的摄食生长。

(3)坡度 蟹塘内侧坡度1:2.5~3,外侧坡度为1:1.5~2。浅水区四周的坡度一般可缓和到1:4~5,这样可使养殖的河蟹更易自由爬上浅滩或下滩。

(4)堤宽 随蟹塘面积而异。1公顷以下的蟹塘堤宽2~3米,1~4公顷的蟹塘堤宽3~4米。堤修好后须高出水面0.7~1米。

(5)浅水区 位于蟹塘中央的小岛。小岛必须浸没在水下0.3~0.5米,这一区域可大可小,一般占蟹塘面积的25%~30%。浅水区的存在主要是种植沉水植物、挺水植物和浮水植物。浅水区绝对不要露出水面或成为旱岛而让水蛇、青蛙等敌害藏身于此。

(6)围沟深水区 随蟹塘面积大小而异,一般占蟹塘面积的 60% ~ 70%。蟹塘中减去浅水区的面积,一般均可称相对的深水区或围沟区。围沟的宽度随蟹塘面积而异,可从 3 ~ 5 米宽到 10 ~ 20 米宽不等。有的地方喜欢在堤岸与围沟之间建有宽 1 ~ 2 米的平台,平台上可搭建人工蟹巢、隐蔽场或仅作为观察摄食状况良好与否的食台带。

2．清塘 与蟹种培育的清塘操作方法相同。

3．防逃设施 与蟹种培育的防逃设施相同。但最好不用容易老化且强度不够的塑料薄膜围建,以防冬季河蟹起捕时围建的薄膜破损而逃蟹。

4．水质培育 因放养的蟹种不食浮游生物故成蟹饲养无需培育水质。

5．水生作物栽培和移植 与蟹种培育的要求和操作相同。

6．隐蔽物及攀附物 与蟹种培育时隐蔽物及攀附物的设置和排布相同。

7．生态环境的改造

(1)水生作物种植移栽 可在中央浅水区、岸周浅水区栽培茭白、慈姑、藕、芦苇、稻、稗草等挺水植物或苦草、菹草、眼子菜等沉水植物以及移栽水花生、水葫芦、水浮莲、飘莎、浮萍等浮生植物。水生作物移栽的总面积不宜超过蟹塘面积的 50%。

(2)投放螺蚬类 螺蚬类等底栖动物可作为河蟹生长的动物性饵料。螺蚬类在水中的增殖,将增加这类动物性饲料的资源量。每公顷可投放带壳的螺蚬类为 0.75 万 ~ 1 万千克。

(3)甲壳动物　主要是淡水日本沼虾。可在沼虾自然繁殖的6月初每公顷投放带籽亲虾7.5~10千克,或仔虾苗15万~30万尾。放养的母虾产后不久虽死亡,但其子代繁衍后可作为河蟹的饲料外,年终每公顷蟹塘尚可收捕幼虾150~300千克。养蟹塘内不宜放养罗氏沼虾或克氏原螯虾(淡水龙虾),后者将对幼蟹构成危害或争夺空间和饵料。

(4)游泳生物　主要是鱼类。每公顷水面可放养规格为13.3~15厘米的花白鲢1500~2000尾。其中白鲢约占80%,花鲢约占20%。河蟹养殖塘内不宜放养其他草食性、杂食性鱼类,更不允许有凶猛鱼类生存。

8. 水源和水质　河蟹养殖的水源必须丰富。水质净洁,无严重污染,无毒害。要求水质无异色、异味、异臭,水面不得出现明显的油膜和浮味,pH值6.5~8.5。溶氧24小时内在5毫克/升以上,即使是底层水任何时候不得低于3毫克/升。氨和亚硝酸氮在0.1毫克/升以下,无硫化氢或硫化氢在1毫克/升以下。生长期内生化需氧量不得超过10毫克/升,无严重的氮污染而使水质富营养化。其他重金属离子和油类不得超过渔用水的指标。

(二)放养后的管理

1. 放养密度和规格　河蟹的放养密度随水质、水流和环境条件而异。一般水流交换不好的静水塘为600~800只/667米^2,水可经常交换的塘中放养密度为800~1200只/667米^2,水质条件和生态环境较好的蟹塘放养密度可增加到1200~2500只/667米^2。放养的蟹种规格一般为160~240只/千克,部分蟹种来源方便或蟹种来自天然水域,其放养规格可争取增大到100~160只/千克。反之蟹种来源于不良生长条件下(如懒蟹)也可将放养规格减少到每千克 240～400 只或甚至更小的规格。一般说来放养大规格的蟹种可以获得较大的起捕规格。可以不必担心放养大规格的蟹种是否会提前达到性成熟,而对并不一定能养成大规格的商品蟹存疑。事实上当年未成熟的大规格蟹种,在经过越冬期后,消耗了积累在肝胰脏中的能量物质,在来年年初蜕壳后,通过摄食而取得的能量首先用于生长发育。所有初春后的第一次蜕壳未见有小"绿蟹"的重现就是一个雄辩的例证。

2. 存活率估算 在商品蟹的养殖过程中,能否对放养蟹种的存活率作正确的估算是河蟹养殖上重要技术关键。存活率的估算比实际偏高,常常会导致多投饵料,造成投饵时的浪费,结果饵料系数就偏高。反之成活率的估算比实际偏低,会造成投饵的不足,生长效果也不会理想。在河蟹养殖生产上我们通常应用经验估算法、方框抽样估算法及死亡蟹种积累统计法来综合估算和评价存活率,并能取得相当良好的效果。

(1)**经验估算法** 以河蟹养殖多年年终起捕时的存活率或当地的年终起捕平均存活率为标准(一般在 40%～60% 之间),然后定放养当月(第一个月)的死亡率为其他各月的双倍计,而其他各月的死亡率为平均分配,这样养殖周期(月份数)为已知,就可估算出各月河蟹的存塘存活率。如放养日期为 3 月初至 10 月底,共计 8 个月(约 245 天),并经调查设定起捕时的存活率较大可能为 55%,则除第一个月为双倍外,其他每月的死亡率为(100 - 55)÷(8 + 1)% = 5%,这样各月的存塘存活率逐月相继为 3 月 90%,4 月 85%,5 月 80%,6 月 75%,7 月 70%,8 月 65%,9 月 60%,10 月 55%。

存活率的经验估算法虽然是一种近似估算方法,但只要对该地区养蟹的平均存活率进行过调查检测或经过多年的实践,在生产上仍有良好的应用价值。

(2)方框抽样估算法 在河蟹的整个养殖期内逐月设点抽样作存活率估算。抽样时可用竹竿将围网围成一定面积的正(长)方形区域,然后在其内用三角抄网作横向和竖向的抄捕,记录死亡的蟹数。根据采样面积和整个蟹塘的面积比,推算出死亡的蟹种数。再根据放养数,估算出死亡率。因存活率(%)=1-死亡率(%),从而估算出该蟹塘的存活率。

(3)累计死亡数估算法 自放养蟹种之日起,每月统计死亡的蟹种数,逐日积累。按存活率(%)=1-(死亡蟹种数/放养数)估算出存活率。

生产上因死亡蟹种的累计数常常难以统计,只有一个相对的值。但此法可以判别蟹种死亡的趋势,同时此法因塘制宜或与上述两法综合使用仍可作为大致检测存活率的辅助方法。

3.河蟹的营养需求 河蟹与陆生动物相比对于蛋白质有较高的需求量,需有10种必需氨基酸,对脂肪的利用率也较高,但对糖类的利用率较低。同时,它们可以在水中自由吸收钙离子,并且作为变温动物其基础代谢较低,因而饲养时所消耗的饲料也相对比陆生动物低。

河蟹食物营养的作用主要是提供河蟹生长和组织修补及生理活动时的能量所需。河蟹饲料中基本的营养素有蛋白质、脂肪、糖类、维生素和无机盐。前三种为基本能源物质,在代谢过程中直接提供能源物质和修补组织;后二种为辅助能源物质,本身虽无能量提供,但除能起调节代谢和组织机能外,其中的无机盐还参与组织的修建。由于在饲料中这部分的含量不多,人们通常称为微量元素。饲料中如果缺少微量元素,基本能源物质就会得不到很好的利用,反之如果只有微量元素而无基本能源物质,河蟹的生长、代谢、组织修建和正常生理活动的进行也就无从谈起。

(1)蛋白质和氨基酸　　蛋白质本身是高分子物质,可以用酸碱或酶来催化水解为氨基酸。河蟹摄取的蛋白质必须经过消化分解后以氨基酸的形式被吸收利用。河蟹蛋白质中的氨基酸有20余种。虽然河蟹在体内可以通过生化代谢过程自身合成大部分氨基酸,但还有一部分氨基酸必须通过外界食物来供给,这类氨基酸共10种,称为必需氨基酸,如组氨酸、精氨酸、异亮氨酸、亮氨酸、赖氨酸、蛋氨酸、苯丙氨酸、苏氨酸、缬氨酸和色氨酸等。河蟹的饲料中对蛋白质有一定的百分需要量,这个需要量随河蟹的不同发育阶段和环境温度而异,一般随着个体发育而下降,水温上升而增大。同时蛋白质组分中各种氨基酸间及一般氨基酸和必需氨基酸的比例也要合理,这是在配制饵料时必须注意的技术关键。

许多研究者(徐兴章,1988;刘学军,1989;韩小莲,1991 认为,河蟹蚤状幼体饵料中对蛋白质的需求量为 50% ~ 55%,大眼幼体阶段为 45%,体重 0.1 克/只到 10 克/只的豆蟹和扣蟹阶段为 45% ~ 40%,幼蟹种到商品蟹为 41% ~ 36%,表现出幼体到成体饵料中蛋白质需求量的下降水平。

Phaips 和 Brook Way(1995)认为,在自然界与动物体自身的必需氨基酸组分近似的饵料即为该种动物的最适饵料,据此可以认为动物自身或其卵子中的蛋白质氨基酸配比最适其要求。河蟹对氨基酸的需求表现为饵料中必需氨基酸与一般氨基酸之间的量比和各种必需氨基酸之间的配比平衡。刘修业等(1990)在微粒饵料对蚤状幼体和大眼幼体生产上的应用一文中指出,在 100 克干饵料中,需 18.6 ~ 19.9 克的必需氨基酸,这实际上反映了 10 种必需氨基酸占全部蛋白质 40% 左右的水平。在蟹种阶段陈立侨等(1994)报道了各种必需氨基酸约占 100 克干饵料中蛋白质 13.4 克的水平。如果所配合的饵料蛋白质总量占饵料营养组分的 41%～36%，则蛋白质中必需氨基酸的组分总和下降为总蛋白质的 32.7%～37.2%，表明其必需氨基酸的组分也是随着河蟹发育阶段的上升而下降(表 6-2)。

表 6-2　100 克干饵料中蛋白质及必需氨基酸含量　(克)

组　　分	蚤状幼体	大眼幼体	幼　蟹
缬氨酸	2.302～2.187	2.102	1.404
亮氨酸	3.145～2.987	3.054	2.110
异亮氨酸	2.746～2.608	2.746	1.290
苏氨酸	1.816～1.725	1.412	1.145
苯丙氨酸	2.378～2.259	2.180	1.860
色氨酸	1.050～0.998	0.918	—
蛋氨酸	0.987～0.845	0.861	0.680
赖氨酸	2.942～2.975	2.832	1.879
精氨酸	1.986～1.887	1.872	2.400
组氨酸	0.586～0.559	0.658	0.630
合　计	19.938～19.030	18.635	13.398

表中资料引自刘修业等.淡水渔业.1990(5)6～8 和陈立侨.水产学报.1994(1):24～31

从表 6-2 中可以看出，河蟹随着发育期的增进，饵料中蛋白质和必需氨基酸的含量逐渐下降。同时与鱼类相比，河蟹饵料中除对缬氨酸、亮氨酸、异亮氨酸、赖氨酸、精氨酸等 5 种必需氨基酸需求较高外，对苯丙氨酸也存在着较高的需求量。

蛋白质对于河蟹的作用是供生长、修补组织及维持生命之用。每克蛋白质在体内分解时可获得 17.15 焦的热量，其呼吸商为 0.8,氧化每克蛋白质大约需要 957 毫升的氧。

(2)脂肪和必需脂肪酸 脂肪为高级脂肪酸的甘油醇,是高能量物质,比等量的蛋白质或糖类产生的能量高出 2.25 倍。每克脂肪氧化后可得 38.919 焦的热量,呼吸商为 0.7。氧化 1 克脂肪约需 2013 毫升的氧。

脂肪也是组织细胞的成分之一,具有保护内脏,贮藏热能的作用。此外,河蟹在饵料不足或越冬阶段借用消耗积存的脂肪来维持生命。亚油酸、亚麻酸和花生四烯酸在鱼类中为必需脂肪酸,但对河蟹来说尚未见报道。同时脂肪中的磷脂类(如磷脂和固醇)是脑和神经组织的重要组成成分,并且又是脂溶性维生素的良好溶剂。

刘学军(1990 年),中国科学院植物研究所(1988)和徐新章(1992)等的研究结果表明,河蟹饲料中粗脂肪的适宜含量为 5.2%,8.7% 和 6.8%,并以幼蟹发育阶段的脂肪需求较高。

虽然河蟹大部分所需的能量来源于蛋白质,但是河蟹能很好地利用脂肪作为能源。陈立侨(1993)认为,河蟹对脂肪的消化率可高达 85.69% ~ 88.39%。

(3)糖类 糖类旧称醣类。也称碳水化合物。是由植物通过光合作用产生的物质。植物的种子、果实和某些植物的根、茎、叶均含有丰富的糖类,它是河蟹最廉价的能量来源。每克糖类经氧化可产生 17.15 千焦的热量,呼吸商为 1。氧化 1 克糖类需消耗 829 毫升的氧。

河蟹能利用饵料中一定数量的糖类,并以单糖的利用水平较好,其次为双糖、简单的多糖、糊精、煮熟的淀粉和生淀粉。徐新章(1988,1992)认为,河蟹蚤状幼体饲料中适宜的含糖量为 20%,规格为 0.1 ~ 10 克的幼蟹(扣蟹)为 31%。中国科学院植物研究所(1988)和徐新章(1992)认为,饲料中含粗纤维为 6.11% ~ 7.8% 对河蟹种和河蟹的生长发育有利,饲养存活率最高,这一粗纤维水平有利于胃肠的蠕动,有助于对蛋白质等营养物质的消化吸收。

(4)维生素 维生素是维持动物体生长发育,保证生理正常活动的分子量较低的活性物质。河蟹本身没有或极少有自身合成维生素的能力,必须依靠饲料来供给。绝大多数的维生素是辅酶和辅基的组成部分,参与体内生化反应和代谢过程。对河蟹维生素需求的研究尚属空白,目前一般对河蟹饲料配方中的维生素添加量多半参照食性相似的鱼类。饲料中长期缺乏维生素可导致代谢失调,影响生长,并产生各类维生素缺乏症,甚至造成死亡。

(5)无机盐 无机盐是构成河蟹组织的重要部分,特别是钙质,它是构成河蟹外骨骼的主要成分,因而是维持河蟹正常生理机能和生长发育所不可缺少的物质,也是酶系统的重要催化剂。它可以促进河蟹生长,组织增生,平衡和维持血液酸碱度,调节渗透压和提高河蟹对营养物质的利用。缺乏无机盐也会产生许多明显的缺乏症。

河蟹所需的无机盐主要有钙、磷、镁、钾、钠、铁、碘等。其他尚有锰、锌、铜、钴、硒、氯、氟等,由于这些物质一般均以无机盐形式存在并且含量较少,在总量组成上占 4% ~ 8%,所以称为微量元素。

目前对河蟹利用无机盐的研究报道较少。徐兴章(1992)认为,对 0.1 ~ 10 克规格的豆蟹和扣蟹,饲料中无机盐的含量 12.6% 存活率最高。而中国科学院植物研究所(1988)认为,当饲料中灰分含量达 19.18% 时对河蟹的生长较为合适。钙和磷对河蟹的蜕壳生长至关重要。河蟹能通过鳃部的吸收来利用水中的钙、磷，但饲料中两者的比例要适当。陈立侨等（1994）认为，当饲料中钙含量为0.5%，钙、磷比为1∶1.9，将获得最大的生长率和较高的蛋白质利用率。刘学军等（1990）的研究表明，饲料中钙、磷比为1∶1.2，并配制适量的前期蛋白质为41%，中期为36%，粗脂肪含量为5.2%，粗纤维含量为6.5%的配合饲料饲养河蟹，可获得较快的生长速度。李爱杰等（1990）认为，在甲壳类的对虾饲料中不用另加钙盐，便应添加适量的磷酸盐。这一研究结果也可以在河蟹饲料中参考配制。

(6)其他添加剂　诱食剂也叫适口性添加剂或引诱剂，属于一类非营养性的添加剂，可包括香味剂、甜味剂和鲜味剂等。河蟹等水生动物对饲料中溶出的化学刺激能通过分布在附肢和口器上的化学感受器做出非常敏感的反应。

饲料浸出物中的诱食物质主要是含氮化合物，比较常见的有氨基酸、核苷酸和三甲胺内脂（甜菜碱）等。Carr认为，甘氨酸、β丙氨酸、甲脂、甜菜碱对虾、蟹的诱食作用最强。徐增洪等（1997）应用正交设计针对复合氨基酸、甜菜碱和风味素三因子对河蟹的诱食剂进行了研究，认为在饲料中添加0.6%复合氨基酸、0.15%甜菜碱和0.5%的风味素具有较好的诱食效果，其中风味素是引诱河蟹摄食的主要因子。单一诱食剂也对引诱河蟹进食有良好的作用。

为使饲料定形，防止在水中散失，要在面团状和软颗粒饲料中添加一定量的粘合剂，以增加定形效果。常用的粘合剂有α-1淀粉、羧甲基纤维（化学浆糊）、麦粉、海带胶等。加入的量随不同粘合剂和不同制形的饲料而异。某些硬颗粒饲料为延长其在水中的定形时间或在制作时便于粘合，也应添加少量的粘合剂。

河蟹为非吞食性或抢食性摄食动物。粘性不足的配合饵料极易散失,一般应在配制时添加 15% ~ 30%麦粉的含量粘合饵料,或用其他粘结力较强的粘合剂粘合,才能适应河蟹以钳食为主的摄食形式,减少饵料在水中的散失。

4. 饵料的配制和加工

(1)人工配合饵料的原料

①植物性饵料 植物性饵料的原料种类繁多,包括谷实类、饼粕类、糠麸类、块根块茎类、糟渣类、壳粉类(粗饲料)及青绿饲料类等。植物性饵料一般都是低蛋白质的饲料,因此生理价值较差。但是它来源广,产量高,成本低,如能正确使用并利用蛋白质的互补作用来提高饵料效果,仍是很重要的,养蟹时可单独投喂或用作配合饵料的原料。植物性饵料中豆科植物的种子,如大豆等是一种高蛋白质饵料原料,是我国目前配合饵料的主要原料。常见各类植物性饵料营养成分见表6-3。

从表中看出,饼粕类蛋白质含量最高,而无氮浸出物含量相对较低。饼粕类中豆饼和豆粕含蛋白质 46%,即使含蛋白质量最低的糠饼也达 17.48%。谷实类除黄豆含蛋白质44%,蚕豆、豌豆 24% ~ 27%外,一般含蛋白质为 10% ~20%。糠麸类的蛋白质含量为 10% ~ 12%;壳粉类蛋白质含量多数在 5% ~ 10%,仅少数种类达 20%左右。块根、块茎类和糟渣类因不是干制品,蛋白质含量更低,一般仅 1% ~ 5%,并含较高的水分。青绿饲料具有 85% ~ 90%的水分,仅含1% ~ 3%的蛋白质,但这类饵料因植物含有多种维生素和无机盐等微量元素,对杂食性的河蟹特别需要。饲养河蟹在投喂配合饵料时应适当夹着青绿饲料,仍能保持河蟹快速生长,达到降低饲料成本,提高配合饵料效率的目的。

②动物性饵料 动物性饵料的特点是蛋白质含量高,氨

表6-3　常用各类植物性饲料营养成分表

| 饲料名称 | 水分 | 营养成分（%） | | | | | | 干物质 |
		粗蛋白质	粗脂肪	无氮浸出物	粗纤维	粗灰分	钙	磷	（%）
谷实类:									
大麦	12.58	11.77	1.90	66.19	4.34	3.22	0.22	0.38	87.42
元麦	14.24	11.74	1.70	68.05	1.72	2.55	0.17	0.32	85.76
小麦	11.40	12.90	2.00	69.70	2.10	1.90	0.05	0.42	88.60
荞麦	14.25	11.20	1.73	56.83	11.37	4.62	0.49	0.26	85.75
稻谷	13.67	8.16	2.31	64.19	6.95	4.72	0.03	0.27	86.33
碎米(三级籼)	13.26	10.32	2.41	72.27	0.42	1.32	0.03	0.20	86.74
碎米(三级粳)	13.24	9.30	2.31	73.47	0.46	1.22	0.09	0.20	86.76
米糠	13.09	8.87	1.68	73.97	0.89	1.50	0.04	0.24	86.91
高粱	11.48	6.60	2.97	74.11	2.19	2.65	0.07	0.25	88.52
玉米	11.42	8.98	3.92	72.48	1.70	1.50	0.04	0.28	88.58
黄豆(饮品)	11.36	44.27	12.92	16.11	8.42	6.92	0.25	0.56	88.64
蚕豆	13.72	24.51	1.36	49.04	8.02	3.35	0.24	0.43	86.28
豌豆	13.95	26.98	2.47	46.42	7.22	2.96	0.47	0.45	86.05

续表 6-3

饲料名称	营 养 成 分 （%）								干物质（%）
	水 分	粗蛋白质	粗脂肪	无氮浸出物	粗纤维	粗灰分	钙	磷	
饼粕类：									
豆 饼	9.07	45.97	3.98	30.42	4.69	5.87	0.36	0.63	90.93
豆 粕	8.96	46.60	0.76	32.52	5.06	6.10	0.34	0.69	91.04
花生饼	11.50	39.50	3.60	33.20	3.60	8.60	0.32	0.59	88.50
花生粕	10.99	42.21	0.90	35.17	4.41	6.32	0.20	0.66	89.01
棉籽饼	11.37	43.17	3.91	24.70	8.84	8.01	0.34	0.45	88.63
棉籽粕	10.34	33.34	1.05	36.71	12.28	6.28	0.12	1.18	89.66
菜籽粕	10.81	37.73	1.50	30.48	11.69	7.79	0.71	0.98	89.19
细糠饼	12.72	20.21	1.48	46.99	7.56	11.04	0.72	1.56	87.28
粗糠饼	12.10	17.48	2.26	41.84	15.13	11.19	0.45	0.97	87.90
玉米胚芽饼	6.84	22.00	0.83	56.07	8.83	5.43	0.25	0.87	93.16
玉米粕	10.87	17.92	1.22	57.17	7.85	4.97	0.05	0.80	89.13
椰子饼	10.06	24.19	6.87	34.78	12.84	11.26	0.43	0.48	89.94
胡麻籽饼（去壳）	10.44	45.88	2.35	23.10	9.77	8.46	0.45	0.79	89.56
蓖麻籽饼	11.30	29.56	1.10	24.76	25.54	7.74	—	—	88.70

续表 6-3

饲料名称	水分	营		养	成	分 (%)		钙	磷	干物质 (%)
		粗蛋白质	粗脂肪	无氮浸出物	粗纤维	粗灰分				
糠麸类:										
白 糠	11.72	13.85	10.3	52.92	3.47	7.73		0.05	1.73	88.28
青 糠	11.71	14.10	9.92	50.63	5.95	7.69		0.12	1.52	88.29
麸 皮	11.80	14.29	4.28	55.58	9.30	4.75		0.17	0.91	88.20
玉米皮	12.50	9.90	3.60	61.50	9.50	3.00		0.08	0.59	87.50
四号粉	12.99	14.75	3.61	59.58	5.69	3.38		—	—	87.01
二八糠	10.00	4.40	—	—	34.70	—		0.39	0.32	90.00
三七糠	10.00	5.40	—	—	31.70	—		0.36	0.43	90.00
四六糠	10.00	6.30	—	—	28.70	—		0.33	0.55	90.00
稻谷糠(砻糠)	11.20	5.70	—	—	29.40	—		0.18	0.53	88.80
块根块茎:										
甘 薯	75.40	1.10	0.20	21.70	0.80	0.80		0.06	0.07	24.60
马铃薯	75.00	2.10	0.10	21.00	0.70	1.10		0.02	0.03	25.00
甜 菜	87.20	2.24	0.70	7.41	1.33	1.12		0.11	0.06	12.80

续表 6-3

饲料名称	水分	营养成分（%）							干物质（%）
		粗蛋白质	粗脂肪	无氮浸出物	粗纤维	粗灰分	钙	磷	
菊芋	89.60	0.76	0.11	8.61	0.36	0.56	0.05	0.12	10.40
南瓜	84.40	2.00	1.50	9.20	1.80	1.10	0.04	0.02	15.60
西瓜皮	93.40	0.60	0.20	3.50	1.30	1.00	0.03	0.02	6.60
胡萝卜	87.95	1.14	0.87	7.32	1.74	0.98	0.28	0.02	12.05
甘薯干	13.95	2.63	1.88	76.07	2.27	2.70	0.19	0.09	86.05
糟渣类：									
味精渣	53.77	4.52	21.5	0.83	10.05	9.36	0.33	—	46.23
酱糟（豆片原料）	75.77	9.13	1.65	7.51	4.95	0.99	0.18	0.02	24.23
酱糟	89.77	3.87	0.70	3.18	2.10	0.42	0.18	0.02	10.27
甘薯酒糟	54.41	2.82	0.60	14.48	17.21	10.50	0.29	0.09	45.59
高粱酒糟	54.23	4.04	1.62	14.19	16.69	9.23	0.74	0.13	45.77
碎米酒糟	54.37	4.92	0.95	14.56	16.89	8.31	0.22	0.15	45.63
啤酒糟	77.46	6.52	2.58	8.36	4.10	0.98	0.06	0.04	22.54
粉丝豆渣	82.49	1.98	0.07	8.47	6.55	0.44	0.06	0.01	17.51

续表 6-3

| 饲料名称 | 水分 | 营养成分 (%) | | | | | | | 干物质 (%) |
		粗蛋白质	粗脂肪	无氮浸出物	粗纤维	粗灰分	钙	磷	
麸渣	87.16	2.47	0.65	7.75	1.51	0.46	0.17	0.18	12.84
黄酱糟	81.80	5.24	2.43	3.98	4.21	2.34	0.25	0.12	18.20
包米渣	72.65	3.78	1.89	19.49	2.06	0.14	—	0.03	27.35
蚕豆渣	89.88	3.11	0.13	3.86	2.79	0.23	0.11	0.03	10.12
大蒜浆渣	83.17	1.61	0.42	3.46	0.86	0.48	0.11	0.02	6.83
豆腐渣	82.00	3.76	0.57	8.69	4.17	0.81	0.45	0.25	18.00
糖糟	82.37	5.87	1.53	8.55	0.99	0.69	0.65	1.08	17.63
酒精浆水	95.70	0.56	0.26	2.20	0.60	0.68	0.04	0.04	4.30
淀粉浆水	94.78	0.57	0.17	4.30	0.07	0.11	0.01	0.02	5.22
淘米水	96.67	0.55	0.60	1.53	0.15	0.50	0.01	0.07	3.33
粉丝浆水	97.97	1.32	0.10	0.33	0.06	0.22	0.01	0.02	2.03
溶剂浆水	97.87	0.84	0.22	0.86	0.03	0.18	微	0.02	2.13
蒸粉浆水	98.08	1.30	0.05	0.35	0.06	0.16	微	0.03	1.92
酵母浆水	92.35	2.75	1.12	1.73	1.54	0.51	0.18	0.02	7.65
糖糟 (米糖 98%、麦芽 2%)	61.80	24.06	5.54	5.07	1.39	2.14	0.60	0.83	38.20

续表 6-3

饲料名称	水分	营养成分（%）							干物质（%）
		粗蛋白质	粗脂肪	无氮浸出物	粗纤维	粗灰分	钙	磷	
粗饲料:									
大麦糠	12.42	8.69	3.85	51.11	18.78	5.15	0.29	0.31	87.58
甘薯藤	14.86	5.17	4.48	32.10	35.76	7.63	0.22	0.14	85.14
稻草粉	14.00	9.12	0.93	30.05	39.29	6.61	3.18	0.05	86.00
小麦壳	14.00	4.81	1.74	38.09	31.12	10.20	0.30	0.28	86.00
油菜荚	13.00	3.80	1.80	38.00	37.00	5.40	2.16	0.12	87.00
菜籽秸粉	14.27	5.24	1.08	31.92	42.13	5.36	1.24	0.11	85.73
蚕豆壳粉	14.23	6.90	0.37	35.34	36.22	6.94	0.62	0.09	85.77
蚕豆荚	11.20	8.40	1.00	40.90	32.80	5.70	0.87	0.03	88.80
豌豆秸	13.50	6.50	0.90	30.70	43.70	4.70	0.50	0.07	86.50
黄豆壳粉	11.81	10.63	2.37	41.10	29.95	4.14	1.03	1.09	88.19
黄豆秸粉	11.00	5.23	1.21	29.07	40.77	12.70	1.52	0.11	89.00
玉米芯粉	11.33	2.22	0.42	54.49	29.74	1.80	0.15	0.04	88.67
玉米秸粉	11.54	6.81	3.16	39.97	26.34	8.18	1.44	0.18	84.46

续表 6-3

饲料名称	水 分	营 养 成 分 (%)							干物质 (%)
		粗蛋白质	粗脂肪	无氮浸出物	粗纤维	粗灰分	钙	磷	
黄花苜蓿粉	10.23	22.80	3.73	37.18	16.44	9.62	2.11	0.26	89.77
苜蓿草粉	12.46	14.67	2.40	36.22	25.10	9.15	1.25	0.23	87.54
紫云英粉	12.03	22.27	4.79	33.54	19.53	7.84	1.32	0.09	87.97
野草粉	14.13	4.15	3.45	42.66	25.73	9.88	1.44	0.04	85.87
麦白草粉	13.98	10.81	2.09	32.97	32.12	8.03	1.19	0.14	86.02
蚕 沙	12.65	9.76	1.77	50.03	12.83	13.00	0.03	0.28	87.35
青饲料:									
卷心菜	90.00	1.14	0.24	6.75	1.14	0.73	0.03	0.04	10.00
白 菜	94.70	0.78	0.31	3.12	0.62	0.47	0.18	0.03	5.30
青 菜	95.41	1.05	0.18	1.94	0.52	0.90	0.09	0.03	4.59
青菜青贮	80.90	2.86	1.29	3.75	7.78	3.42	0.36	0.05	19.10
莴苣叶	91.52	1.93	0.16	3.24	1.77	1.38	0.04	0.04	8.48
莴苣皮	93.11	1.78	0.13	1.59	2.20	1.19	—	0.02	6.89
芋艿梗	93.69	1.44	0.26	2.26	1.12	1.23	0.21	0.01	6.31

续表 6-3

饲料名称	水分	粗蛋白质	营 养 成 分 (%)				粗灰分	钙	磷	干物质 (%)
			粗脂肪	无氮浸出物	粗纤维					
芋艿叶	91.76	2.54	0.47	3.20	0.92	1.16	0.44	0.01	8.24
蚕豆叶	84.37	3.57	0.84	6.83	2.11	2.28	0.29	0.03	15.63
蚕豆壳	84.66	1.39	0.44	8.19	4.36	0.96	0.09	0.01	15.34
南瓜藤	86.50	1.16	0.69	5.94	4.32	1.39	0.07	0.04	13.50
马铃薯茎叶	85.00	1.65	0.68	6.67	4.05	1.95	0.23	0.02	15.00
胡萝卜叶	85.56	4.06	0.46	4.92	2.26	2.74	—	0.09	15.44
萝卜叶	89.90	2.40	0.60	4.40	1.10	1.60	0.18	0.03	10.10
菊芋茎叶	85.80	1.56	0.86	6.01	3.51	2.26	—	—	14.20
蕹藕茎叶	90.70	1.99	0.65	3.49	1.77	1.40	0.16	0.08	9.30
苦荬菜	89.00	2.60	1.70	3.20	1.60	1.90	0.19	0.04	11.00
蘸菜	89.90	1.40	0.60	5.10	1.20	1.80	0.18	0.01	10.10
玉米叶	85.00	2.70	1.03	6.13	2.73	2.41	0.13	0.06	15.00
红苋苋	90.29	3.27	0.26	3.51	0.80	1.87	0.52	0.04	9.78
白米苋	90.64	3.18	0.25	2.43	1.33	2.17	0.07	0.04	9.36
茅菜	90.27	1.65	0.19	1.61	1.51	4.77	0.56	0.05	9.73
野草头	90.35	3.43	1.30	0.53	2.59	1.80	0.35	0.07	9.65

续表 6-3

饲料名称	水分	营养成分 (%)							干物质 (%)
		粗蛋白质	粗脂肪	无氮浸出物	粗纤维	粗灰分	钙	磷	
野艾蓬	88.89	1.52	0.80	3.52	3.30	1.97	0.42	0.09	11.11
野菠菜	92.43	2.88	0.06	1.02	1.99	1.62	0.40	0.05	7.57
野豆	86.29	2.14	0.20	6.59	3.96	0.82	0.40	0.06	13.71
野菱	83.76	1.41	0.82	8.94	3.81	1.26	0.68	0.11	16.24
蒲公英	90.56	1.48	0.38	4.25	1.74	1.59	0.39	0.03	9.44
大麦苗	83.35	5.16	1.40	4.93	2.96	2.20	0.72	0.10	16.65
楮叶	85.40	2.54	0.82	7.09	1.31	2.84	—	—	14.60
紫云英	86.60	3.19	0.90	6.04	2.19	1.08	0.32	0.23	13.40
马齿苋	92.20	2.52	0.27	3.68	0.39	0.94	—	0.05	7.80
空心莲子草	92.00	1.42	0.27	2.40	2.49	1.42	—	—	8.00
水葫芦	92.80	1.00	0.17	3.08	1.37	1.58	0.35	0.03	7.20
水浮莲	95.16	1.07	0.26	1.63	0.58	1.30	0.10	0.02	4.84
青贮水浮莲	88.10	1.27	0.30	2.94	1.80	5.59	0.12	0.01	11.90
浮萍	92.80	1.60	0.90	2.70	0.70	1.30	0.19	0.04	7.20

基酸组成好,而且容易被河蟹消化与利用,缺点是价格稍高,来源有限。动物性饵料在饲养优质肉食性鱼类和河蟹时使用十分广泛。目前我国池塘主养河蟹时通常直接投喂小杂鱼和螺蚬类,但由于动物性饵料的原料来源少,价格高,故仅限在河蟹养殖的某阶段搭配或单独投喂,在今后的大面积饲养河蟹时应以投喂配合饵料为主。常见动物性饵料原料的营养成分见表6-4。

从表中可以得知,除动物骨骼或鱼类鲜品外,一般动物性饵料的干品,蛋白质含量均在50%以上,其中最高的是血粉和羽毛粉,其蛋白质含量竟高达83.8%和75.5%。

(2)饵料配方　饲养不同种类的水产品需要不同的饵料配方,大体上可按肉食性、杂食性和草食性水产品划分。在制定饵料配方时,主要体现蛋白质含量和糖类利用水平的不同,而饵料中脂肪的含量一般与饲养对象的食性类别相差不大,主要随饲养对象的发育阶段及环境条件而定。河蟹为杂食性种类,在不同发育阶段对蛋白质的需求量和氨基酸平衡上已述及。

河蟹养殖起步较晚,目前多半尚处在通过种植水草,投放螺蚬类,从改善生态环境着手,再投喂饵料(水草、螺类、小杂鱼等)和商品饵料(谷类、饼粕类等)来饲养的初级阶段。这因地制宜的饲养方式一般也可以达到有利可图和每公顷产量达0.5～1吨的水平。随着河蟹养殖的商品化,人工配合饵料的应用势在必行。但由于对河蟹生理的研究尚属起步,在饵料配方的配制上各生产厂家又多数借鉴于养鱼、养虾饵料的配方改组套用,因此与达到全价饵料的最终要求相比尚有一定的差距。本书选择了部分利用配合饵料获得高产养蟹的实例,供各地养蟹专业户参考应用。

表 6-4 常见动物性饲料的原料营养成分

饲料名称	水分	粗蛋白质	粗脂肪	无氮浸出物	粗纤维	粗灰分	钙	磷	干物质(%)
秘鲁鱼粉	8.00	61.30	7.70	2.40	1.00	19.60	5.49	2.81	92.00
一级鱼粉	9.38	55.22	8.00	3.44	1.48	22.48	5.79	3.06	90.62
三级鱼粉	8.18	43.33	6.00	7.81	3.73	30.95	9.24	5.20	91.82
羽毛粉	8.68	75.53	0.63	0.81	2.50	11.85	0.78	0.08	91.32
蚕蛹渣	10.20	68.90	3.10	5.00	4.80	8.00	1.20	0.73	89.80
血粉	9.20	83.80	0.60	1.80	1.30	3.80	0.20	0.24	90.80
肉粉	7.90	70.70	12.20	0.30	1.20	7.70	2.94	1.42	92.10
骨肉粉	6.50	48.60	11.60	0.90	1.10	31.30	11.31	5.61	93.50
动物性油脂	2.60	—	96.20	—	—	1.20	—	—	97.40
黄鱼头	81.95	7.63	3.23	0.54	0.05	6.60	2.15	3.23	18.05
马面鲀	73.99	14.20	6.60	0.58	0.06	4.57	1.19	0.73	26.01
马面鲀头皮	75.00	12.71	4.81	0.92	0.06	6.50	1.63	0.51	25.00
干燥蚕蛹	—	58.00	26.00	—	4.00	3.00	—	—	91.00
动物骨骼	—	11.20	9.20	5.00	1.60	80.20	—	—	97.00
石油酵母	—	62~73	10~15	10.00	—	6~12	—	—	—

①河北省保定地区利用人工配合饵料养殖河蟹的高产实例　刘学军,张丙群,张玉兰(1990)曾利用配合饵料养殖河蟹获得高产试验的成果。在充分利用水草及使用石灰、磷肥和保持良好水生态条件下,在 6 069.7 平方米成蟹塘中,获得平均 667 平方米产 205.9 千克,起捕时河蟹规格在 125 克以上,存活率 65.7%,饵料系数 2.8。所用的配合饵料中,前期蛋白质含量为 41%,中后期为 36%。饵料中动物蛋白质和植物蛋白质的比例为 1.6:1,粗脂肪含量为 5.2%,粗纤维含量在 5%以下,钙和磷的比例为 1:1.2。

②上海市水产研究所曾在浙江省金华地区和温州市推广推荐了二种配合饵料的配方　一般使用后饵料系数为 2.5～3,每吨饵料的成本价为 2 700 元(Ⅰ号)和 2 200 元(Ⅱ号)。该所推荐的饵料配方如下。

Ⅰ号配方　豆饼 20%,鱼粉 30%,菜籽粕 20%,无机盐添加剂 1.9%,粘合剂(4 号粉)27%,维生素添加剂 0.1%,饲料酵母 1%。配制后的饵料蛋白质含量 36.9%,脂肪含量 4.42%。

每吨饵料中无机盐添加剂组成及含量:磷酸氢钙 4 000克,硫酸亚铁 250 克,硫酸锌 220 克,硫酸锰 92 克,硫酸铜 20克,碘化钾 1.3 克,氯化钴 0.2 克,钼酸铵 0.4 克,碳酸钙 250 克,氯化钾 4 600 克,磷酸二氢钾 4 000 克,磷酸氢二钠 3 090 克,硫酸镁 2 475 克,亚硒酸钠 0.2 克,三氯化铬 0.5 克,蜕壳素 1 000 克。

每吨饵料中维生素添加剂含量:维生素 B_1 5 克,B_2 10 克,B_{12} 0.01 克,B_6 15 克,C 30 克,A 5 000 国际单位,D 1 000 国际单位,E 5 克,K_3 0.5 克,肌醇 50 克,生物素 0.2 克,叶酸 1 克,胆碱 500 克,烟酸 15 克,氨基苯甲酸 30 克,泛酸钙 10 克。除维生素 A 和 D 分别以国际单位计外,其他总和约占饵料总量的 0.7‰。

Ⅱ号配方 豆饼粉 35%，鱼粉 20%，菜籽粕 15%，次粉 15%，麸皮 10%，酵母 2.4%，粘合剂 0.5%，维生素和无机盐添加剂 2%，蜕壳素 0.1%。配制后的饵料蛋白质含量 36%，脂肪含量 4.2%。本配方的维生素和无机盐添加剂直接向市场有关厂家购买。

(3)饵料配方中各类原料的配比计算

①"十"字交叉计算法 饲养各类水产品要求有不同的配方，一般用蛋白质含量(%)来表示。当配方中蛋白质(%)含量和饵料原料确定后，接着就要对各种原料的用量进行计算，使配出后的饵料蛋白质(%)含量基本达到要求。对各种原料所需用量的计算方法有多种，但最简便的是"十"字交叉法(或方框计算法，见图 6-1)。按图将甲、乙两种原料按其蛋白质含量的百分率分别写在左边的上下两个角上，将欲配成的饵料也按其蛋白质含量的百分率写在两条对角线的中心交点位置上，将原料中的蛋白质百分率减去欲配置的饵料蛋白质百分率，其绝对值经交叉后即为甲乙两种原料的用量。图 6-1 所表示的是两种饵料原料，其中豆饼粉的蛋白质含量经查为 46%，青糠的蛋白质含量为 14.1%。现欲配成蛋白质含量为 35% 的配合饵料 100 千克，那么需豆饼粉和青糠多少千克呢?

根据题意则需:

$$\text{豆饼粉} \frac{20.9}{(20.9+11)} \times 100 \text{ 千克} = 65.5 \text{ 千克}$$

$$\text{青\quad糠} \frac{11}{20.9+11} \times 100 \text{ 千克} = 34.5 \text{ 千克}$$

当饵料原料多于两种，则可以将含蛋白质量较高的两种饵料等量混合，取其平均值作为一种混合饵料的蛋白质含量，

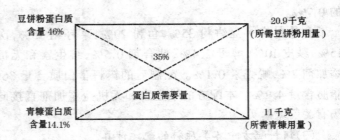

图6-1 "十"字交叉计算饵料中蛋白质含量(%)

然后与第三种饵料原料进行上述换算。如饵料原料为四种，则可先经两次两种饵料等量混合，然后再按上述方法计算。

②方程计算法 与前面的条件相同，欲配置蛋白质含量为35%的配合饵料。可设豆饼粉含量为 X 千克，青糠含量为(100－X)千克。则：

$$X \cdot \frac{46}{100} + (100 - X) \cdot \frac{14.1}{100} = 35$$

解方程得 X(豆饼粉)为 65.5 千克，青糠为 34.5 千克。

(4)养鱼配合饵料的加工 饵料加工的目的是使成品饵料有较好的适口性，以及加工时通常要受热受压，使淀粉胶质化，有助于与饵料中其他成分粘结，增加稳定性，减少或避免营养物质在水中散失。饵料经过加工后的形态。大体分粉状、面团状和固状饵料三类。

①粉状饵料 将原料粉碎成一定的细度，加水充分混合后泼入水中。这样的粉状饵料入水后成胶质悬浮状细粒，靠水的运动一时不会立刻沉入水底，就容易被河蟹摄食。粉状饵料适用蟹苗和豆蟹、扣蟹等蟹种。它的优点是饵料加工方便，无需大量设备，缺点是饵料流失量大，一般仅用于池塘养蟹和蟹、虾混养或湖泊河蟹围养。

②**面团状饵料** 是指原料经过粉碎、过筛、搅拌、喷油、加水，并添加粘合剂后，调制成面团状的配合饵料。这种饵料富有弹性，粘合性能良好，能保持原料中原有营养成分，散失比粉状饵料少。因它质地柔软，适合鱼类中的鳗鲡和蟹、虾类食用。如粘合剂选择得当或粘合剂用量合理，饵料在水中散失很小，也可能是今后蟹、虾类养殖的优良加工饲料。

③**固状饵料**

A.**硬颗粒饵料** 加工时原料经粉碎、搅拌和充分混合后送入饲料箱，再经高速阀门混合机的蒸汽提供 4% ~ 6% 的水分，使粗淀粉表面胶质化，从而增加粘结力。然后在80℃ ~ 85℃条件下，由环状钢模和压辊的压力下挤出来，并切割成所需要的长度，最后经卧式或立式风冷干燥机冷却至室温，即可待用。

硬颗粒饵料的生产在原料粉碎、搅拌、压制、成形，直到冷却都是连续的，机械化程度高，日生产量大，适合大规模生产场使用。由于硬颗粒饵料在加工过程中温度过高，部分维生素有少量损失，所以在配料添加这些维生素时应稍加大用量，或者在饵料压挤出来后再将维生素喷撒上去。

B.**软颗粒饵料** 由专门的软颗粒机生产。生产工序包括原料粉碎、搅拌、压挤、成形和干燥等过程。软颗粒饵料制作时需加较多的水分，因此成形后的饵料必须通过干燥过程。干燥的方式可以加热干燥或直接在日光下暴晒。我国饲养河蟹的养殖规模一般较小，均以使用软颗粒饵料为主。

C.**膨化饵料** 又称泡沫饵料。由挤压机成形。混合粉末通过蒸汽加进水分，使饵料中淀粉糊化。在高温高压下通过成形机喷嘴，饵料挤出后迅速减压，致使饵料膨胀发泡而形成膨化饵料。

膨化饵料浮性大，能在水中漂浮 24 小时不溶散，但由于它在制作时必须加入较多的淀粉,因此,饵料中淀粉含量较高又浮于水面,不适合河蟹养殖的需要。同时膨化饵料在制作时因高温而会破坏部分维生素。

5. 投饵技术　为使河蟹饲养获得最佳的经济效果,通过降低饵料系数提高生产率是一条重要途径。降低饵料系数的关键,除最佳的饵料配方和合理的饵料制形外,给食率的制定和合理的投饵方法十分重要。合理的投饵技术包括给食率的估算,最佳投饵次数、时间、方式的确定等。

(1)给食率和给食量　正常的摄食状态是指摄食量以某一种增加率递增,而使池塘内的蟹群获得良好生长率的状态。这种状态下的摄食量与池塘内蟹群重量的百分比,称为给食率。反之,池塘内蟹群的总重量如以一定的日给食率投喂,则其乘积就是给食量。河蟹的给食率和给食量通常按日计算,相应地称为日给食率和日给食量。在没有表明的情况下,给食率、给食量本身所指的即为日给食率和给食量。河蟹的给食率和给食量也称投饵率和投饵量。下式反映池塘中蟹群的日给食率的换算:

$$R = \frac{W_1}{W_0} \times 100\%$$

式中:R 为日给食率(投饵率),W_0 为池塘中蟹群的重量,W_1 为日给量(投饵量)。

河蟹每日摄食的最大量为日饱食量,相应的为日饱食率。一般来说河蟹的日给食率相当于饱食率的 70%。过多的投饵往往会浪费饵料而使饵料系数偏高,并使河蟹产生厌食。池塘中的蟹群要求每天按制定的给食率投饵。

池塘内蟹群的重量天天在增加,在理论上必须每日调整给食率和给食量,但这在具体应用时会感到过于麻烦和不便,生产上常用以下三种简便的方法来计算,虽然并不十分精确,但可供生产上参考应用。

第一种方法是用地笼定期抽查蟹塘内蟹群的均重，一般隔 2 周检查一次，然后根据塘内蟹种的放养量和估算存活率推算出总重量，再根据规格大小调整下一个饲养周期的给食率和给食量。第二种方法是在以往生产实践的基础上进行推算。如已掌握以往各阶段河蟹的生长率和生长速度及饲养过程中的存活率，即可对照推算出各饲养阶段池塘内蟹群的总重量，由此可以确定给食率和给食量。应用这种方法时，不必一定要每隔 2 周捕捞一次去检查蟹种的生长状况。第三种方法较简便，是采用放养量、存活率、增重比和经验饲料系数来估计全年的投饵量，然后按水温高低，逐月、逐旬地分配给食率和计算给食量。后两种方法适宜在池塘或网围养蟹上应用，可以减少过分频繁的起捕检查，有利于河蟹的生长。

日给食率的制定和给食率与温度、规格的关系是：河蟹的给食率在一定的水温范围内（10℃~30℃）随着水温上升而增加，而随个体规格增大而下降。对养蟹专业户来说，合理制定给食率十分重要，否则将因投饵率不足而丧失放养蟹种初期的快速生长期，或因投饵率过高而浪费饵料，造成饵料系数偏高和成本上升。

通常在蟹种放养后的前 3 个月，如从 3 月中旬到 6 月中旬，在长江流域水温处在 10℃~30℃ 的阶段，河蟹因水温上升所需的日给食量增加速度大于因个体增大而使日投饵率减小的趋势，两者相抵日投饵率需每隔一个饲养阶段（通常为 2 周）调高 1 次。直至水温上升到 28℃~30℃ 的最佳生长水温为止。在 3 月至 6 月中旬这一阶段的正常情况下，河蟹可蜕壳 3~4 次，前期蟹种每隔半个月可蜕壳 1 次，此后每隔 3~4 周蜕壳 1 次。如放养时蟹种的平均规格为 5 克，一般情况下到 6 月中旬可长到平均每只 30~40 克,因此日投饵率可以从 3 月初的 0.5% 开始每隔半个月调高 1 次,到 6 月中旬水温 28℃~30℃时达到 3.5% 左右。以后当水温超过河蟹生长的最佳温度点后,可以经过半个月左右的稳定期,日给食率从 7 月上旬起就要调低。但由于河蟹的增长仍在继续,所以日给食量还会不同程度地缓慢上升,直至 10 月下旬河蟹起捕时日给食率要降低到 1%~0.5%。这样的日投饵率制定大致上可使饵料系数控制在 2.5~3 的水平。不同水温、放养规格下河蟹养殖的日给食率制定见表 6-5。

表 6-5　池塘网围养蟹投饵率和水温、规格的相关情况

水温 (℃)	不同河蟹体重规格(克)的投饵率(%)				
	5~25	25~50	50~100	100~150	150 以上
10	0.5	0.4	0.3	0.2	0.1
11	0.6	0.5	0.4	0.3	0.2
12	0.7	0.6	0.5	0.4	0.3
13	0.8	0.7	0.6	0.5	0.4
14	0.9	0.8	0.7	0.6	0.5
15	1.0	0.9	0.8	0.7	0.6
16	1.2	1.1	1.0	0.9	0.8
17	1.4	1.3	1.2	1.1	1.0
18	1.6	1.5	1.4	1.3	1.2
19	1.8	1.7	1.6	1.5	1.4
20	2.0	1.9	1.8	1.7	1.6
21	2.2	2.1	2.0	1.9	1.8
22	2.4	2.3	2.2	2.1	2.0
23	2.6	2.5	2.4	2.3	2.2
24	2.8	2.7	2.6	2.5	2.4

水温 （℃）	不同河蟹体重规格（克）的投饵率（%）				
	5~25	25~50	50~100	100~150	150 以上
25	3.0	2.9	2.8	2.7	2.6
26	3.2	3.1	3.0	2.9	2.8
27	3.3	3.2	3.1	3.0	2.9
28	3.4	3.3	3.2	3.1	3.0
29	3.5	3.4	3.3	3.2	3.1
30	3.6	3.5	3.4	3.3	3.2
31	3.4	3.3	3.2	3.1	3.0
32	3.2	3.1	3.0	2.9	2.8
33	3.0	2.9	2.8	2.7	2.6

表 6-5 反映了河蟹饲养投饵率高低和规格及水温的关系。从表中可以看出，在规格相同的情况下，水温 30℃ 以下日投饵率随水温上升而上升。而在温度相同情况下，日投饵率随着蟹体的增大而下降，从表中还可以看出，水温 30℃ 以上各档规格的河蟹给食率下降。至立秋之后水温开始下降，尽管此时蟹塘内河蟹仍在生长，但给食率已超过最高点，因此仅表现出给食量的缓慢增加，并经过给食量的平衡期后，一般从 8 月中旬起，日给食量也逐日下降。池塘（包括围栏）养蟹如忽视养蟹后阶段水温下降和个体增大的双重影响，而不去及时减少日投饵率和投饵量。很可能会造成饲养后期饵料系数的偏高。

(2)投饵方法和次数

①投饵方法　河蟹在池塘中散养其分布并非随机，多数

栖息在岸边的水草丛中及洞穴之处。并且河蟹又非游泳动物,所以投饵时必须兼顾全池泼洒,并重点顾及四周的投饵原则。如在 0.1~0.3 公顷池塘中养蟹,投饵时可以沿着蟹塘的四周泼洒。由于泼洒时塘面不宽,一般在 30~40 米之间,且所投饵料泼洒成塔形轨迹的分布,这实际上等于已经做到了全池泼洒,顾照四周的原则。这样养出来的蟹个体规格比较均匀,壳长和体重的变异系数也小些。如果蟹塘的面积在 0.3~1 公顷或以上时,由于塘面宽阔,因此必须用小船一边划船一边泼洒,务必使所投的饵料全池泼到。否则所养的蟹因吃食不均,年终起捕后规格大小不均,生长的差异明显,壳长和体重的变异系数悬殊。

②投饵次数　河蟹营底栖生活,喜穴居,昼匿夜出。同时河蟹的日能需量小于鱼类,因此日投饵次数可以减少,一般可以每日投喂 2 次:第一次在黎明前,投喂总投饵量的 30%;第二次在傍晚投喂 70% 的剩余量。并要求饵料在配置时除了营养成分完全外,饵料的粘合度和稳定性要好,这与河蟹栖息和摄食方式不同于鱼类的吞食和虾类的抱食方式有关。河蟹摄食时的钳食方式,如一旦饵料的粘合性和稳定性不够极易导致饵料的散失。

6．水质和环境控制　河蟹养殖过程中由于每日投饵,必有剩食残饵积存水底,同时河蟹排泄粪便也会污染水质。加之河蟹大量撕食水草和漂浮的水生作物,使蚕食大于滋生,将破坏已营造的生态环境,因此在 7~9 月份的高温季节,会出现水质败坏,水底层溶氧下降到不足维持 3 毫克/升的水平。饵料有机物的积存将使氨氮和亚硝酸氮的有毒成分超过渔用水质标准,水中的有机物耗氧上升。水质和环境的调控目的是使水质的各项标准尽量调控到渔用水质要求,但主要是溶氧和有机物耗氧的调控,氨氮和亚硝酸氮的控制和维持及再次营造水生态环境的稳定。

(1)溶氧和有机物耗氧的调控　主要靠定期加注新水,维持正常水位,及条件许可下定期开启增氧系统使24小时内最低溶氧不低于 3 毫克/升和有机物生化需氧量调控在 10 毫克/升以下。为此应在夏季高温季节每隔 3 ~ 5 天增补新水一次,并及时排除底层污水,控制水位在 1.2 ~ 1.5 米之间,不使塘水过深而出现底层缺氧或塘水过浅而增加河蟹活动的空间密度。

蟹塘水中残饵的积累常引起氨氮和亚硝酸氮的积累,对河蟹造成毒害,应通过注水增氧或充分利用增氧机的搅拌,促使氨氮和亚硝酸氮的氧化,使水中这两项指标接近或控制在渔用水质容许指标以下。增氧的同时也可促使有机物分解和有机物耗氧量的降低。

(2)营造和维持水生态环境　这包括植物生态环境的维持和营造,利用动物的食物链来改造蟹塘生态环境等两个方面。在河蟹放养前的准备阶段,养蟹专业户一般都考虑过水生植物(沉水和挺水植物)的栽培和漂浮生物的移栽,但在养殖过程中往往会出现水生植物过度被蚕食而枯萎,因此必须在养蟹过程中不断按需补充新的植物源,如不断打捞水花生、水葫芦、浮萍等水生植物。

养蟹塘中适当混养一些花白鲢鱼类和日本沼虾及螺蚬类会增加对蟹塘中残饵的利用,在一定程度上可改善水质。同时日本沼虾和螺蚬类还是河蟹的饵料。建造一个以河蟹为中心的生命(活饵料食物链)之网将有利于河蟹的生长。滤食性鱼类的搭配饲养在不另外施肥投饵情况下,利用残饵和蟹、鱼的粪便用来培养浮游生物,达到既控制水质又提高水域生产力的目的。

7. 防逃、防偷和防病害 成蟹塘的逃逸现象主要发生在进排水时,因此应特别注意在进排水时有无水流从塘外渗入而引起河蟹逆向外逃。其次篱笆是否牢固应特别引起注意,尤其在 9～10 月间当大量河蟹完成最后一次蜕壳变成绿蟹后,常常在天气不爽的夜晚集中在防逃墙的四周,有时它们结集成群,甚至以"叠罗汉"的形式翻越本来不能爬越的防逃墙。对用塑料薄膜围拦的防逃墙尤应注意,如一旦薄膜被蟹爪划破,逃逸的后果将不堪设想。

防偷是第二个重要的管理措施,尤其在收获季节必须通宵值班,并有一套防盗防偷的设施,以及如何及时组织人力及报警等。

防病主要在 5～9 月期间,一般每月一次石灰消毒,使水呈中性或微碱性。对蟹病的预防可用氯制剂,如二氧化氯全塘泼洒等,这类药物可预防多种河蟹疾病(如烂肢、腐壳、黑鳃病、蟹抖病等)。为促使蜕壳,控制蜕壳未遂病和肠胃病的发生,可在发病季节配制含有蜕壳素及钙磷无机盐的相关药饵进行防病。防害主要是平时的工作,就是通过第一次清塘后的日常巡塘,继续不断地除害。

8. 起捕 河蟹养殖到 10 月下旬的霜降至立冬阶段就应起捕。起捕的主要方式有:

(1)利用防逃墙或沟起捕 一般在 9 月上中旬即可见到河蟹集中在蟹塘四周的内侧结群,此时可以直接用手捕捉。或者在防逃沟或蟹塘四角挖有泥潭,其内嵌入陶器制的小缸、小坛,每晚也能用这类工具捕捉河蟹。

(2)地笼捕捉 地笼为诱网具。外形笼身状,为有结节的聚乙烯网制品,分节,共 30～40 节不等。傍晚放入,翌日凌晨收捕。因地笼每节有只进不能出的网口,所以翌日清晨只要在解开末梢的囊网就可捕获进入地笼的河蟹。

(3)干塘挖穴收捕 待用前二种方法起捕河蟹后,剩余的河蟹必须干塘起捕。干塘后将留在塘中的蟹尽可能全部捕尽。过分大的蟹塘此时应划块包干起捕,不使留有死角死块。如起捕时间太迟,部分蟹会打洞穴居,此时就需沿着蟹塘的四周,在水位线上下10~20厘米处寻找洞穴,挖穴捕蟹。有的养殖户在塘底每隔一定距离铺设一定数量的稻草、塑料板块作为隐蔽物,这样只要翻动这些隐蔽物就可捕到河蟹。严寒季节干塘后可以加水数十厘米,然后在天气好的日子,反复干塘数次,再利用翻动隐蔽物捕蟹,可以捕尽所养的商品蟹。

9.并塘暂养和出售 河蟹起捕季节并非价格最高的季节,因此可以把河蟹先并塘集中,按每667平方米250千克的密度暂养,待河蟹长足,膏厚脂肥,市场价格上升的季节出售。出售前最好另建暂养土池或水泥池经短期暂养1~3天,将规格按大小分档后集中用车船或飞机装载出售。

三、池塘河蟹混养

河蟹混养包括以蟹为主和其他水生动物(鱼、虾、鳖)混养或以其他水生动物(鱼、虾、鳖)为主与河蟹混养。

(一)鱼蟹混养

是指以鱼为主的一种混养方式。这在长江流域一带颇为盛行。它是运用生态学原理,在不影响或基本不影响鱼产量的前提下,适当投放蟹种,并不单独另外给加饵料以达到提高池塘经济效益为目的的一种养殖方式。

1. 池塘环境条件　池塘以长方形为好。一般要求面积0.5～1公顷,池塘坡比1:2～3。水深2～3米,池塘淤泥10～20厘米。水源充沛,水质良好,主要水质指标符合渔用水质标准。并在四周设有防逃设施。

2. 鱼蟹放养　要求每667平方米鱼产量在500千克左右,河蟹产量在10～20千克。

(1)草鱼为主的放养模式　每667平方米主养规格为250～500克的老口草鱼100尾,计25～50千克;规格为30～50克的仔口草鱼200尾,计6～10千克。另配养规格为50～100克的白鲢250尾,计12.5～25千克;规格为50～100克的花鲢60尾,计3～6千克;规格为15～25克的团头鲂120尾,计1.8～3千克和规格为20～40克的鲫鱼600尾,计12～24千克等。以上共计每667平方米放养密度1580尾,放养量57.3～118千克,平均约87.7千克。如饲养存活率为80%,增肉倍数为7,起捕产量为500千克/667米^{2}左右。

(2)鲫鱼为主的放养模式　每667平方米主养规格为20～40克的鲫鱼1200尾,计放养量24～48千克;规格为30～50克的草鱼100尾,计放养量3～5千克;规格为50～100克的白鲢200尾,计放养量10～20千克;规格为100～150克的花鲢50尾,计放养量5～7.5千克;规格为20～40克的团头鲂400尾,计放养量8～16千克。以上共计放养密度1950尾,放养量50～96.5千克,估算平均放养量约73千克。如饲养存活率80%,增肉倍数为9,起捕时产量为500(526)千克。

两种模式中河蟹放养量各为1～3千克,因放养时规格为5～10克,每667平方米放养只数为200～300只。河蟹起捕时平均规格为100～125克,饲养存活率为50%,每667平方米河蟹产量为10～20千克。

3. 放养时间 鱼种以冬季 2 月份放养为主,蟹种一般在 3 月初至 4 月上旬放养结束。

4. 鱼种、蟹种质量 放养的鱼种和蟹种均应达到质量标准。鱼种、蟹种在放养前需经 10 克/米³ 的漂白精液或其他药剂按此浓度浸洗 5～10 分钟。有关的网具、装盛工具可在 100 克/米³ 的漂白粉溶液中浸洗 5～10 分钟。

5. 放养前的池塘准备 鱼种、蟹种放养前均需经过池塘清整、清塘施肥培育、防逃设施修建等一系列准备。

6. 饲养管理

(1)投饵料 由于河蟹为杂食性,和饲养的鱼类在饵料上不冲突,它既能吃鱼类的残饵、鱼类的尸体和螺蚬类等,又能食底栖碎屑和周丛生物。作为配养对象,只要控制的放养量适当,一般在鱼蟹混养情况下可以不再另外投饵。但为使河蟹生长快,出塘规格大,可以在后期适量增投螺蚬和高质量的配合饵料。

(2)投饵量 立春后日投饵量为放养量的 0.5%,或 2～3 天投一次商品饵料,每次投喂 1%～2% 的体重量。3 月初惊蛰以后,水温上升在 10℃ 左右,改为每日投喂占体重 1%～2% 的饵料量。当清明以后水温升至 18℃ 以上到夏至时,日给食率增加到 3%～4%,草食性鱼类每日投喂按总体重的 10%～50% 的青饵料。立秋以后的 8～10 月份投饵率从 4% 逐渐降低到 2%。另外,根据鱼的摄食情况、天气变化、水质条件等对饵料应作酌情的增减。

(3)投饵时间和方法 每日投饵两次,上午为 9 时,下午 16 时。投饵方法根据池塘大小,每池设食台 2～10 个。采取重点投食台,照顾四周的原则。即颗粒饵料可直接投在食台上,饼粕和粉状饵料可随拌随投,青草类和螺蚬类一般可在池塘四周沿着塘投喂。谷类植物的种子可在浸泡或煮熟后投喂。

(4)施肥 除放养鱼种、蟹种前施基肥改善水质外,一般上半年在7月份以前每隔7天左右,每667平方米施有机追肥200~250千克,7~9月份高温期改施无机肥料,每7天施1次,每次每667平方米施放1~2千克。

(5)水质控制 主要是保持溶氧24小时不低于3毫克/升,及控制氨氮、亚硝酸氮过高,并维持水质其他指标在正常水质指标范围内。为此一般每月加水2~4次,每次换水30%,并升高水位10~20厘米。当水质老化时应尽量更换新水,排除老水。并在夏季高温晴天的下午,经常开动增氧机,改善底层水质条件。定期施放生石灰,每667平方米10~20千克使水呈微碱性。在5月立夏和9月白露前后用氯制剂(二氧化氯)全池泼洒,使水呈0.2~0.3毫克/升,防止鱼病和蟹病发生。

(6)其他日常管理 每日日出前和中午及傍晚各巡塘一次,台风和灾害性天气需整日值班。经常观察水质、鱼蟹摄食、鱼类浮头、蟹类活动,及加水时的逃逸状况,如发生上述情况应做及时捕救。如遇鱼、蟹生病,应及时采取急救措施。

(7)起捕 鱼类在7~9月份可起捕部分热水鱼,以减少饲养空间的密度,有利于后阶段的快速生长。当水温降低至10℃以下或至鱼类停食后可以起捕。池塘养鱼冬季一般采用拉网和干塘等二种方法起捕。

鱼蟹混养时河蟹的起捕常延迟至春节前和鱼类一并起捕。河蟹起捕的方法有地笼、干塘和挖穴等方法。

7.鱼蟹混养实例 据宋长太〔科学养鱼.1995(2):28〕报道,江苏盐城市郊区水产养殖场,在1983年期间利用33.4和

41公顷二口大塘进行大塘鱼蟹混养。其中每公顷鱼类的放养量为白鲢(16~25尾/千克)3 750尾,花鲢(16~25尾/千克)750尾,草鱼(1~2尾/千克)300~500尾,团头鲂(20~40尾/千克)750~1 500尾,银鲫(30尾/千克)1 500尾。并在每公顷鱼塘内,混养河蟹种(160只/千克)10~30千克和第Ⅲ期幼蟹(豆蟹)750~1 500只。饲养过程中放养前的准备和放养后的日常管理按常规进行。年终起捕时鱼产量一般为4.5吨/公顷,高的达7.5吨/公顷。在不影响鱼产量的前提下,每公顷产河蟹100千克,鱼蟹总饵料系数为2左右,养殖过程中不单独为河蟹提供饵料,每公顷收益4 500~7 500元,高的达1.5万元。

(二)蟹虾和蟹鱼混养

蟹虾或蟹鱼混养是指以蟹为主,鱼、虾为副的一种养殖模式。一般蟹虾混养是指河蟹和日本沼虾(青虾)混养,蟹鱼混养是指河蟹和鲢、鳙鱼混养。这是因为河蟹和日本沼虾混养,主体是河蟹,日本沼虾是配养,并且沼虾的争食能力比河蟹差,所以这二种种类混养后对河蟹能补充动物性饵料,有利于河蟹的生长。同时年终起捕时还可以捕到一定产量的河虾,其产值足以补偿虾苗投入时的支出。混养过程中每667平方米可以放养0.25~1千克的抱籽虾,放养时可以将带籽虾在6月初先放入网目为1.5~2厘米的网箱中,每日投喂适当的饵料,半月后待虾卵孵出或仔虾从网孔中窜出分布于池塘后,此时即可起捕网箱中已经释放仔虾后的日本沼虾亲虾,再在市场出售减少用于虾苗苗种的支出费用。但有的地方碍于网箱制作及投饵饲养时的麻烦也可直接将抱籽虾直接放入塘内,这种方法亲虾不能回收,它们在释放仔虾后不久就死亡。蟹虾混养过程中,不单独增加虾的给食量。河虾在混养过程中以饲养河蟹的残饵为食。

除滤食性花白鲢外河蟹不和一般摄食性鱼类混养,否则将因这些鱼类和河蟹之间的互相争食和争夺空间而导致河蟹生长不良。但也有少量放鲫和鲂的例子。而鲢鳙鱼因和河蟹在食性上互相不冲突,可以利用掉一部分水中的浮游动植物,使水质保持良好,对河蟹的生长反而有利。一般每 667 平方米蟹塘可以混养花白鲢鱼种 100 尾,其中白鲢 80 尾,花鲢 20尾。花白鲢鱼种的放养规格为每千克 10~20 尾。河蟹和鲢鳙鱼混养可以不考虑鲢鳙鱼的饵料量,它们主要靠池塘中的残饵及河蟹的粪便分解后培育出的浮游动植物作为花白鲢的饵料生物。

1. 虾、蟹、鱼混养实例 据钱枫仪等〔水产养殖.1996(4):10~11〕报道,编者等在高邮市菱塘水产养殖场进行罗氏沼虾、河蟹和鲢、鳙鱼混养试验。在 2 800 平方米池塘中,水深0.8~1.2 米,池坡比 1:2.5 及四周建有防逃设施条件下,放养前池塘经过清塘,栽种和布放水生植物及设置虾苗暂养区,5月 26 日共放养规格 0.7~0.8 厘米的罗氏沼虾苗 6.6 万尾,之前 5 月 5 日还放养河蟹种(6.2~17 克/只)1 000 只及在 7 月12 日放养鲢鱼种(8~12 尾/500 克)252 尾。饲养过程中按常规管理,年终收捕时获平均规格为 5.6 克/只的罗氏沼虾 441千克,存活率 42.9%;平均规格为 140 克/只的河蟹 76.9 千克,存活率 54.9%。另外,还起捕了平均规格为 768 克/尾的鲢鳙鱼 252 尾,计 184 千克,存活率 95%。每产出 1 千克虾、蟹,共需配合饵料 2.65 千克,螺蛳 1.86 千克和其他料 0.12 千克。投入产出比为 1:2.82。

2. 蟹、虾、鱼混养实例 据曹福根〔科学养鱼.1995(6):

10]报道,江苏省姜堰市俞垛乡耿庄村在1994年养蟹时,采取河蟹和日本沼虾(淡水青虾)及团头鲂混养。放养面积为5.33公顷,经过池塘清整(坡度1:3.5,水深1.2米)、清塘、水草栽培和移植及修建防逃设施等常规放养前的准备,于3月中旬放养蟹种490千克(120只/千克),约667平方米放6.1千克(730只),另于4月中旬放入团头鲂385千克(25~30尾/千克)和6月初按每667平方米1千克放养量放入抱卵虾80千克。饲养过程中按常规投饵、防病、防逃,并每隔半月加注水1次和坚持每日巡塘加强管理。于11月中旬起捕,捕获商品蟹1 902千克,每667平方米产量为23.8千克;商品虾741千克,每667平方米产量为9.3千克;团头鲂2 463千克。每667平方米产量30.7千克。总收入269 438元,获利137 125元,每667平方米净收入1 714元。

四、当龄蟹养殖

传统的成蟹养殖均为2龄蟹养殖。但由于2龄蟹养殖的周期长,并且在第一年的蟹种培育阶段又易出现当龄蟹的性早熟,即使是蟹种也因越冬成活率的影响使2龄蟹养殖的存活率一般均在50%左右。因此自1994年起许多生产单位开始进行当年养成的试验,并获得成功。一般当年蟹可生长到50~75克/只,较好的可长到90~100克/只,饲养成活率比养2龄蟹高,一般在60%~75%之间,并且资金流转快,又避免了蟹种培育时的性早熟矛盾,因此在1994~1998年期间曾风行过一时。以后由于当龄蟹的售价骤降,从每千克120~150元下降到30~60元,因此从1999年起当龄养殖的热潮迅速下降,但作为一种养殖技术,如在改进烹饪方式后,当龄蟹市场价格仍可能调高,这种养殖技术仍会再度出现热潮。

(一)放养密度、规格和时间

1．密度 每 667 平方米 600～1 500 只。

2．规格 4 月份放养,规格可在 2 000 只/千克以下;5 月份放养,规格要求在 1 200 只/千克以下;6 月份放养,规格要求在每千克 800 只以下。这样经过 4～6 个月的精养,至 11 月份起捕时商品蟹的规格可达到 50～100 克/只。

3．放养时间 每年 4～6 月份。6 月下旬夏至以后在长江流域一带因养殖期少于 120 天不宜再放养。

(二)苗种来源

1．人工繁殖的早期苗 最好采购或预订年前交配,春节后孵育出的苗。如 3 月中下旬或 4 月初出的早期苗,养殖专业户可将采购来的蟹苗先在塑料大棚内饲养 30～60 天,使之成为第五期幼蟹期后在 4 月底 5 月初将幼蟹种(豆蟹)转养入池塘。按常规成蟹养殖的密度和养殖方式直接养成当龄商品蟹,或将蟹种先经培育养成较大一级放养所需的规格再分养入塘养成当龄商品蟹。

蟹苗在大棚中培育一般仍应在放养前做常规的药物清塘、水质培育、水生生物栽培或移植、防逃设施和隐蔽物的设置等步骤。如蟹苗放养时间在 4 月初,一般光靠大棚升温就可,不必另外再用加热设备;如蟹苗放养过早,可以在阴天或夜晚用灯光等加热设施加温。

2．放养南方常规苗 由于我国长江以南河蟹苗发汛期早,一般瓯江苗比长江苗早 15～20 天发汛,福建苗比长江苗发汛早 30～40 天,广西的蟹苗比长江苗早 45～60 天,因此应争取采购南方蟹苗并在当地培育成所需规格空运到长江流域一带放养。由于饲养当龄商品蟹无需考虑性早熟,因此利用南方苗季节的自然优势应尽量选购这种蟹苗或早期蟹种来放养。在这种情况下无论瓯江、闽江和钦州湾的蟹苗、蟹种都可以放养,以便当年获得较大的商品蟹规格。

(三)当龄蟹养成的实例

据林立彬等〔水产养殖 .1998(3):13~14〕报道,在总面积81 040.5平方米的8口蟹塘内,池塘结构为水深1.5米,池底淤泥厚10~20厘米。正常条件下,按常规在放养前进行池塘清整、水生植物栽培或移植、防逃设施的修建和正常的水质调控、投饵喂饲及日常管理情况下,使用了48.2%的动物性饵料、34%的精饲料(豆饼、小麦等)和17.8%水草条件下,日投饵率为占存塘蟹体重的5%~10%。放养时幼蟹规格为每千克2 400只,放养密度为3 000~3 600只,放养时间为4月中旬。至11月起捕时,共收捕河蟹235 735只,养殖存活率60.28%,总产量17 899.2千克,平均667平方米产147.32千克。起捕时平均规格为79.3克,最大为160克,最小为60.5克。总产值179.4万元,总支出(物化成本)94.87万元,纯收入84.53万元,667平方米均纯盈利6 957元,投入产出比1:1.89。

据丁文玲〔科学养鱼 .1995(12):37~38〕报道,江苏省江都市张纲镇星明村养殖户张有利(1号池)、周西乡水产养殖基地(2号池)和江都市昭关乡陈俊豪等(3号池)进行了当龄蟹养成试验,在按照常规的放养前准备和放养后的日常管理条件下,其生产结果如表6-6。

表 6-6 1995 年江苏江都市张纲镇周西乡、昭关乡
部分稻田养蟹试验情况

池号	面积 (667 米²)	放养量 (只)	放养密度 (只/ 667 米²)	放养规格 (只/ 千克)	放养时间 (月)	回捕率 (%)	起捕量 (只)	规格 (克/ 只)	产量 (千克/ 667 米²)	盈利 (元/ 667 米²)
1	2	2850	1425	2000 ~ 4000	2,6	50.8	1450	80	48.0	3000
2	25	80000	3200	3000	4 ~ 5	31.5	25200	50	500.0	1280
3	10	8000	800	2000	5	55.0	4400	85	37.4	2810

资料引自丁文玲等 . 科学养鱼 . 1995(12)：37 ~ 38 . 经编者汇总整理

五、湖泊增养河蟹

(一)定义和梗概

湖泊增养河蟹是指在天然水域中放流蟹苗、幼(仔)蟹或蟹种以不投饵为主而进行的增养殖方式。自 1969 年开发长江口河蟹天然繁殖场以来,我国主要各自然水系湖泊、河川多以这种方式进行河蟹增养殖,并取得良好的业绩。1982 年以来由于长江口蟹苗自然资源锐减,蟹苗价格逐年昂贵,而湖泊增养在产品收捕、归属和分配等管理体制上又有许多不完善的地方,因此这种养殖方式才出现抑制势头。90 年代以后由于河蟹人工育苗技术的完善,蟹苗年产量已超过长江口 1981年最高年度的捕获量 63.08 吨的一倍以上,蟹苗价格又回降到可以为湖泊增养殖所接受的水平,因此这一养殖方式又开始为有关水产部门所关注,如渔政部门可以利用资源费投资开发湖泊的社会公益性增养殖等。同时许多条件较好、面积较小的湖泊事实上也开始继续河蟹增养殖的放流开发。达到投资少,见效快,产品质量好,经济效益高的目的。

但是湖泊增养河蟹也有单位产量低(1～3 千克/667 米²),水面资源浪费,捕捞不易,回捕率不高(1%～3%),防逃难等缺点。因此自 80 年代后期起我国部分湖泊利用无底网箱养殖水产品的特点,进行河蟹围养,在投饵和防逃管理较好的情况下,合理地解决了湖泊增养河蟹单产和回捕率低、易逃逸的缺点。

(二)放养条件

1. **水质** 湖泊增养河蟹要求溶氧高,无污染,水质指标一般能达到渔业水质标准的水体,水质中要求水的盐度在 0.1(即 0.01%,下同)以下,总硬度在 5～8 毫克/升之间,并且水底无硫化氢存在。

2. **自然及水文条件** 水位年度变化在 1～2 米之间,平均水温在 15℃左右,年平均 10℃以上的生产季节在 210～240 天(3～11 月份)之间,湖泊底部平坦,水面积适中,水深在 2～4 米之间。如为湖泊围养则湖底必须平坦,水深最好在 1～3 米之间,尤其是在春季放养时要求水深在 1～1.7 米之间,这样便于在修建围栏设施时,能达到下水直立检查的目的。同时要有一定的微水流使拦蟹设施建成后,可以容纳较高的放养密度。

3. **饵料** 湖泊要求水生植物和底栖生物资料丰富。水生植物中最好在湖泊岸边存在大量芦苇、茭白等挺水植物,底部长有菹草、苦草和眼子菜科、萍科植物。如果该湖泊长年生长不同季节的水草则更为优良,如上半年度生长菹草、下半年度生长苦草等。

在底栖生物中要求螺蚬类饵料资源丰富。

4．**人文及社会条件**　湖泊周围要求少村落,这样可减少水质污染和偷盗现象的频繁发生。在管理体制上尽量避免与周围居民有交通、运输、用水、排污等矛盾的发生。

5．**交通**　湖泊或网围养蟹应建立在交通便利、饵料及产品运输经销方便的处所。

(三)放养密度和规格

1．**蟹苗直接放养**　按水面大小,667公顷以下的小型湖泊每5～10公顷水面放养蟹苗0.5千克(约每667平方米放养1 000～2 000只);湖泊面积在667公顷以上6 670公顷以下的中型湖泊,每10～20公顷水面放养0.5千克蟹苗(每667平方米放养500～1 000只);面积在6 670公顷以上66 700公顷以下的大型湖泊,每20～30公顷放养蟹苗0.5千克(每667平方米放养200～300只);面积在66 700公顷以上的特大型湖泊,每30～40公顷放养蟹苗0.5千克(每667平方米放苗150～200只)。这样按正常1%～5%回捕率,在不投饵情况下,年终每公顷可起捕平均规格在150克左右的河蟹1～5千克。

大型湖泊比小型湖泊放养密度低,主要是小型湖泊的饵料资源较丰盛,接岸线较长和放养蟹苗的供给较易解决。

2．**幼蟹(豆蟹)放养**　由于蟹苗直接培育至第五期幼蟹(豆蟹)的存活率一般可按30%估算,所以早期幼蟹(豆蟹)的放养密度为直接从上述蟹苗放养密度的30%计算。

3．**蟹种(扣蟹)放养**　从蟹苗培育到蟹种的存活率为10%左右,因此改用蟹种放养的放养密度可按蟹苗放养数的10%左右估算。

(四)拦蟹设施

主要是用簖拦蟹。簖可用竹篾或聚乙烯网片编织并以竹桩或树干支撑拦设。

湖泊增养蟹簖的类型一般分瞒牢箔(箔无门、不能通船,水口小,一字形)、直过箔(水口小、一字形,箔有门,可过船)、兜底箔(箔"V"字形或"W"字形,水口较宽,一般斜横河的断面,有箔门)、桥兜箔(网箔"冂"字形,常设在桥的上水流处,可增加滤水面积,减小水流对箔的压力,有箔门)和弓形箔(设在水流较急,水口较宽处,箔弯曲弧形,箔门设在网箔正中)等。

各种箔簖一般用竹丝或用网片拦设,但需有竹桩及栏杆支撑。按不同需要竹桩分座桩、碰桩、门桩(支撑桩)等。

箔门通常设在水深水流急处,按功能有大门(由水底到水平面)、固门(门固定,但高度仅到水面的中层,位置不受船只进出而变动)和浮门(门浮于水面,下部嵌入固门和大门之间,上部浮出水面 20～30 厘米,船只进出时,浮门可以自由升降,过船后浮门恢复正常,起着拦设鱼蟹的作用)。蟹簖和箔门的构造见图 6-2。

此外,为看护鱼蟹,常在主要的簖的出入口处建有看守棚,负责照料看管。有关围建围栏设施的材料见表 6-7。

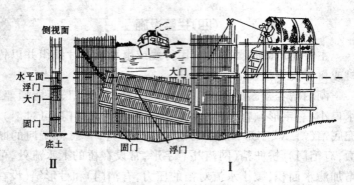

侧视面

水平面
浮门
大门
固门
底土
Ⅱ
固门　浮门
Ⅰ

图 6-2　蟹箬和箔门

Ⅰ.正视面　Ⅱ.侧视面

表 6-7　围栏养鱼、蟹建筑材料消耗定额

名　称	材料	规　格	单位	数量	成品	说　　明
劈　箔	毛竹	30 厘米	支	1	2.8 米²	浑丝
劈　箔	毛竹	30 厘米	支	1	3.0 米²	半浑丝
劈　箔	毛竹	26 厘米	支	1	2.4 米²	扁丝
劈　门	毛竹	26 厘米	支	1	3~3.2 米²	开口丝大门 3 米²,浮门 3.2 米²
劈软笆	毛竹	26 厘米	支	1	1.8 米²	半浑丝
劈硬笆	毛竹	26 厘米	支	1	1.5 米²	浑丝
劈　篾	毛竹	26 厘米	支	1	96 根	阔篾 32 根,小篾 64 根
应板	毛竹	26 厘米	支	1	24~32 米	大荡 6 开,小荡 8 开
舍　棚	毛竹	30~33 厘米	支	30~40	1 座	单人舍 30 支,双人舍 40 支
竹　桩	毛竹	26~40 厘米	支			水深 3 米以上一根桩一支竹,3 米以下至岸边浅水二根桩一支竹,门桩 29.7~39.6 厘米

续表 6-7

名　称	材　料	规　格	单位	数量	成品	说　　明
水　杠	小毛竹或淡竹	17~20厘米	支	1	4米	
栏　杆	毛竹	26~33厘米	支	1	4米	最少要交叉二个桩距
划船篷	毛竹	26厘米	支	7	1套	
门　杠	毛竹	30~33厘米	支	4		大门、浮门各二根
撑桩天盘	毛竹	30~40厘米	支	3		二根撑桩,一根天盘
压　箔	棕绳或塑料绳	10米45~50克	根	1	1米²	棕绳直径0.25厘米,10米重50克,塑料绳直径0.2厘米,10米重50~60克
压　门	同上	10米50~60克	根	1	1米²	
绑应板	同上	10米45~50克	根	1	15个缚结	
让大门	同上	10米50~60克	根	12	1道	
让浮门	同上	10米50~60克	根	14	1道	包括拉门绳
铅丝缚		14号	每缚	30克		
铅丝绞缚		12号	每缚	90克		

（表中资料引自张宗扬等主编.中国池塘养鱼学.科技出版社,1989;张列士.网箱养鱼和网栏养鱼.金盾出版社,1992)

注:1. 浑丝、半浑丝、扁丝是表示箔条宽窄的术语,浑丝宽1.5~2厘米,半浑丝宽1.2~1.4厘米,扁丝宽0.8~1.1厘米

　　2. 软笋、硬笋均为竹制的一种捕鱼工具,安装在围栏分水(头底)部分

　　3. 应板与栏杆相对应的竹片,起固定和夹紧竹箔和栏围的作用

　　4. 撑桩天盘、撑桩顶部与箔架连接的横竹,叫天盘,起增加撑桩与箔架接触面积作用

(五)起 捕

1. 蟹簖捕蟹 在蟹汛季节主要用蟹篮、蟹箩、蟹笼及"迷魂阵"等渔具诱捕河蟹,使洄游入海前的河蟹进入上述簖的附属工具而不得返回而被捕获。

2. 丝网 俗称胶丝网,为单层刺网类渔具。捕蟹时常按水流方向横截湖面或河道,使河蟹缠绕于网衣上,常晚间放网清晨起网收捕。

3. 拖网 常见的有两种形式:一是聚乙烯网片制成,网口带有沉子的三角拖网,适用于湖泊,借船只拖曳,将河蟹拖入网内,一般每条船可挂2~3条网。二是网身较短的单囊拖网,网口长方形悬挂的浮子很重,主要适用于大江河川及河口的湍急潮流处。多在我国长江下游及河口一带使用。每船最多可挂网17~19条,网口宽2.8~3米,网身深1.5米,网口悬挂36只沉子,常以潮流作动力拖浅生殖洄游途中的河蟹。

4. 拦网 属敷设类渔具。作业时将网拦河敷设,河蟹即被阻入内。

5. 牵网 属地拉网渔具。作业时将网的一端固定于岸边或船上,而将另一端拦于另一端或另一条船上,然后用包围的方式将网牵围成圈,在同一侧的岸边牵拉上岸或两船合并牵拉上岸。

6. 蟹罾网 正方形,每边40~60厘米,用网目5厘米的聚乙烯网片制成,四角用两条竹竿弯成作"十"字交叉。网内加诱物,网上挂浮子,每船挂网数十只,见浮子抖动时一手轻轻提起蟹罾网,另一手迅速用捞海捞捕河蟹。

7. 蟹钓 属延绳钓类渔具。用长线作干线,其上悬挂数十只小钓,并将小杂鱼、蚯蚓类作为诱饵装置在钓上,利用蟹吞食饵料时起捕。一般可在傍晚将蟹钓沿湖布放,并每隔半小时轻轻抖动干线,用捞海将正在螯食的河蟹迅速捞起。

8. 地笼　为定置网的一种。属诱捕网。捕蟹时将地笼顺水流横亘湖泊、河道,最好放在出水口附近一带的水流处。地笼有"一"字形或"丫"形,一端为网梢,另一(或两)端为笼首,有的两端为网梢。地笼分多节,每节两侧具有悬于半空的开口,河蟹一旦进入笼内,只进不得出,最终集中在笼梢,收捕时只要解开笼梢的绳子,轻轻一抖就可将地笼中的蟹捕出。

湖泊养蟹主要的捕捞方式为箔、丝网、地笼捕蟹,应该说都是利用河蟹生殖洄游时顺水下洄的习性进行捕蟹。捕蟹的小作业还有多种如火绳捕蟹、氨水熏捕、人工挖穴等,但在湖泊增养蟹时都不是主要的捕蟹方式。

(六)湖泊增养河蟹的实例

1. 安徽、江苏部分湖泊 20 世纪 70 年代湖泊增养河蟹的实例　江苏、安徽两省地处长江中下游,境内湖泊众多,其中江苏苏州地区的水产科技工作者曾率先在 60 年代中期开始进行蟹苗放流。而安徽省的滁州地区在 70 年代初开始作蟹苗增养殖开发,并均取得优良的结果。表 6-8 汇总了 1971 ～ 1983 年江苏、安徽两省五个大中型湖泊的河蟹增养殖效果。

根据表 6-8 资料,以每千克蟹苗 16 万只估算,花园湖平均每年每 667 平方米放养蟹苗 300 只,沱湖为 458 只,白马湖为 547 只,洪泽湖为 138 只,太湖为 113 只。相应地每 667 平方米单产花园湖为 1.35 千克,沱湖为 2.02 千克,白马湖为 2.57 千克,洪泽湖为 0.375 千克,太湖为 0.077 千克。表明中小型湖泊的放流效果在单位产量上比大型湖泊好,经济效益的投入产出也比大型湖泊更好。

表 6-8 江苏、安徽部分湖泊河蟹苗放流产量、回捕率及经济效益

湖泊名称	面积（公顷）	放流蟹苗年份	放流蟹苗数量（千克）	成蟹产量（千克）	每千克蟹苗成蟹产量（千克）	蟹苗投资（万元）	成蟹产值（万元）	回捕率（%）	投入产出比
安徽花园湖	4000	1973~1982	1126.5	811000	720.0	2.70	116.6	5.03	1:43.2
安徽浍泗湖	4000	1973~1983	1441.3	1210000	837.0	3.47	174.2	—	1:50.2
江苏白马湖	11000	1971~1982	6207.0	4656250	750.0	7.22	517.6	4.69	1:71.7
江苏洪泽湖	196000	1969~1982	29307.5	13211500	450.8	70.24	1899.5	2.15	1:27
江苏太湖	213333	1968~1983	27924.0	3452400	123.6	66.93	497.2	0.48	1:7.4

注：资料引自赵乃刚等．河蟹的人工繁殖与增养殖．安徽科学技术出版社，1988．经编者汇总及说明如下：①花园湖河蟹回捕率为 1980~1982 年平均回捕率；②浍湖、洪泽湖蟹苗每千克单价参照花园湖为 24 元(已包括运输及差旅费)；③大湖蟹苗历年放养量从 1968 年开始，已扣除原资料中 1966~1967 年的放养量，每千克河蟹价均按花园湖出售价1.44元统计

在 1973~1982 年期间,长江蟹苗的售价一直稳定在每千克 6 元的水平,加上运输费差旅费等每千克的成本价在 20 元左右,与目前 90 年代相比蟹苗的成本价上升了约 200 倍。但同规格的河蟹产量,从表 6-8 资料中的每千克 1.44 元上升100 倍的 150 元左右。而表中经济投入和产出比中,小型湖泊为 1:43.2~71.7,大型湖泊为 1:7.4~27。表明即使在目前蟹苗和成蟹价格的比价情况下。湖泊河蟹增养殖只要经营体制合理,管理得当,仍具有十分广阔的发展前景。

2. 阳澄湖的东湖河蟹增养殖效果的实例 据陈桂娟等〔淡水渔业 .1990(6):27~29〕报道,以盛产河蟹而闻名于世的阳澄湖,其东湖水面 4 000 公顷,水深 1.5~2 米,湖内水质良好,水草和底栖动物资源丰富,在 1987~1989 年期间进行了河蟹增养殖的开发试验,其结果见表 6-9。

表 6-9　阳澄湖的东湖河蟹放养和收获情况

年份	放 养						收 捕			回捕率(%)	增肉倍数
	1 龄幼蟹			当龄幼(仔)蟹			总产量(万千克)	667 米² 产量(千克)	规格(克/只)		
	重量(千克)	只数(万只)	规格(克/只)	重量(千克)	只数(万只)	规格(只/千克)					
1987	1115.0	31.70	3.50	116.0	171.5	14800	2.20	0.37	150.0	46.3	18.75
1988	1470.0	40.15	3.66	155.0	200.0	12900	6.19	1.03	155.0	18.9	38.03
1989	1968.8	24.00	8.20	274.1	108.5	3960	5.96	0.99	185.5	14.4	27.06
合计	4553.8	95.85	4.75	545.1	480.0	8806	14.35	0.80	166.0	—	—

资料引自陈桂娟等 . 淡水渔业 .1990(6):27~29。经编著者修改

在表 6-9 中当年仔(幼)蟹均来源于浙江省瓯江水系。表明瓯江蟹苗与长江蟹苗源出同种,但种群不同;瓯江苗在早期进行放流同样可获得良好的生长率和生长效果。

六、湖泊网围养蟹

(一)放养条件的选择

同湖泊养蟹

(二)网围设计

网围是无底网箱养殖的一种形式,具有微流水、高密投饵精养高产的特点。但这种养蟹也存在着投资较高,防逃不易,起捕较困难的缺点。因此在我国湖泊围养河蟹尚属起步阶段,并且最好和湖泊养蟹配套进行,这样可减少投资风险。网围的设计要考虑网围的形状、面积、深度、网目大小及支撑桩柱的扦插等几项条件,与网围配套的设施还有地笼、"迷魂阵"、石龙及罩网等。

1. 网围形状　网围一般为正方形、长方形、多边形或圆形,但相对以圆形最好。因同样网片材料不仅可以获得最大的围栏面积,同时还无养蟹的死角(表 6-10)。

表 6-10　网材相同情况下制成不同形状网围的面积比

网围形状	周　界	边长(或半径)	面　　积	面积增大的比值
长方形	4a	$(a+b)$和$(a-b)$	$a^2 - b^2$	$0 \to 1 \leqslant 1$
正方形	4a	a	a^2	1.00
正六边形	4a	4a/6	$2\sqrt{3} \cdot a^2/3$	1.154
正八边形	4a	a/2	$\text{tg}67.5/2 \cdot a^2$	1.207
圆　形	4a	2a/π	$4a^2/\pi$	1.274

从表 6-10 中可以看出,在网围的网片材料相同的情况

下，一个单位面积的正方形网围，可以设计成 1.274 个单位面积的圆形网围，1.207 和 1.154 个单位面积的正八边形和正六边形网围。但如设计成长方形网围，其面积为 0－1≤1，即随着长方形两边长度比的增大，网围的面积越小。

2. **网围面积**　一般 3.3~6.6 公顷，较大的可以扩大到 10~100 公顷，但过大面积的网围容易逃蟹，且产量不高。

3. **网围深度**　水深 1~2 米，网围区水位最低时不应露出湖底，水位最高时不应超过网围的高度。

4. **网目大小和网线粗细**　网目一般以破一目不逃蟹为原则，因为要两次破损在同网片上的同一个结节的概率很小。网线以聚乙烯线 2×3 股或 3×3 股较常见，这样的网片牢度高不易断。如果是从 5 期幼蟹（豆蟹）开始饲养蟹种或当年养成商品蟹可直接用每平方厘米 25~16 目的聚乙烯网片饲养。

从蟹种饲养到商品蟹，如规格为 5 克/只，可应用 2 厘米的网目，放养的规格为 8~10 克/只可采用网目 2.5~3 厘米大的网片。

5. **支撑桩**　江南和长江流域一带一般采用毛竹打桩，北方部分木材资源较丰富的地区可采用木材插桩。无论毛竹或圆木插入湖底的深度一般为 60~80 厘米。如感到强度不够还应在各竹（木）桩之间加横杆，并在水流过急处，再加上对着水流作倾斜撑桩或用绳索一端缚扎在竹（木）桩的顶端，另一端打木桩于水底，使网围能承受水流的抗击。

6. **地笼**　为减少蟹种逃逸的风险，目前网围养蟹一般采用内外两道拦网，并在其间放一圈地笼，放置地笼的目的主要为检查是否存在逃蟹。如地笼内捕到蟹表明内圈的拦蟹设施存在问题，此时除了要将地笼内捕到的蟹放回内圈围网内，还应立即检查围网底层哪一部分在逃蟹，检查时如发现网底有空隙则应将网用脚踏入湖底至10厘米土中。

7. 罩网　罩网指安装在墙网上端的一道网,一般高度为0.5~1米,主要为防止水位上涨超出网围高度时作为防洪措施。平时罩网向内翻入围网,其上还用塑料薄膜或硬塑料包衬,以防河蟹翻越墙网外逃。罩网每隔一定距离(1~1.5米)有小竹(木)支撑,并和竹(木)桩相固定。

8. 石笼　石笼是带状沉子的俗称。条状细长呈龙形,内装鹅卵石,用聚乙烯线缝合与网片连在一起。石龙应嵌入湖底10~20厘米,以防河蟹外逃。

9. 暂养网围　面积一般为667~1334平方米,设置在围网区的中心。主要是暂养刚采购来的蟹种,一般暂养时间数天至半月,让其适应大湖环境,然后拆去暂养网围,让蟹种自由爬入围网区。暂养网围的设计与养蟹的网围相同,但一般可不设罩网或安置地笼。

10. 保护性网围　设置在外圈网围之外,为防止来往船只入侵而设置。保护用网围一般仅用带有横拦的竹(木)桩修建,或者也可以再装上一道不必着底的破网,多少起着欲盖弥彰,掩人耳目的作用。

11. 分隔拦网　主要为分隔围网水面,可使放养后的蟹种分布均匀,提高水体利用率。分隔网在结构上可以比网围简单一些。

12. 看守棚　作为管理人员的看守及生活起居场所,一般设在河边沿岸靠近网围区,或直接在网围区外另建一所配有船只的吊脚楼式的竹(木)棚。

(三)放养密度、规格和时间

1. 放养密度　每667平方米可以放养1000~2500只或

甚至更多蟹种,但目前生产上每667平方米仅放养200～300只,这主要受怕蟹种逃逸的风险所致。如放养5期幼蟹(豆蟹)每667平方米放养密度为1 000～5 000只。

2.放养规格 蟹种放养规格为每千克200只,即平均每只5克。豆蟹为每千克500～1 000只的第六、七期发育期的幼蟹,过小规格的幼蟹(豆蟹)当年不能长成商品蟹。

3.放养时间 蟹种季节上可以从冬至到翌年清明放养,但因冬季在看守上的困难,并且蟹种容易在越冬期死亡,所以一般均在翌年立春至清明前放养,并尤以惊蛰至清明为佳。

豆蟹的放养日期一般在6月份的夏至前后,过迟当年不易养成商品蟹。

(四)日常管理

湖泊网围养蟹主要的技术关键在投饵喂养、蟹种选择、蟹病预防和防逃、防偷、防害等问题上,因此对放入的蟹种来源、体质、规格必须认真检查,购入后在放养之前对蟹种必须进行预防消毒,因为放养过程是一步跨出无法重演的技术过程。当选购优良并合乎规格的蟹种,并按原定的放养密度放养后,主要的管理措施是日常投饵和三防措施。网围养蟹的饵料补给、日投饵率的制定均与池塘养蟹相同,但在防逃、防偷、防害上应特别注意。

1.防 逃

第一,必须在蟹种放养前仔细检查石龙和罩网是否完好和达到防逃要求。放养蟹种后要经常(每隔7～14天)穿下水衣入水用脚踏石龙是否下方有空隙或悬空,如有不实之处则必须立即将石龙埋入湖底。

第二,必须每月两次巡围,观察网围区水面以上的墙网和罩网有否破损或有不坚固之处,如有应立即修建如初。

第三,必须每日清晨起捕网围外的地笼,看有否河蟹逃入,如有则必须检查墙网、罩网及石龙下有无逃蟹的空隙。

2.防害 主要是清除敌害和凶猛鱼类。在网围养蟹上因不能用干塘(池)施药的方式来清除敌害,因此可改用在先建好网围并挂好网后用船只驱赶野杂鱼的方式,或在先悬挂好一串的网围后,然后将围网对折,再作由内向外的扩大,以便驱逐残留在围网夹层内的野杂鱼类。如果将几种方法结合起来,网围养蟹便可得到很好的清野效果。

3.防盗 这是社会治安和自我防卫的管理问题。网围养鱼应在得到当地渔政部门和村委会的行政支持下,加强自我值班、轮守等防卫措施,如果加上灯光、鸣警的合理配合可能会得到更好的效果。

(五)起　捕

围网养蟹最常用的起捕时间在9～11月份。主要的起捕工具为地笼、"迷魂阵"、丝网和拖网等。起捕后的河蟹一般直接上市,或可用池塘暂养到合理价格时出售。

(六)网围养蟹的实例介绍

1.湖泊网围蟹、鱼混养实例 据李福勤等〔淡水渔业.1994(5):30～31〕报道,1992年1月在江苏太湖吴县横径乡上泽村进行了网围蟹鱼混养试验,在水质良好、面积为20 010平方米围栏设施规范的双层竖贴式围网内,放养每千克50～60只的大规格蟹种300千克,计16 500只,放养密度为每667平方米550只。另同期放养鱼种2 736千克,放养密度为每667平方米91.2千克。

饲养期间日投饵率在3～6月份为5%～7%,7～11月份为8%～10%,每日投饵次数及方法按常规进行,主要的饵料种类为小杂鱼、虾、螺蚬和谷类植物及水草等,养殖期间为加强疾病预防,进行了药物消毒和喂食药饵。同年9～11月期间共捕获商品蟹10 182只,平均规格175克,折合每667平方米产量55.2千克,回捕率为61.7%。同时收捕到鱼类6 922.7千克,每667平方米产量230.8千克。全年共投喂饵料20 941千克,其中动物性饵料7 609.3千克,植物性饵料13 355千克,蟹和鱼的总饵料系数为3.87。年终蟹鱼总收入为135 274元,其中蟹产值99 276元,占73.4%,其余为鱼产量。总支出49 712元,包括蟹种费9 000元,鱼种14 229元,饵料10 684元,网围设施(30%折旧)6 000元,劳力9 000元,其他500元。收支相抵后毛利85 562元,投入产出比1:2.7,折每667平方米效益2 852元。

2.长江中下游湖泊网围蟹、鱼混养实例 据朱双喜〔淡水渔业.1993(4):43～44〕报道,1992年荆州地区长湖水产管理处在长湖进行了31 349平方米网围蟹鱼混养,在水质良好、湖泊水草和底栖生物资源丰富的条件下,按常规围建网围设施,在1月8日共投放了平均规格3.579克的蟹种共50千克,约14 000只,放养密度为每667平方米298只。另投规格为16.7厘米的鱼种总重705千克,每667平方米放养量15千克,其中花白鲢占73%,草、鳊鱼占26.7%。

饲养管理中按常规投饵,以自然饵料水草为主,少量投喂配合饵料和螺蚬。日常管理过程中严格检查网片及石笼是否穿孔。9月下旬至11月起捕,共捕获河蟹3 714只,计900千克,平均起捕规格为242克。回捕率为26.5%,出售收入54 000元。另共起捕鱼1.65万千克,起捕率94.3%,销售收入

33 000元。扣去成本支出33 600元,包括蟹种5 400元,鱼种4 200元,饲料4 300元,人员工资8 000元,捕捞费3 200元和折旧费及其他2 000元等。收支相抵后盈利53 400元,折合每667平方米盈利1 136元。

七、稻田养蟹

(一)稻田养蟹的特点

稻田养蟹是指在稻田中以种植稻为主,同时通过投饵、施肥等措施兼养鱼、虾、蟹等水生动物的一种养殖方式。由于传统的种植业,仅利用水和土壤中的肥源使栽植的种子发芽后通过阳光因子,使空气中的二氧化碳和水分在叶绿素的参与下合成淀粉等谷类植物,而并未利用水和土层中全部的空间因子和生产力。为此我国部分省、市的水产科技工作者,在90年代已率先进行了稻田养蟹(鱼、虾等)新的养殖模式。这种养殖方式由于改善了稻田的原生态环境,具有以下几方面的优点:

第一,稻田养蟹,实行种植业和养殖业的结合,产量以稻为主,是在稳定粮食生产的前提下,兼养蟹、鱼、虾,因此一般不会影响农业的单产,如有减产一般可通过大农业面积的全面调整来统筹解决。这种养殖方式可以使农业和水产业得到优势互补,促进了生态农业的发展。如放养河蟹、鱼、虾后,可将水草、杂草和水生昆虫及稻的害虫除尽,蟹、鱼、虾的排泄物、残饵可作为肥料肥田。蟹的爬行,鱼的窜游又可以疏松板结的土壤,有利于水稻的分蘖生长。而密集的稻株又为河蟹、虾、鱼提供良好隐蔽场所和使水加速净化的生态条件,这种稻蟹互利的共生环境,达到了稻护蟹,蟹护稻的目的,有效地提高了稻田的立体利用率及有效生产率。

据李瑞富等〔广西农学院学报.1988(7):8〕报道,稻田放养鱼(或蟹),形成了良好的稻鱼(蟹)共生的农业生态系统。从试验的结果看,稻鱼(或蟹)结合可使土壤中增加全氮14.9%,磷(五氧化二磷)10%,钾(氧化钾)6.1%。

第二,利用稻田混养蟹、鱼、虾,因改变了传统农业单一的种植方式,变单一式种植为立体式的种、养殖业结合,并以种植业为主提高稻田的综合生产力水平。稻田放养蟹、鱼后,由于改善了水稻的生态环境,能促进有效穗的增加和结实率的提高,从而使在相等面积下稻谷可增产一成左右。但在实际生产过程中,因开挖沟、渠、溜的面积常占去了整块稻田的20%～40%面积,扣回单位面积增产的稻谷10%的回补,实际上单季稻的产量为每667平方米400～510千克,但这可以通过蟹、鱼、虾水产品的增产来弥补。如下述实例:稻田放养蟹、鱼、虾后,每667平方米可增产300～1 200元。虽减产水稻290～300千克,水稻收入的效益减少了300～370元,但水产品的年增收足可补足由于水稻可能减产后的损失。再加上稻田养蟹、鱼、虾后,由于减少了治虫用药和肥料等成本支出,节省了耘稿用工,从而使稻田养蟹、鱼、虾成为丰富市民"菜篮子"增加农民"米袋子"和"钱夹子"的致富路子。

第三,稻田养蟹、鱼、虾由于吃掉了大部分孑孓、血丝虫等害虫,可以减少疟疾和丝虫病的发生和流行。同时因是生态防病治病,减少了因用药而导致的环境污染,改善了农村的卫生条件及因有机农药的积累而危及在人体内富集的可能,从而有利于人民体质健康水平的提高。

(二)放养前的准备

1.稻田选择 稻田养蟹(鱼、虾)应选择在水源丰富,年水位变化不大,水质良好,各项水质指标符合渔用水质要求,稻田位置僻静,并与外堤相隔有一定距离,以避免造成洪涝或河蟹打洞外逃的处所。

2.稻田改造 稻田养蟹的单块面积为 0.2 ~ 0.5 公顷,也可以是数块稻田连成一片。每块稻田长:宽为 3 ~ 5:1,四周建堤。堤高 0.8 ~ 0.6 米,坡比 1:2 ~ 3,堤宽 1 米。如是数块稻田连片,最好在连片处另建围堤,围堤外坡 1:2,内坡 1:3,堤顶宽 1.2 ~ 1.5 米,堤高 1 米,要高于内堤 0.2 ~ 0.4 米,外围堤建好后与水源的水平面有 1 米左右的高程,这样的稻田洪涝不易,进排水时水自由流入稻田比较方便。

稻田内侧离田埂 1 米处的内侧,根据稻田面积开挖宽 1 ~ 3 米,深 0.8 ~ 1.2 米的围沟一圈,并在稻田的对角线位置开挖进水口和排水口各一个。进排水口可以建水闸,也可以埋入涵管,然后直接通向进水源沟或排水源沟,或在围堤内另挖总渠道(明渠),进排水时水先经渠道入稻田或由稻田自排水渠最终排入江河。在稻田内视稻田田坂部分的面积大小,可以再开挖几条纵沟和横沟,纵横沟的宽度和深度与围沟相同或可略小(浅)于围沟。纵横沟的交叉处为蟹、鱼溜,溜的深度同纵横沟或再深些,溜的面积为 4 ~ 9 平方米或再大一些至 6 ~ 25 平方米。这样经改造后的稻田种稻部分的面积为 60% ~ 80%,养蟹、养鱼部分的面积为 20% ~ 40%。改造后的稻田外观呈"田"、"囲"、和"册"字形(图 6-3)。

3.防逃设施的围建 可参考以上有关章节内容。

4.清塘 同蟹种培育和池塘养蟹。但稻田因水浅,药物

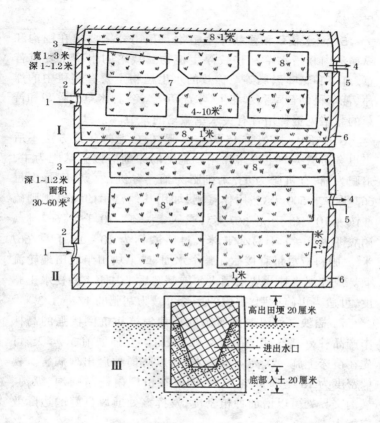

图6-3 稻田养蟹示意图(仿)

Ⅰ～Ⅱ.蟹沟、蟹溜平面图 Ⅲ.栏栅示意图

1. 进水口 2.拦蟹栅 3. 蟹沟(塘) 4. 出水口

5. 出水口拦蟹栅 6. 田埂 7. 蟹溜(沟) 8. 稻田

用量可按比例减少或选取下限浓度。清池过程中应同时用人工除野,主要是青蛙、蟾蜍或水蛇之类,这些有害生物因能离底上逃,所以不易在水中除灭杀尽,还得靠人工日长地久去赶

尽杀绝。

5. 灌水栽草和移栽浮生植物　稻田养蟹要求在围沟和纵横沟内栽培水草和移栽浮生植物。栽培的水草主要有苦草、菹草和轮叶黑藻等。移栽的水生植物主要有萍科中的浮萍、苦草科的苦草和水花生、水葫芦等。各种水草的移栽和苦草的栽培见蟹种培育有关水草栽培的章节。

6. 施肥　插秧前 15 天施基肥,但施肥过量或方法不适当也会对蟹类产生毒害作用。施肥的原则应以施基肥为主,追肥为辅;有机肥为主,无机肥为辅。有机(农家)肥每次每667 平方米 500 千克,用作基肥,如用其他常用的无机肥则硫酸铵为 $10 \sim 15$ 千克/667 米^2,或尿素为 $5 \sim 10$ 千克/667 米^2,硝酸钾为 $3 \sim 7$ 千克/667 米^2,过磷酸钙为 $10 \sim 15$ 千克/667米^2。肥料应尽量直接撒在整个水面,或半块田半块田地轮流撒。或和泥土拌成块后洒入。施基肥后半月至 1 月视水土肥度,可适当再施追肥,追肥的用量可减为基肥的 $1/2 \sim 1/3$。

7. 插秧　稻田养蟹所选的稻种为抗病抗倒伏强的高株丰产品种,一般选用籼优 63 效果较好。在插秧前 $3 \sim 4$ 天,可先在苗床上施一次高效低毒农药,以防插秧后出现病害。秧棵密度为 18 厘米 × 24 厘米,同时在田埂内侧与围沟、纵沟、横沟交界处可以增加种植密度,发挥该处通风良好的边际效应能力。

(三)放养后的管理

1. 蟹种放养　稻田放养蟹种一般如规格为 $160 \sim 240$ 只/千克,放养密度为 $300 \sim 500$ 只/667 米^2,年终大体上可以长到规格为 $100 \sim 125$ 克的商品蟹,存活率 50% 左右,单产可达 $20 \sim 30$ 千克/667 米^2。放养的日期为 $4 \sim 5$ 月份,如当时稻田的全部建设未完成,蟹种可以先作暂养然后在 6 月份放养入稻田。如放养早蟹苗培育或采购自南方的幼蟹,苗种的放养规格应在 600 ~ 2 000 只/千克。稻田养蟹的放养日期一般为 5 月下旬至 6 月下旬,放养时间早,放养的规格可以是 800 ~ 2 000 只/千克,放养时间迟一些规格要大一些,如 600 ~ 800 只/千克。一般按上述放养时间和规格,饲养至 11 月份起捕规格可以达到 80 ~ 100 克。放养幼蟹每 667 平方米的放养密度小规格(800 ~ 2 000 只/千克)的为 800 ~ 1 000 只,较大规格(600 ~ 800 只/千克)的为 400 ~ 600 只/千克。因两种规格的幼蟹放养时间不同,起捕时一般存活率可达 40% ~ 60%,每 667 平方米产量 20 ~ 30 千克。

2. 施农药和治虫 稻田放养蟹种后,蟹(鱼)可以食掉部分害虫和水生昆虫及底栖动物,但不能完全代替农渔药物来治虫防害。稻田养蟹应采用高效低毒的农药,并应严格控制使用浓度。由于稻田养蟹的水深不同,混养对象不同,对不易确定的农药的使用浓度,如条件许可,在施药前最好对其水质做活体检验。常用农药对水生蟹、鱼、虾类的强度毒性反应可参见表 6-11(表中稻田平均水深以 0.4 米估算)。

表 6-11 各种农药使用量与致死、安全浓度比较

药品名称	田间常规用量(克/667 米²)		致死浓度	安全浓度用药量
	一般用量	最高用量	(克/米³)	(克/667 米²)
井冈霉素	150	500	2500	69000
敌百虫	100	150	250	1900
敌敌畏	50	100	146	900
甲胺磷	50	100	100	700
乐　果	50	100	33	916

药品名称	田间常规用量(克/667 米²)		致死浓度	安全浓度用药量
	一般用量	最高用量	(克/米³)	(克/667 米²)
稻瘟净	100	150	17	458
4049	50	100	10	275
甲敌酚	1000	1250	20	549
甲氯酚	1000	1250	20	549

资料引自汪铭芳．淡水养鱼高产新技术．1989.325 页

从表 6-11 中可以看出除甲敌酚和甲氯酚外,其他药物的常规及最高用量均远低于安全浓度用药量,表明使用这类药物时比较安全。但甲敌酚和甲氯酚其最高使用浓度在安全浓度用药量以上,因此对鱼、蟹类是高效高毒的农药,不应使用这类农药。同时表中所列主要被测试对象为鱼类,在蟹类上时,应预先进行探索性的小试,然后再参考使用。

稻田施放农药前应先疏通蟹沟和鱼溜,并加深水位在5～10厘米。喷洒的药液主要在稻秧及稻的叶面上,尽量减少药物直接施(落)入水中。粉剂农药应在早晨有露水而风不大时喷撒,乳剂农药可在上午日出后无露水时喷洒。为防止意外,也可分左右或前后半块田作轮流喷洒,要做到用农药治虫不或少影响水中的鱼、蟹、虾活动。施药后应观察蟹、鱼的动态,必要时作灌排水处理的补救。

3. 晒田 晒田是控制无效分蘖加速水稻根系发育,促进水稻增产的技术措施。在稻田养蟹、鱼时晒田要采取浅灌、轻搁或白天加水晚上轻搁的方法。晒田时沟内和溜内要保持50厘米的水深,晒田期间在沟、溜内要投喂少量嫩草、浮萍、豆饼、小杂鱼或配合饵料之类,以保证蟹、鱼类正常的摄食生长。

4．投饵率、投饵方法　参见上述蟹种和池塘养蟹投饵技术。

5．水质管理　河蟹喜欢生活在水质良好，生态条件优越的水环境。因此要保持主要水质指标长期达到渔用水质标准，其中溶氧 24 小时最低不低于 3 毫克/升，pH 值 6.5 ~ 8.5，生化需氧量不超过 50 毫克/升，重金属离子在渔用水质标准以下等。为此要求在春、秋季每周换水 1 次，换水量 30%，夏季每周换水 2 次，每次换水量 50%，换水时间下午 1 ~ 5 时，换水后再投饵摄食。换水的另一个因素是控制稻田水温过高。

6．防偷、防逃、防害　稻田养蟹在防偷、防逃、防害的管理上可参照蟹种培育及池塘养蟹中有关本内容的技术要点。但由于稻田养蟹的灌注水和排水更频繁，要作控制水温和水质的注水换水，并且一般因蒸发量大，可以只灌不排，但在洪涝水季节则常常只排不灌，因此要特别注意和装好防逃设施。在防台防灾害性季节，因稻田养蟹的防护设施上毕竟比较脆弱，所以要特别警惕，要注意防汛前加固防逃设施和汛后的检查修理。

稻田养蟹的敌害清除不能单靠一次性的清塘，而应该多注重日常除害，所以每天早晚必须巡塘，看投饵后蟹的活动是否正常，如发现翌日残饵不多应增加投饵，如发现河蟹活动不正常应及时加注新水及进行防病措施。

7．蟹病预防　河蟹一旦生病后治疗十分困难，应以预防为主。常用预防的方法：一是每月泼一次生石灰，5 ~ 10 千克，使稻田的水达到 20 ~ 30 克/米^3 的浓度。二是在 6 ~ 9 月期间每月泼洒一次二氧化氯（50 克/667 米^2）使田水达到 0.3 ~ 0.5 克/米^3 的浓度。可以预防蟹、鱼多种细菌性疾病，但施药时间应与泼洒生石灰时间错开 7 ~ 10 天。三是在每年的 6 月和 9 月份,可以自制或加工一部分蟹药或鱼药,每月投喂3~5 天为一疗程,或延长至 7~10 天为一疗程,通常按照说明书可以掺和蜕壳素、磷酸二氢钾、抗生素或磺胺类药物等。

除了上述池塘、湖泊围网和稻田养蟹(包括加入鱼虾混养)外,还有网箱、工厂化和庭园式养蟹等,但这种养蟹方式一般仅限于苗种培育,在商品蟹大规模养殖上,还存在一些技术原因,目前尚未达到大规模生产化的程度,故在本书中从略。

(四)稻田养蟹实例

1. 稻田立体种养实例 据李海峰等〔水产养殖.1997(1):4~5〕报道,江苏省江都市吴堡乡 1992~1996 年,在133.3~333.5 公顷中低产稻田及废荒沼泽地上进行了稻、鱼、蟹立体化开发性试验,各年度的生产业绩见表6-12。

从表6-12 中可以看出,江都市吴堡乡在 1992~1996 年期间,稻田鱼、蟹、虾混养取得显著成效,每年饲养面积不断扩大,每 667 平方米盈利从 1992 年的 620 元逐年上升到1996 年的 1 830 元。与单一式的种植业相比,每 667 平方米经济效益逐年分别上升 70 元、310 元、510 元、830 元和 1 080 元。从产品分析来看生物量以稻为主,鱼产品中以虾产量为主。但从经济效益分析看水产品产值及收益超过水稻。

2. 稻田蟹、鱼混养实例 据李成之,陈文生〔水产养殖.1996(1):15~16〕报道,1994 年在江苏省响水县七套乡部庄村、小广村等地进行了蟹、鱼、稻高产技术攻关,在 21 公顷水面中放养了规格为每千克 400~500 只(2~2.5 克/只)的蟹种60~75 千克/公顷,或规格为 1 000~1 200 只/千克的幼蟹40~50 千克/公顷,或规格为 2 000~2 500 只/千克的幼蟹种30~40

表 6-12 1992~1996 年江苏省江都市吴堡乡稻(围)田养蟹、鱼面积产量及效益

年份	养殖面积 (667米²)	稻田		水产养殖				围堤作物效益(元)	合计效益(元)	常规种植	
		667米²产(千克)	效益(元)	虾(千克)	鱼(千克)	蟹(千克)	效益(元)			667米²产(千克)	效益(元)
1992	2001	400	250	15	15	2	300	70	620	700	550
1993	1000	450	260	51	30	5	450	200	910	710	600
1994	2800	480	280	60	40	7	680	200	1160	730	650
1995	4000	500	320	70	50	10	960	250	1530	775	700
1996	5000	510	380	85	60	15	1200	250	1830	800	750

资料引自李海峰等.水产养殖.1997(1);4~5。经编者稍改

· 321 ·

千克/公顷。所有幼蟹放养的日期在 6~7 月份水稻栽插后的返青后期和鱼种一起作一次性放足。蟹种来源为长江水系的中华绒螯蟹蟹种。鱼种放养为夏花,每公顷 1.8 万尾,其中鲢鱼 1.2 万尾,鳙鱼 0.2 万尾,草鱼 0.2 万尾和鳊鱼 0.2 万尾。饲养期间投喂的饲料种类动物性为小杂鱼和螺、蚬类,植物性为水生植物水草(浮萍)和谷类植物。日投饵量为占体重的 10%~15%,每日投饵次数为晨 1/3,傍晚 2/3。于 10 月份起捕,在 21 公顷水面中平均 667 平方米产河蟹 43 千克,鱼种 52 千克,水稻 407 千克。

第七章　河蟹疾病的防治

一、河蟹疾病的预防

(一)河蟹为什么会生病

河蟹生活在水中,和水环境建立统一的联系,水是它的生存环境,如果环境发生变化,正常状态下河蟹的生理活动必然发生与之相适应的变化,如觅食、避让、防害和隐蔽等,与环境成为统一体。但如果包括自然条件、生物因素、人为条件的环境变化过分剧烈,如水深、盐度过高过低,细菌、寄生虫等生物因子的寄生、附生、感染、侵袭以及在人为条件下的密集运输、缺氧或干燥等,都将导致河蟹生理活动的变化。当这种变化超过一定范围时,使河蟹和周围环境的统一遭到破坏,河蟹适应不了如此巨大的变化,生理活动紊乱,免疫力下降,最终导致河蟹生病。

(二)预防为主,积极治疗

河蟹生活在水的底层,比通常的水产动物不易捕捉,生病后也不易发觉。更何况河蟹养殖尚属起步阶段,有许多疾病其病因尚未彻底明了,如抖抖病等。许多蟹病到了一旦发现后就不易治疗,因此对蟹病以预防为主就更显得重要了。

水产动物和河蟹的疾病并不是由一个孤立的诱发因子造成的。它是由河蟹本身的健康状况、病原体入侵和生存环境优劣等综合连系后诱发出来的。因此防治河蟹的疾病也应从综合预防着手。在预防蟹病中要通过控制和杀灭病原体,增强河蟹的抗病能力和控制水质,营造良好的生态环境着手。

1. 预防和杀灭病原体　主要是通过药物预防来控制和杀灭病原体,其手段是"四定"和"四消"。四定指定质、定量、定时、定位。四消是对环境、水体、蟹种、饵料进行消毒。这里的环境消毒是彻底清塘(方法见前有关章节),达到蟹种放养前彻底杀灭病害的目的。蟹种消毒是指蟹种下塘前用孔雀石绿、福尔马林等药液浸洗消毒,广义地是指改良水质,这里除用生石灰、漂白粉、氨水、二氧化氯等定期消毒改良水质外,还包括用光合细菌、藻类等改良水质及用物理方法的充氧、换水来控制水质。饵料消毒是指对饵料、食场、工具的消毒和建立正常的饲养管理制度。

2. 增强河蟹的抗病力　主要是制定合理配方及确定正确的投饵率,通过增强河蟹体质,提高免疫力来达到预防蟹病的目的。事实上只要合理投饵,饲养管理得当,河蟹生长良好,体质健壮,操作小心,减少饲养管理中诸如因捕捞、运输、暂养过程中不慎所引起的外伤,对预防和控制蟹病具有积极的作用。

3. 控制水质,营造良好的水生态环境 饲养过程中除采用化学、生物、物理方法控制和改良水环境外,还应通过移栽沉水植物(苦草)、挺水植物(水稻、稗草)、漂浮植物(水花生、水葫芦等)和投放螺、蚬类,来控制水质和营造适合河蟹生存的生态环境,通过改善外部环境来预防或减少河蟹疾病的发生。

(三)怎样发现和鉴别蟹病

健康的河蟹在形态、活动、摄食状态上与生病的河蟹有一定的区别,因此可以从体色、体形、活动和摄食状况,内外部器官形态及每日死亡状况的数量统计上来判断饲养的河蟹是否生病。

1. 体形和体色 健康的蟹种和商品蟹体表完整,无残缺,因外层具蜡质而显得清洁、鲜艳而有光泽。头胸甲墨绿色或古铜色,腹部玉白色,而无任何原生动物和丝状藻类等附着或寄生。同时体表附肢亦无斑点、伤痕。

2. 活动正常,游弋平稳 健康的河蟹常俯卧水底或隐蔽在水草丛中,平时爬行、游弋自如,一旦前方有敌害河蟹即作反方向或左或右的退缩逃避。一旦遇到食饵则迅速作出攫取反应,抓捕食饵。河蟹在陆上常作前后左右的斜向爬动,以逃避捕捉,或螯足高举以示反抗。而病蟹则行动迟缓,甚至附肢曲折,头部向着岸边,或头胸部、附肢具外伤。捕捉病蟹于陆上,附肢下垂或翻正能力减弱,不久易死亡。

3. 摄食正常,胃肠内充塞食物 健康蟹摄食正常,一般在 8～12 小时内能够将所投饵料吃尽,同时翻开腹脐,后肠内有粪便充塞,肛门正常,无红肿。而病蟹摄食低迷,通常不能在规定时间内食完按正常投饵率所投喂的饵料,肠道空,后肠内常无含物。

4.从体内外器官辨认　健康河蟹的外形以上章节已述及,大部分内部器官在打开头胸甲时暴露无遗。用肉眼看外观各器官轮廓清楚,无腐烂,不水肿,如鳃通常成白色而无淤泥覆盖或有病变发黑。胃膨大,内常有水草、水生昆虫和贝介类等内容物。肝胰脏在蟹种阶段淡黄色,少油脂,而在完成成熟蜕壳前的黄蟹(未成年蟹)阶段,肝胰脏黄色而有油滴。性腺仍处在早期发育阶段。雌蟹肝胰脏系数(肝脏重占蟹体重的百分率)远大于生殖系数(性腺重占蟹体重的百分率),雄蟹更甚。成熟蜕壳后性腺迅速发育,后期雌蟹其生殖系数超过肝胰脏系数,可达13%左右。卵巢紫色或豆沙色。雄蟹生殖腺乳白色,膏脂厚实,但生殖系数仅4%左右。如用解剖镜或显微镜取样检查鳃、心脏、肝胰脏、胃肠、生殖腺、肌肉等部位,组织无病变,无或很少有寄生虫等寄生物和外来微生物等感染体。

5.从每日统计的死蟹数量看　每日清晨或傍晚,必须定期巡塘检查收集死蟹或发病的蟹,如无死蟹、病蟹,或死亡蟹数量在1‰以下,并无突然升高(死亡病蟹数)的现象可属正常死亡范围。反之如死亡率高,并出现连续死亡的高峰应引起注意,那就要采取预防治疗措施。

6.观察水环境是否正常　水是河蟹生存的环境,要及时观察水质是否良好,溶氧是否充沛,氨氮、亚硝酸氮是否超标及水中有无硫化氢等有毒气体和农药、重金属离子的侵入或工业污水排入,如有则除应采取换水等措施外,还要立即检查有无发病和死亡。对营造生态环境而栽培或移栽的水生作物,要检查是否已遭破坏。

(四)常用的蟹病防治方法

1.全池泼洒法 将药物充分溶解后,均匀地在全池(塘)内泼洒,使全池药液达到某一预防或治疗的浓度。放养前的清塘是典型的最彻底的全池泼洒。一般的全池泼洒要达到杀灭寄生虫、细菌、敌害,但保证饲养对象的存活率和安全生长。因此作为防治用的药物必须对饲养对象很安全,亦即有较高的半致死浓度、危险浓度和安全浓度,而杀灭对象(细菌、寄生虫、敌害等)必须对药物浓度较敏感。换言之,在很低的浓度下,细菌、寄生虫等就会致死而让饲养对象安全生存。

全池泼洒法的优点是预防全面,治疗彻底。但药物用量较大,防治费用较高。同时丈量水面不准确很易引起因施药过多过少而出现治疗失效或危及一池河蟹生存的可能。全池泼洒时不同药物对配置药液的盛具从维持药性出发有些特定的要求。

2.浸洗法 将河蟹放在一定容积的容器中,如水泥池、槽、小船、木盆、木桶等。有时也可在金属盛器中浸洗,但要注意药液会不会对盛器发生化学反应,影响药效。然后配置所需药液,将河蟹放入其中,进行浸浴,达到短时间内杀灭细菌、寄生虫等病原体,而保存饲养对象存活的目的。浸洗药液的浓度一般为同种药物作全池泼洒时的 10 倍左右,浸洗时间允许在一定浓度范围内灵活掌握。药液浓度高可少浸洗一段时间,药液浓度低或河蟹耐药能力强,体质尚好可以多浸洗一些时间。但浸洗时必须认真观察,以防不测。必要时可以缩短或延长浸洗时间。在网箱中浸浴,因箱内外水流相通,应在每隔数分钟视情况添加药物 1 次。

3.挂篓挂袋法 通常用硫酸铜(或硫酸亚铁 2 份 + 硫酸

铜 5 份)或漂白粉悬挂在食场周围,利用饲养对象摄食时作间隙性预防。因为饲养对象在摄食时可以随时接近或远离挂篓挂袋区,因此此法也可称非强迫性浸洗方法。尤其是河蟹养殖多数不设固定的食场,因此用此法预防和治疗河蟹疾病的效果不甚理想。挂篓挂袋时一次药物的总用量不能超过全池泼洒时的药物用量。挂篓挂袋在一个防治疗程内的持续时间最好是 3~5 天。如要再用此法防治,则可隔 1~2 周后再使用。

4. 内服法 将药物拌入饵料中,利用水产动物或河蟹摄食时吞食药饵来预防或杀灭体内的病原体。由于河蟹为底栖动物,应制成沉性药饵。药饵的基本配方与配合饵料相同,或再适当提高一些蛋白质含量,再在投饵前停食 1~2 天,这样有助于河蟹更喜食药饵,有利于预防和治疗。药饵的种类、剂量大小随不同蟹病而异。

5. 注射法 把预先配置好的药液,从水产动物或河蟹的肌肉软组织或内腔中注入,来达到防治疾病的目的。此法预防和治疗水产动物有一定的局限性,目前主要在河蟹繁殖期用于对亲蟹的促产。抗菌药液的肌内注射在幼蟹及亲蟹上尚未普遍应用。

6. 涂抹法 将药物拌入凡士林或配制成较浓的药液,在河蟹发病时或发病前涂抹在病蟹的体表溃伤、溃烂处。此法可以在蟹种放养或亲蟹交配繁殖前专门对挑出的头胸甲或步足爪尖有溃伤的亲蟹和蟹种涂抹,或者与浸洗联合使用。

7. 微量元素添加法 河蟹在高密度饲养条件下,如饵料配置不当,饲养一段时间后常常会发生无机盐和维生素的缺乏症。因此在饵料配置中必须微量元素齐全,同时在饲养过程中要适当添加这些元素,预防这类疾病的发生。常见的维

生素缺乏有维生素 B_2、维生素 B_6 和生物素等,它们是防治痉挛性疾病的添加剂。常见的无机盐添加剂有钙、磷制剂,它们是防治软骨病和蜕壳未遂病的添加剂。

(五)常用的防治药物

防治水产动物的药物不少于数百种,其中属于防治河蟹疾病的药物也有百余种,它们分别属于无机类药物和有机类药物。

1.无机类药物

(1)卤素和氯制剂药物 氟、氯、溴、碘、砹等第七族称卤族元素。常温下氟、氯、溴为气体,仅碘为固体。它们和碱金属(钾、钠等)和碱土金属(钙、镁等)可直接形成化合物。由于卤素容易渗入细胞而对原浆蛋白产生卤化和氧化作用,特别是卤素中由氯构成的某些氯化物具有强烈的杀菌作用,如常用的漂白粉和二氧化氯等。包括氯的有机物在内可统称氯制剂药物。

①漂白粉 又称氯石灰,化学名次氯酸钙。一般含有效氯 30% 左右,为漂白粉精含氯量的 50%,并且含量不稳定。漂白粉经潮解后易放出次氯酸和碱性氯化钙。继之次氯酸立刻放出初生态氧,有强烈的杀菌和消灭敌害的作用。在疾病防治上常用全池泼洒法、浸洗法和内服法来防治蟹病。

②二氧化氯 为一种强氧化剂。具有相似于氯的刺激性气味,沸点为 11℃,常温下为黄绿色气体。通常将二氧化氯稳定在过氧碳酸钠的惰性溶液中使之成为无色、无味和无臭的溶液。如用碘酸钠等吸附可制得固体二氧化氯,使用时配成 2%~5% 的水剂泼洒。二氧化氯对河蟹的毒性低,但对水质的消毒、杀菌能力很强,为河蟹多种疾病的外用消毒药,剂

型有 2%,5% 水剂和 40%,55% 粉剂。用于河蟹细菌性疾病,常采用浸洗法和全池泼洒法。

除无机氯制剂外,常见的还有有机氯制剂三氯异氰尿酸、二氯异氰尿酸、二氯异氰尿酸钠和氯胺 T。前者商品名为鱼安康、强氯精,含有效氯 60% ~ 82%。中者商品名为防消散,含有效氯 60%;优氯净、鱼康,含有效氯 60% ~ 64%,后者商品名 801 消毒剂或鱼乐消毒剂,含有效氯 20% ~ 24%。

有机氯消毒剂比无机氯消毒剂具有稳定性和消毒作用强,并受池水有机物影响小的优点。含氯的有机或无机消毒剂的消毒机理为次氯酸、初生态氧和氯化物等三种消毒杀菌作用。

③碘液 碘是一种灰黑色具金属光泽的固态物,具特殊臭味,常温下易挥发,能升华成紫色蒸汽,难溶于水而易溶于酒精或四氯化碳等溶剂中,也可和碘化钾混合后再溶于水。碘属于卤素的一种,本身有很强的杀菌作用,而溶于酒精后的杀菌作用更强,其作用机制可能是氧化细菌巨浆蛋白的活动基因,并与蛋白氨基结合而使蛋白质凝固变性。在河蟹疾病上常采用涂抹法和内服法。

(2)强氧化剂 在氧化—还原反应中,获得电子本身原子价下降的物质为氧化剂。氧化剂促使对方的反应物被氧化,原子价上升,而氧化剂本身则被还原。氧化剂也常是含不稳定结合态氧的化合物,反应时常释放出初生态氧,破坏菌体蛋白或酶蛋白,即起到杀菌的作用,同时对细胞或组织也有杀伤和腐蚀作用。因氧化—还原是电子得失,反应过程中不一定需有氧的存在。在蟹病防治上常用的有高锰酸钾、重铬酸钾和过氧化氢等。

①高锰酸钾 为紫黑色结晶体,易溶于水,其水溶液呈玫

瑰色,反应过程中锰可以被还原为 +4 价及 +4 价以下的锰,因此是不稳定的强氧化剂。在碱性水中锰被还原成二氧化锰沉淀而损伤水产动物的鳃部及皮肤,并杀灭寄生虫病原体。在医药上高锰酸钾是一种收敛剂和消毒杀菌剂,常用于治疗河蟹疾病的方法为浸洗法、全池泼洒法和涂抹法。高锰酸钾持续的药效时间短,药液浓度的半衰期仅数小时。

②双氧水 双氧水又称过氧化氢。为无色无味的液体,在微量铁、锰的催化下,在水中迅速分解释放氧气。市售有 3% 和 30% 两种双氧水。每千克 30% 的双氧水分解时可释放出 141 克的氧,所以常作为增氧剂,解救缺氧引起的泛塘或窒息。双氧水分解过程中所产生的氧具有消毒杀菌作用。因此可以用双氧水来浸洗或涂抹水产动物及河蟹的体表及患病处。

其类似物有过氧化钙,亦具消毒杀菌及增氧作用。过氧化物的商品名称鱼浮灵,有增氧、改良水质及消毒杀菌作用,其产品有含氧 10% 的速效型及 5% 的长效型两种。

(3)重金属盐类 除钛外比重在 5 以上的副族元素均为重金属。常温下除汞外均为固体。由重金属形成的盐类为重金属盐类,其金属离子能与蛋白质结合,使蛋白质凝固变性,从而达到灭菌和杀死寄生虫的目的,因此是防治多种水产动物和河蟹疾病的主要药物。

低浓度的重金属盐类能抑制羟基的酶,达到抑制细菌生长和繁殖。但重金属盐离子有较大的毒性,并且容易在水生动物和河蟹的体内富集,其中以汞、银、铜离子对水生动物和河蟹的毒性最强。用于防治水生动物和河蟹常用的重金属盐类有硫酸铜、硫酸亚铁、硝酸亚汞、醋酸亚汞等。重金属盐类对水产动物和河蟹的其他毒害作用还有:不溶性重金属氢氧化物粘附在鳃和卵上使饲养对象窒息;大量使用时水体呈酸性,pH 值下降,腐蚀动物表皮肌肉和鳃丝;引起水产动物和河蟹大量分泌粘液,烦躁不安,呼吸频率上升或下降,反应迟钝,侧卧或俯伏水底,行动迟缓。

①**硫酸铜** 俗称蓝矾、胆矾。为蓝色结晶,失水后呈白色粉状。硫酸铜是杀灭体外寄生虫最常用的药物,一般用浸洗法、全池泼洒法、挂篓挂袋法来防治水生动物(包括河蟹)的疾病。

硫酸铜在高温、硬度较低、有机物含量较少、pH 值上升、溶氧低、盐度上升、悬浮物减少的水中药效较强,因此在遇到上述环境时应适当调整使用的药量。

除硫酸铜外,用于防治水产动物和河蟹疾病的药物还有氯化铜、醋酸铜和螯合铜等。其中氯化铜的用量可参照硫酸铜,但它受环境的影响较小;醋酸铜的药效比硫酸铜强一倍左右;而螯合铜的毒性小,且不受有机物浓度的影响,使用的浓度为 5%。

②**硫酸亚铁** 俗称绿矾、青矾。为淡绿色结晶或粉末,易溶于水,氧化后常呈黄褐色的碱式硫酸铁而失去药效。硫酸亚铁为收敛剂,能除去患病水产动物和河蟹体表及关节处的粘液,作为辅助剂与硫酸铜合用,能增强药效。硫酸铜和硫酸亚铁使用时的比例为 5:2。一般用全池泼洒和浸洗法防治寄生虫引起的疾病。

③**硝酸亚汞、醋酸亚汞** 硝酸亚汞为白色菱形或单斜状晶体,微溶于水,遇热氧化呈高汞,并且易被水产动物或河蟹所累积毒性,使用浓度低,为 0.01～0.02 ppm,一般不宜随便施用。主要用于其他重金属盐类(如硫酸铜)杀灭原生动物效果不佳的疾病(如鱼类小瓜虫病等)。常用的施药方法为浸洗

法和全池泼洒法。醋酸亚汞与硝酸亚汞的性质及杀灭病原体的机理相同。

④重铬酸钾　为橘红色结晶，溶于水，对水产动物及河蟹的毒性较小，使用时安全可靠。因高价时对水生动物及河蟹的杀菌消毒作用较强，故一般采用 7 价铬的重铬酸钾。该药防治水霉病的效果较好，而用量仅为孔雀石绿的 20% 即可。使用中常用涂抹法和浸洗法防治水生动物及河蟹的水霉病等。

⑤硫酸镁　又称泻盐。为无色无臭的针状结晶，极易潮解，常与食盐合用防治甲壳类原生动物引起的疾病和消化不良症，常用全池泼洒或内服法治疗。

(4)其他无机类药物

①生石灰　化学名氧化钙。为金属(碱性)氧化物，是优良的清塘药物，利用其遇水后的强碱性和短时间内释放出大量热量来杀灭野生鱼类和病原体。生石灰在水产动物及河蟹防病上通常用作水质改良剂，调节 pH 值，并杀灭和抑制病原体，常用的方法为全池泼洒法和拌饵内服法。

②食盐　化学名氯化钠。为氯与碱金属结合的盐类，白色结晶状或粉状，味咸而易溶于水。通过盐析作用可抑制和杀灭寄生性病原体，盐度过高的水对水产动物及河蟹也有因渗透压调节过分剧烈而造成脱水死亡。在防治河蟹的疾病时常采用全池泼洒、浸洗、内服或作为药物的溶剂溶解后进行注射。

③小苏打　化学名碳酸氢钠，俗称小苏打。为白色无臭的结晶状粉末，溶于水，味咸，水溶液呈弱碱性。小苏打对水生动物和河蟹的毒性很小，通常同食盐合用治疗水生动物和河蟹水霉病，与漂白粉、食盐等合用治疗肠炎病和烂鳃病。在

饵料中添加1%的食盐也有利于消化和预防肠胃病。

④氨水　化学名氨。常温下为易挥发性气体,其水溶液称氨水。氨水可作清塘药物,对水产动物和河蟹具毒性,根据对药物忍受度的不同,通常在较低浓度下可使水生动物或河蟹生存,但已能达到灭菌、消毒及杀灭寄生虫的目的。水产动物中毒后,将使其血红蛋白丧失对氧的结合能力,导致心搏及呼吸频率的上升。常用全池泼洒法、浸洗法防治疾病及消毒和去除饵料的霉变。

⑤红汞水　又名红药水、汞溴红。为一种常用的消毒剂。在水产动物和河蟹上主要用于消毒外伤口和防治真菌性疾病。常用的浓度为2‰药液外用涂擦或1%浓度短时间(5~10分钟)浸洗预防水霉。

2.有机类药物　有机化合物是指除碳的氧化物和碳酸盐外的一类含碳化合物,其组成元素虽不多,但在自然界或通过合成的种类远多于无机化合物。有机物中主要的类别为烃、醇、醛、酯、糖、蛋白质、脂、苯及各类杂环化合物等。其中许多构成人类、动物和水产动物及河蟹的药。以下仅列出与河蟹疾病治疗有关的几种药品。

(1)农药类　一般是指有杀虫、杀菌和除草作用的有毒药物。部分农药是防治水产动物和河蟹疾病及用作除草、改善水生态环境的药物,主要有杀虫剂类、灭菌剂类和除草剂类。

①**杀虫剂类**　常用于水产动物及蟹病的有有机磷(敌百虫、敌敌畏、对硫磷、乐果)、有机氯(滴滴涕)、拟除虫菊酯(溴氰菊酯、杀灭菊酯)、氨基甲酸酯(西维因)、矿物油(柴油)和植物、微生物杀虫剂(如鱼藤、烟草等)。在河蟹疾病的防治中已用到的主要杀虫剂药物有敌百虫、乐果和杀灭菊酯等。

A.敌百虫　敌百虫为 Dipterex 商品名的谐音。为具有芳香味的一种白色结晶,属高效低毒的有机磷农药。敌百虫易溶于水,遇湿易潮解,故应放置在密闭的容器中,其水溶液酸性,忌用金属容器配置盛放。其剂型有80%~90%的晶体及80%~95%的可溶性粉剂。敌百虫是水产动物及河蟹疾病中较常用的药物,一般用全池泼洒及浸洗法预防或治疗。敌百虫对河蟹24小时的半致死浓度为12 ppm,安全浓度为0.7 ppm。

B. 乐果 为白色结晶,具樟脑气味的有机磷杀虫剂。溶于水而更易溶于二甲苯、醇类等有机溶剂,在中性和弱酸性溶液中稳定,遇碱易分解。剂型有40%,50%的乳油和1.5%粉剂及60%的可溶性粉剂等。乐果与漂白粉、敌百虫、食盐合用可防治肠胃炎和烂鳃病。

C. 溴氰菊酯 又名敌杀死。为拟除虫菊酯类杀虫剂。纯品白色结晶,不溶于水和不易挥发,但易溶于二甲苯、丙酮、乙醇等有机溶剂,对光稳定,在酸性溶液中较稳定,遇碱会分解。对蟹虾可用全池泼洒,或喷雾于蟹塘四周杀灭效果显著,是高效但也高毒的杀虫剂,使用时应特别注意。可全池泼洒或浸洗及喷雾,全池喷洒的药量为0.1~0.01 ppm。市售商品为5%和10%的乳油,常制成2毫升针剂,药效持续时间可达30~40天。

②杀菌剂类 常用的有有机硫(如代森胺)、有机氯(如亚氯硝基苯、六氯苯)、有机磷(如稻瘟净等)、有机砷(如福美胂等)、有机汞(如西力生等)、苯嗪类(如敌菌灵)等杀菌剂。除六氯苯作为杀虫剂前已述及外,用于治疗水产动物和河蟹的常用杀菌剂药物主要有西力生、福美砷和敌菌灵。

A. 西力生 为有机汞杀菌剂。化学名氯化乙基汞。纯品为白色片状结晶,遇光易分解,易挥发,难溶于水,易溶于酒精。工业品为与滑石粉及着色剂的机械混合物,对人、畜及水产动物的毒性较大,常用全池泼洒使浓度达 0.5~0.7 ppm。

B. 福美胂　又名三福胂。为有机砷杀虫剂。呈黄绿色棱柱状晶体,不溶于水而微溶于丙酮、甲醇和沸腾的甲苯。福美胂溶液呈碱性,不能与碱性或含铜、汞的药剂混用,施过硫酸铜的池塘在药液有效期内也不能使用福美胂,治疗时常用全池泼洒法。

C. 敌菌灵　又称防霉灵。属苯嗪类杀菌剂。为几乎不溶于水而溶于大多数有机溶剂的白色结晶。通常用全池泼洒,使成 0.6 ppm 浓度。治疗水生动物和河蟹的暴发性出血病。

③除草剂　按其化学成分主要有植物生长调节剂(如赤霉素)和醚、酚类(除草醚、五氯酚钠)、苯氧羧酸类(如二甲四氯、2,4-D 丁脂)、酰胺类(如敌稗)、氨基甲酸酯(如灭草灵)、取代脲类(如敌草隆)和均三氮苯类(如扑草净)等除草剂。

在水产动物和河蟹的疾病防治上主要是五氯酚钠和扑草净两种除草剂。

A. 五氯酚钠　又称五氯苯酚钠。为一种除草范围广的除草剂。纯品为灰白色粉状,工业用为淡红色鳞片状结晶。它对人、畜毒性低,对水产动物中的鱼类毒性很强,在 0.1~0.5 ppm 浓度时即可毒死鱼类。但对甲壳类、虾、蟹的毒性较低,故可用来清除蟹塘中的凶猛鱼类及去除杂草。水深10~20 厘米清塘时用量为 1 千克,药效期长 15~20 天,放养前需经过活体检验确认无毒后才可放入水生动物(鱼、蟹类)。

B. 扑草净　是一种高效低毒的除草剂。纯品为白色结晶,微溶于水而溶于有机溶剂,在强酸强碱和高温下亦分解,对人、畜低毒,但对除草和藻类效果好。在河蟹养殖上可用全池泼洒使池水呈 0.4 ppm 浓度,一般 7～10 天后可枯死水草和青泥苔。也可用扑草净＋硫酸铜＋湿土,拌和后泼洒蟹池用来清塘或杀灭饲养期间的青泥苔。

(2)染料类　染料分碱性染料和酸性染料,是一种着色剂,与被染物的纤维或组织亲和力极强,而一般又不易损伤被染物及其组织。碱性染料在碱性条件下对革兰氏阳性菌有选择性的抗菌作用。酸性染料的抗菌作用较弱,很少应用于水产动物及河蟹的疾病上。医用染料可分成五大类。如三苯甲烷(如孔雀石绿等)、吖啶及偶氮染料(如吖啶黄等)、噻嗪类染料(如次甲基蓝等)、酚酞染料(如酚酞等)及有机碘染料等。在水产动物和河蟹疾病的防治上主要用的是前三类染料。

①孔雀石绿　又名碱性绿。是一种生物染色剂。为翠绿色结晶,易溶于水。孔雀石绿引起水生动物中毒的原因,主要是水产动物和河蟹肠道、鳃、皮肤轻度发炎,妨碍了肠道酶的分泌,从而影响摄食。但它对水产动物和河蟹的毒性程度远低于对细菌、真菌和寄生虫,因此可用来防治水产动物和河蟹的某些疾病,尤其在治疗水霉时是一种良药。

孔雀石绿作为化轻染料时称碱性绿,其价格比药用孔雀石绿低 4～5 倍,但杀菌作用相同。用于防治时通常采用浸洗法,仅少数情况下采用全池泼洒法。

②吖啶黄　中性吖啶黄为深橙色粒状粉末,易溶于水,水溶液橙红色,稀释后显现萤光色,有较广的抗菌谱,对革兰氏阳性细菌有较强的杀灭作用,其杀菌的原理是吖啶离子,在细菌的酶体系中取代氢离子而使酶失去活性。吖啶黄毒性较强,长期使用可使某些水产动物不育,一般对鱼卵或蟹卵不宜采用吖啶黄,目的是防止孵出的鱼苗或蚤状幼体出现过多的畸形。通常采用全池泼洒法和浸洗法防治水产动物和河蟹的

疾病。

③次甲基蓝 又名次甲蓝、亚甲蓝。为深绿色的噻嗪类染料。无臭,易溶于水,水溶液呈蓝色、碱性。次甲基蓝对水产动物和河蟹的毒性远低于孔雀石绿或碱性绿。主要对蓝绿藻有一定的抑制或杀灭作用,常用全池泼洒或内服法防治水产动物和河蟹疾病及改良水生态条件。

(3)呋喃类 呋喃类属杂环合成药。为黄色结晶或粉末,在水中溶解度小,而易溶于有机溶剂。呋喃类是广谱性抗菌药物,在 5~10 毫克/升时对一般致病菌有杀灭作用。该药物抑菌机理可能是抑制乙酰辅酸 A 而干扰了细菌早期阶段的代谢。在水产动物和河蟹上主要应用的为呋喃西林。防治时常用全池泼洒法、浸洗法或内服法。与其类似的药物尚有呋喃唑酮(痢特灵)、呋喃那斯、呋喃三嗪、呋喃达嗪和帕那棕等。

(4)磺胺类药物 化学名对氨苯磺酰胺。为化学合成的抗菌药物,白色或淡黄色粉末,微溶于水,易贮藏。其钠盐易溶于水,为广谱性抗菌药物,对大多数革兰氏阳性或阴性菌有抑制而无杀菌力,而仅为机体自身歼灭病原体创造条件。

磺胺类药物的优点为广谱抗菌,长期贮存下质量稳定,用量少,毒性低。常用的磺胺类药物有易被肠道吸收的磺胺噻唑(ST、消治龙)、磺胺嘧啶(SD)及不易被肠道吸收的磺胺胍(SG)和外用药磺胺醋酰(SA)等。

用磺胺类制成的内服药一般 10 千克水产动物用药 1 克。在河蟹中可制成沉性药饵,饵料配方可与所投饵料相同或另选配方。第一天药饵量加倍,第二至六天减半(常量)。3~6天为一疗程。主要用内服法治疗肠炎病。

其他类似的磺胺药尚有磺胺异恶唑、磺胺甲基异恶唑、磺胺甲氧吡嗪、磺胺二甲嘧啶和磺胺对甲氧嘧啶等。

(5)生物制剂

①**抗生素** 抗生素为抗生药物的一类，是细菌、真菌等微生物的代谢产物。它们多数从细菌的培养液中提取（如链霉素等）或采用化学方法合成（如氯霉素等）、半合成（如新青霉素等）。

抗生素对各种微生物、病原体有强烈的抑制作用，但长期使用后细菌会产生抗药性。抗生素结构复杂，常见的按化学性质有青霉素类、氨基糖苷类、四环素类、氯胺苯醇类、大环内酯类、多烯类、喹诺酮类、头孢菌素类等。

抗生素目前在水产动物和河蟹上应用不很普遍，较常用的有土霉素、四环素、金霉素、氯霉素、青霉素和链霉素等。

A. 土霉素 无臭、味苦的黄色粉末。略溶于醇而易溶于水。在日光下及潮解的空气中药液虽变色但不失效。在水产动物或河蟹上常用 25 ppm 浓度的盐酸土霉素药液浸洗 30 分钟，或每千克水产品用 0.1 克加入饵料中投喂，主治烂鳃病。本品在碱性情况下即分解，应避免与碱性物质合用。土霉素对革兰氏阳性和阴性菌均有效。常用口服和全池泼洒法防治水产动物和河蟹疾病。

B. 四环素 为黄色结晶状粉末，无臭。易溶于水，在碱性溶液中易破坏。对球菌、革兰氏阳性杆菌略次于青霉素，对革兰氏阴性杆菌的作用略次于氯霉素，但对大型病毒的作用则较其他抗生素强。常用的为盐酸四环素。

在水生动物及河蟹的疾病防治上可采用注射法、内服法、浸洗法和全池泼洒法。

C. 金霉素 又名氯四环素。为无臭、味苦的金黄色结晶状粉末。在空气中比较稳定，在碱性溶液中迅速失效，在水、醇、生理盐水中溶解度不大。常使用的为盐酸金霉素。用注射、内服、浸洗、全池泼洒法治疗水产动物和河蟹疾病。

D. 氯霉素　白色、灰色或淡黄色结晶,味苦,易溶于水。抗菌谱广,对革兰氏阳性菌、阴性菌和病毒都有抑制作用。在水产动物和河蟹上主要防治肠类和烂鳃及皮肤性细菌病等。各种防治方法均可使用。

E. 青霉素　商品名盘尼西林。为淡黄色粉末,易潮解,易溶于水、葡萄糖或生理盐水。青霉素抗菌谱不如磺胺药广泛,主要对革兰氏阳性和阴性球菌有作用。在水产动物或河蟹上主要用于运输途中外伤感染及腹腔、消化道感染。常用的治疗方法为注射、浸洗、内服及全池泼洒。

F. 链霉素　为灰链丝菌的代谢产物,是一种有机盐基,呈碱性。白色或淡黄色,味苦,易溶于水,易潮解,性质稳定。作用与青霉素相同。常用注射、内服、浸洗及全池泼洒法治疗疾病。

②光合细菌　光合细菌简称 PSB。是能进行光合作用的一类细菌,包括 2 亚目 4 科 19 属,约 50 余种,目前在水产动物及河蟹上主要为红螺菌一类。

光合细菌在无氧条件下,能利用硫化氢、硫代硫酸盐、分子氢或其他还原剂作为氢体,固定二氧化碳,进行光合作用。对水产动物和河蟹具有改善水质,营造良好水生态环境,防治疾病。或直接作为饵料添加剂及虾蟹幼体的饵料。

光合细菌一般可采用全池泼洒,内服、浸洗等方法,作为防治水产动物、河蟹疾病及改良水质的药物。

(6)其他有机类药物

①新洁尔灭　又称溴苄烷胺。为无色或淡黄色液体,有芳香,味极苦,易溶于水或乙醇等有机溶剂。药液渗透力强,作用迅速,对革兰氏阳性、阴性菌及霉菌的杀伤力强。在水产

动物和河蟹疾病上主要是杀灭聚缩虫。使用方法为全池泼洒和浸洗。

②**福尔马林** 为36%～38%的甲醛溶液,化学名HCHO。易挥发,有强烈的刺激味和杀菌作用。高浓度的福尔马林能使蛋白质迅速沉淀,故常作为生物组织或整体的常用固定剂。在水产动物或河蟹上常用浸洗法或全池泼洒法防治疾病。

二、常见河蟹疾病的防治

(一)生物体感染及寄生性疾病

颤 抖 病

(1)病原体及症状 颤抖病又称抖抖病、抖肢病。该病以前认为是营养不良,饵料配方不全,代谢失调所引起。后认为是细菌性弧菌病,患病蟹常伴有腹水病。最近该病初步断定为病毒性疾病,由小核糖核酸病毒所引起。病毒无囊膜,直径28～32毫微米,为小球状病毒粒子。如经人工注射病蟹的除菌组织浆上清液于健康蟹,可出现与自然发病的蟹完全类似的症状,表明病蟹中的小核糖核酸病毒确为颤抖病的病毒(图7-1)。

病蟹发病初期行动缓慢,常头部向着池边,附肢不断抽搐,摄食量减少,肠道常无食物。手捕病蟹挣扎能力弱,继之附肢抖动,附肢和体躯蜷曲。如离水将病蟹腹部向上,翻正复位的能力很弱。有时病蟹口吐泡沫,步足和头胸部收拢,或撑足着地抖缩,故又称弯爪病、环腿病。

对病蟹作一般镜检,无或很少有寄生性病原菌,后期病蟹常现腹水。心脏水肿,鳃、肝胰脏、肠道细胞常坏死,鳃丝发

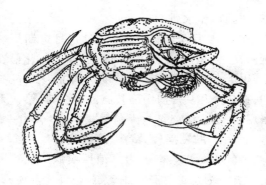

图7-1 河蟹颤抖病

黑,鳃膜肿胀,不久即死亡。

(2)流行情况 为严重影响河蟹存活率,且死亡率极高的疾病。上海地区1995年首先在崇明县出现该病。1997年和1998年仅江苏省南通地区发病面积达3 000～10 000公顷,发病率和死亡率有逐年上升的迹象。目前主要流行地区为江苏、浙江、安徽、上海等省、市。病蟹死亡率可高达30%～100%,流行季节4～10月份,高峰期7～9月份,危害对象从蟹种到商品蟹均有发生,从开始发病到濒死仅2～3天。

(3)防治方法

第一,合理放养,合理投饵,避免过高的放养密度,并采用饵料配方合理的饵料投饲。日投饵率制定适当,全年的投饵率从春季3～6月份控制在占体重的0.5%～3.5%,6～10月份为35%逐渐下降到1%。

第二,营造良好的生态环境。放养前彻底清塘,每667平方米投放250～500千克的螺蚬类。蟹塘中央区栽种苦草等沉水植物或水稻等挺水植物,并移栽漂浮植物水花生等。使水面覆盖率达50%左右。高温季节每周交换水1～2次,控制水质败坏,达到净化水质的目的。

第三,在 7~9 月份发病高峰季节,每月定期用二氧化氯全池泼洒一次,使浓度达到 0.5 ppm,或和二氧化氯交替使用每月 1 次,用生石灰全池泼洒使浓度达到 15~20 ppm 浓度。

第四,在 7 月和 9 月初用磺胺脒配制药饵,第一天按每 10 千克河蟹用药 1 克,第二至六天药量减半。6 天为一疗程。

肤霉病(水霉病、腐肢病)

(1)病原体及症状　本病为真菌性疾病。在我国水产动物上常见的真菌为水霉、绵霉、细囊霉、丝囊霉和腐霉等五类。感染河蟹外骨骼部位的为哪一类真菌尚无报道。病蟹被真菌感染后行动迟缓,躯体消瘦,体表及附肢伤口处腐烂,菌丝体侵入伤口。霉菌的动孢子从伤口吸取外骨骼(头胸甲或附肢)下方基质细胞或肌肉组织中的养料,并迅速增长成白色菌丝体,吸收营养向外生长,最终使水产动物及河蟹消瘦致死。

(2)流行状况　冬、春两季为发病季节,主要危害对象为蟹种和亲蟹。对饲养的后期商品蟹危害不甚严重。流行季节如发生在蟹种运输前的捕捞暂养阶段,可使蟹种在放养后因蜕壳困难而中途夭亡,饲养存活率下降。如在亲蟹阶段因捕捞和交配繁衍过程受伤将使蟹体和蟹卵长毛。

(3)防治方法

第一,在放养蟹种或亲蟹捕捉暂养时必须小心,暂养时间一般不应超过 3 天。运输蟹种或亲蟹时间最好在隆冬或早春河蟹还处在越冬的蛰伏阶段,运输时的包装必须扎紧,不能让蟹种或亲蟹自由爬动,以免损伤头胸甲外壳或足尖。更不能伤及基质及肌肉细胞处,以防水霉菌感染。

第二,蟹种或亲蟹在放养前用 10 ppm 浓度的孔雀石绿(或品绿、碱性绿)浸洗 10~30 分钟,或全池泼洒使池水达到

0.25×10^{-6} 的浓度。

第三,用盐度为 $30 \sim 50(3\% \sim 5\%)$ 的食盐水浸洗病蟹 5 分钟,如为亲蟹可并用 5% 的碘酊涂抹亲蟹患处。

第四,用中药提取物水霉净 50 ppm 的药液,在水温 $10°C \sim 15°C$ 时浸洗 20 分钟,或全池泼洒 $1 \sim 3$ 次,每次使池水达到 0.15 ppm 的浓度。

链壶菌病(着毛病)

(1)病原体及症状 本病为真菌感染引起的蟹病。菌丝分枝,无隔膜。菌丝体的一部分可形成游动孢子,其释放出的游动孢子,在水中游泳遇到河蟹幼体或卵子时就固着其上,并向内伸出发芽管,发芽管内再分出菌丝。被链壶菌感染的蟹卵呈褐色或黑色,感染后的卵不能孵出蚤状幼体。幼体感染后呈棉花状,活动能力下降或停止,幼体最终死亡。镜检幼体时全身均着菌丝体。

感染该种菌丝体的河蟹,其鳃和脐上的毛具棉花状菌丝体。背甲略呈黑色,摄食量少,肠和胃空。病蟹行动迟缓,捕捉后不久(2~3小时)陆续死亡。发病原因主要是水质败坏和饲养管理不善。

(2)流行季节 从冬季到早春季节均可流行。初夏当连续数天平均水温在 25°C 以上时,此病可自行消失。该病传播速度很快,危害大。若在育苗池中发生此病,通常 24 ~ 48 小时可使幼体大量死亡。主要危害对象为河蟹的卵和蚤状幼体。

(3)防治方法

第一,更换池水,对育苗池水进行消毒处理。

第二,二氧化氯全池泼洒。预防时全池泼洒,每 667 平方米 100 ~ 125 克。治疗时全池泼药,每 667 平方米 250 克。连续 3 天为一疗程,即治疗时全池泼洒用药量加倍,使池水连续

3 天达到 0.3~0.4 ppm 的浓度。

第三,全池泼洒生石灰,使浓度达到 15~20 ppm。

第四,孔雀石绿全池泼洒,使池水达到 0.6~1ppm 的浓度。

第五,因链壶菌在密集条件下传染速度较快,治疗较难,如抱卵亲蟹一旦出现此病应将病蟹剔除。

蚤状幼体暴发性疾病

(1)病原体及症状 幼体为球状或杆状细菌所感染,并以复眼部位居多。患病的蚤状幼体摄食减少或不进食,胃肠中空,无粪便排出。发育变态中止,之后腹部伸直,幼体变白死亡。

(2)流行状况 各期蚤状幼体都可发病,其流行季节为 4~6 月份。病因为细菌性球状、杆状菌引起,但也与育苗池水质恶化,水中氨氮、亚硝酸氮上升,硫化氢的出现有关,因此水质败坏为其诱发原因。一般死亡率可达 30%~50%,严重时可达 100%。主要危害对象为人工育苗池内的蚤状幼体。

(3)防治方法

第一,注意改善水质条件,多换水。控制育苗密度在20~30 万只/米²。

第二,育苗用工具均需经过 50 ppm 浓度的漂白粉液浸洗消毒。

第三,把土霉素捣碎,将药液配成 0.5 ppm 的浓度,作药物预防,2 天 1 次全池泼洒。

第四,发现此病后用土霉素、青霉素作全池泼洒,使土霉素池水浓度达到 2~3 ppm,或氯霉素池水浓度达 1~1.5 ppm,每日 1 次,3 天为一疗程。

第五,在幼体患病用药期间,适当减少日投饵量。

肠 胃 炎

（1）病原体及症状　本病属细菌性疾病。在鱼病上为点状产气单孢杆菌。菌体杆状，两端圆形，多数两个相连，芽孢极端单鞭毛，染色为革兰氏阴性菌。在河蟹体上病原体尚未确定是否与水生鱼类同属同种，但已见有类似的疾病。病蟹肠道发炎，多粘液，胃和肠中空，常不摄食，肛门红肿。病蟹离群独居，口吐黄水，解剖后轻压胃肠，黄色粘液从肛门流出，不久病蟹即死亡。

（2）流行状况　从冬季蟹种到商品蟹均可生此病，主要发病季节为 5～9 月份，并尤以 7～8 月份为高峰季节，死亡率较大。

（3）防治方法

第一，按"四定"、"四消"投饵，抓好日常管理。

第二，将大蒜配置在食饵内，用量每 50 千克河蟹放大蒜 1 千克，第二至六天药量减半。6 天为一疗程。治疗前先停食 1～2 天，这样治疗效果较好。

第三，用磺胺脒每 50 千克河蟹第一天放药物 5 克，第二至六天药量减半。使用时将磺胺脒拌入饵料内，做成沉性药饵，连续投喂。6 天为一疗程，用于防或治均可。其基本饵料的蛋白质含量为 30%～35%，饵料中无机盐含量不少于 2%，各种维生素总含量不少于 1‰。具体配方可参见以上有关章节中食用饵料的配置。

菱形海发藻病

（1）病原体及症状　病原体为菱形海发藻，属硅藻目。细胞以胶质连成群体状，壳面呈狭棒状，细胞宽 5～6 微米，长 28～32 微米。一旦附生在蚤状幼体时，能大量繁殖，引起幼体粘液增多，自重增大，幼体烦躁不安，不能正常摄食，不久相继死亡。

（2）流行状况　主要危及蚤状幼体，为育苗生产上常见的严重疾病之一。

（3）防治方法

第一，福尔马林全池泼洒，使池水达到 15～20 ppm 的浓度。或用 100～250 ppm 药液浸洗半小时杀灭藻类。

第二，以 0.1％新洁尔灭和 5～10 ppm 高锰酸钾溶液浸洗10～20 分钟。

第三，用生石灰全池泼洒，使池水浓度达到 20～40 ppm的浓度，可抑制藻类繁生。

青泥苔裹着病

（1）病原体及症状　由水棉、双星藻、转板藻和水网藻等丝网状藻类裹着所引起，蟹农俗称青泥苔（图 7-2）。青泥苔在春季随水温上升而开始萌发，长成一簇簇绒毛状或丝状团矗立水中，衰老后成一团团乱丝浮于水面，因其行裂殖生殖，故通常越捞越多。青泥苔对仔幼蟹（豆蟹）的危害主要是钻入后不易爬出，往往被乱丝缠住而死亡。所以严格地说它是一种生物敌害，常和其他绿藻类一起缠绕和附着在商品蟹未成熟阶段的头胸甲背部，使幼蟹满身裹着各种藻类，影响活动、爬行和摄食。所以在蟹病上把它列为固着类疾病或敌害。

（2）流行情况　晚春 5 月份至夏季 9 月份，主要危害对象为豆蟹和蟹种及商品蟹养殖过程中未成年的幼蟹（黄蟹）。

（3）防治方法

第一，用生石灰彻底清塘（方法和药物用量参考以上章节）。

第二，用扑草净除草剂全池泼洒，使池水浓度达到 0.4 ppm，或用硫酸铜全池泼洒，使浓度达到 0.7 ppm 浓度，或上述浓度合并联合使用。

第三,用0.4～0.7克/升扑草净或硫酸铜溶液拌和黄沙、湿泥,直接泼撒在青泥苔上,使它既被毒灭又因得不到阳光而死亡。

拟阿脑虫病

(1)病原体及症状　本病为拟阿脑虫寄生所引起。该虫属原生动物的纤毛虫类,但也可在有机物中兼营腐生生活。自然分布广,生活在半咸水中,从受伤的伤口进入蟹体才从腐生生活转为寄生生活,在血液淋巴中以裂殖方式迅速繁殖。虫体形态略呈瓜子形,前端尖,具

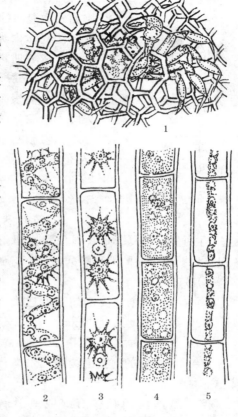

图7-2　青泥苔(仿)

1. 水网藻和被网住的蟹种　2. 水绵
3. 双星藻　4. 转板藻　5. 转板藻侧面观

1个孢口,核大而位于中部。后端圆钝,具1伸缩胞和1根鞭毛,周身被纤毛,虫体长40微米,宽15毫米(图7-3)。

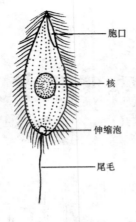

胞口

核

伸缩泡

尾毛

**图 7-3 拟阿脑虫形态
示意图(仿)**

病原体在河蟹体内吞食血细胞,使患病后期的河蟹失去血蓝细胞而成为混浊的乳白色血液。由于虫体在蟹体内大量消耗养料,钻入后吞食造成肌肉疏松,最后蟹体因呼吸和循环系统的受害而导致死亡。死亡前表现为鳃组织破坏,丧失呼吸功能,血细胞大量减少。

拟阿脑虫在 25℃ 以上不能生存,但它对盐度的适应性很强,在盐度 30~50(3%~5%)的条件下均能正常生活。

(2)流行状况 主要流行季节在冬、春两季到初夏。危害对象为抱卵亲蟹。因此是河蟹越冬和交配繁殖阶段的严重疾病,感染率高、死亡率大。

(3)防治方法

第一,漂白粉全池泼洒使浓度达到 1ppm,或用生石灰全池泼洒,使池水浓度达到 20ppm。

第二,亲蟹放养入池前用 250 ppm 浓度的福尔马林浸洗 3~5 分钟,入池后的河蟹继续用福尔马林全池泼洒使浓度达到 25ppm。

第三,全池泼洒孔雀石绿或一般碱性绿,使池水达到 0.2ppm,或用呋喃西林使浓度达到 1ppm,隔天 1 次,连续 3 次(5 天)为一疗程。

第四,在室内饲养池升高水温到 23℃~25℃,并维持 3 天,或再结合药液处理可提高治疗效果。其中升温效果虽明显,但要掌握得当,必须慎重考虑胚胎发育的进程,不使发育速度过快而促使幼体畸形率出现上升。

聚缩虫病

（1）病原体及症状 聚缩虫（*Zoothamnium*）属原生动物门，纤毛虫纲，缘毛目，钟形虫科。聚缩虫是河蟹蚤状幼体阶段主要的疾病之一。虫体呈树枝状，根部寄生于蚤状幼体的头胸部及腹部基部（图 7-4）。感染强度 1 ~ 5 个，造成体质消

图 7-4 聚缩虫附生于蚤状幼体（仿）

瘦，蜕壳变态困难，不久幼体即死亡。蚤状幼体被聚缩虫感染时，在幼体集群状态下外观呈乳白色群状，在水流缓慢或充气不足的育苗池或静水中用网箱孵育时更易发生此病。与聚缩

虫一起固着在河蟹抱卵蟹及蚤状幼体上的固着纤毛类还有钟形虫、单缩虫和累枝虫等。

(2)流行季节　主要危害对象为各期蚤状幼体和大眼幼体,并尤以蚤状幼体为主。主要流行季节为4～6月份的河蟹育苗阶段,在低盐度、高密度、水流不畅,充气不足,水质欠良的生态环境中更易发生。

薮枝虫病

(1)病原体及症状　病原体属腔肠动物门的水螅虫纲,由薮枝螅寄生所引起。虫体群体状态如树状植物,可分根、茎、枝三部分,分别称为螅根、螅茎和螅枝。枝端生二种不同的个体,其形态及生理各不相同。一为营养体,称水螅体,有很多中实的触手、口和垂唇,内为消化腔,其肠道和一般的水螅无异。另为生殖体,无触手等构造,中具子茎。子茎上细胞由无性生殖产生多数水母芽,水母芽发生为游离子水母。薮枝虫的生活史由无性世代和有性世代所组成。通常它们着生在码头的石柱或其他物体上,是螅虫纲中一体两形的代表种(图7-5)。

薮枝虫水母成熟后脱离母群体,在海中自由生活。水母为有性生殖的个体,有触手、缘膜、口垂管、消化腔、水管系等构造,全体呈伞形,与普通的水螅水母相同。卵受精后卵裂成为多细胞体,形成二胚层的原肠胚,后即变成具纤毛的浮浪幼虫,随海水浮游,附生在如河蟹头胸甲或其他贝介类及码头石柱上,变态而成薮枝螅(虫)。其中浮浪幼虫和水螅体为无性世代,水母则为有性世代。因此固着在河蟹头胸甲两侧的为无性世代的薮枝螅(虫)体,多为自然繁殖的河蟹种群在繁殖后因固着生活在河口浅滩时,由浮浪幼虫产生触手固着后而成为的水螅体,再演变成一体两形的树枝状群体。

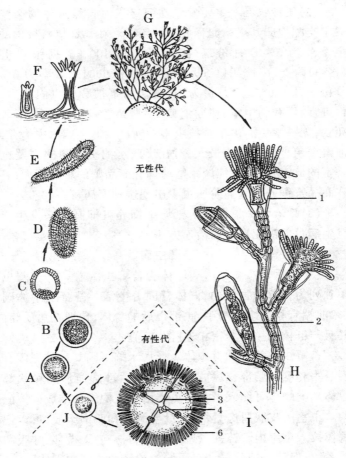

图7-5 薮枝螅生活史的图解

A~H. 示无性代各期　I, J. 有性代及配子　A. 合子　B. 囊胚期　C. 原肠
胚期　D. 原肠期　E. 浮浪幼虫　F. 幼虫固着物上,发生触手等,成一水螅
体　G. 薮枝螅成体　H.(同物)一部分放大,示水螅体(1)和水母体(2)
I. 水母及示辐管(3)、垂唇(4)、生殖腺(5)、触手(6)　J. 精子、卵子

（2）流行状况　主要发生在河口浅海自然水体的亲蟹经人工交配抱卵其受精卵释放后的阶段。在长江口簇枝虫的附生季节为 5～6 月份，感染率可高达 100%。据张列士等（1973）调查，在长江口 5 月份河蟹簇枝虫的感染率为 0%，6 月份上升达 68%，7 月份为 100%。河蟹被簇枝虫固着后，不再进食，胃和肠中空，体弱消瘦，手握亲蟹，附肢下垂，不久即死亡，无一幸免。由于簇枝虫多在河口浅海半咸水中生存，对河蟹繁殖种群的影响虽大，对在半咸水池中繁殖的河蟹也有一定的危害，但对在纯淡水蟹塘饲养商品蟹的影响不大，一般在商品蟹饲养和起捕阶段很少出现这种疾病。

（3）防治方法　在淡水蟹塘中饲养可抑制此病发生。一旦生病目前尚无良好的治疗方法。

苔藓虫病

（1）病原体及症状　病原体为苔藓虫附着。对苔藓虫有单独列为苔藓动物门的，群体营固着生活。苔藓虫个体圆柱形，前端有相当多的触手，头部以后的身体，包埋在角质膜内，并且与群体的主干紧密相连（图 7-6）。

苔藓虫头部常称类蜈体。形如水蜈。因其口的周围有一圈触手和咽及肠部，故称类蜈体。其后部圆筒形的囊状部为虫体。类蜈体可缩入虫室。虫室由体壁构成连结成群体的骨架。虫室的皮肤肌肉囊由上皮、合胞体和肌肉组成，可以把类蜈体拉入虫室内。苔藓虫属二胚层动物，尚无循环、呼吸和排泄系统，但已有消化、生殖、原始的神经系统和次级体腔。

苔藓虫受精卵发育最初在体腔内通过，然后落入水中成为幼虫，其形态类似担轮幼虫。幼虫在水中游泳若干时间后沉入水底，固着在软体动物（包括河蟹等甲壳动物外骨骼）及石柱和礁石上。河蟹在自然条件下繁殖后的种群体质衰弱，

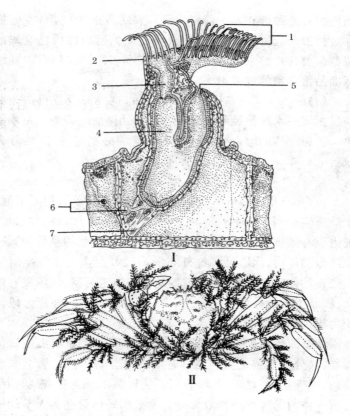

图 7-6 苔藓虫

Ⅰ.苔藓虫的解剖(模式图)(仿) Ⅱ.苔藓虫寄生蟹体(苔藓虫病)

1.触手 2.有触手之触冠 3.咽 4.中肠 5.肛门

6.胃绪中的生殖胞 7.类蜓体之缩肌

在河口一带栖息时其头胸甲两侧常为苔藓动物所寄生,并吸取其营养,不久即死亡于河口浅滩。

(2)流行状况 流行季节为 4~6 月份。主要危害繁殖后的河蟹自然种群和人工繁育后已释放受精卵后的亲体。它们和薮枝虫一起寄生在蟹体上,成为产卵繁殖后体质已衰竭的成群亲蟹死亡的主要原因之一,感染率很高。此病对内陆地区商品蟹养殖的危害不大。

(3)防治方法　在内陆地区用淡水饲养商品蟹可防止此病发生。要求亲蟹经人工繁殖在释放幼体后立即进入市场销售。已患此病的综合征是河蟹老死前的必然途径,无治疗良法。

蟹 奴 病

(1)病原体及症状　本病是由蔓足类的蟹奴寄生所引起。蟹奴寄生在河蟹腹甲的基部,为无节、无附肢、无口的瘤状物,囊内仅有雌雄生殖腺及外套腔(图 7-7),以根状物蔓延伸入宿主河蟹的体内,除心脏和鳃外布满附肢和肌肉。如寄生时河蟹处在幼体阶段,被寄生上蟹奴幼体的宿主河蟹,性腺发育停滞,腹脐生长的外形发生变态,常成为发育不良、外观为雌但实为雄性的两性蟹。

在蟹奴生活史未了解前,因寄生物形态犹如吸虫或软体动物,其分类地位无从确定。后从发生上始知该虫属节肢动物门,甲壳纲,蔓足亚纲,根首目。为以其根部为首,根状物蔓延宿主体内的蔓足类蟹奴无异。蟹奴的幼体最初为无节幼体(六肢幼虫),有三对附肢、眼和触手。经变态后成自由生活的腺介幼虫(金星幼虫),它们一旦附着在河蟹(或其他蟹类)的腹部时,即用其前触角(触手)钻入宿主腹部,然后将附肢、双瓣壳丢弃脱落,只留一团细胞和生殖腺在外,从触角处凿成通道侵入河蟹体内,由蟹的血流带至头胸部和附肢内,并生出许多树枝状根状物,分布体壁及除心脏和鳃以外的诸多内脏器官,而让寄生虫留在体外变成内无消化道而仅具精巢、卵巢、

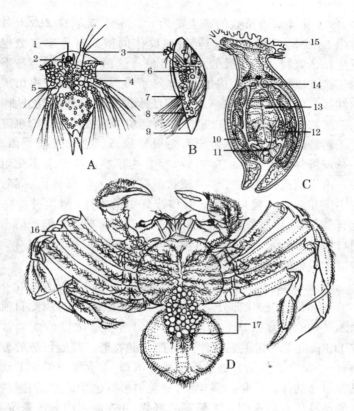

图7-7 蟹 奴

A. 无节幼虫 B. 腺介虫期 C. 成年期纵切面 D. 被害之蟹

1. 眼 2. 触手 3~5. 附肢 6. 未分化细胞 7. 胸肢 8. 腹部
9. 壳 10. 神经节 11. 外套深处之卵块 12. 副生殖腺 13. 卵块
14. 精巢 15. 根状突起 16. 根状物 17. 蟹奴

生殖腔和外套等构造的囊状物。

(2)流行状况　主要危害交配抱卵后已释放卵的雌性亲蟹。据张列士(1988)报道,在长江口繁殖后的河蟹自然种群中,1972年4月份蟹奴的寄生率为0%,5月份为27.7%,6月份为66.6%。河蟹人工饲养繁殖群体的蟹奴寄生率多数也发生在亲蟹释放卵子后的4~6月份。这两类河蟹种群被寄生了蟹奴以后,因已是成蟹,其体形不再改变,也不会再出现两性蟹。但后者的寄生率远低于自然状态的河蟹繁群,从而表明蟹奴幼体的腺介幼虫可能在河蟹幼体或成体阶段均可寄生入河蟹体内。在幼体阶段寄生可导致河蟹性腺发育受阻,而在成蟹排卵后寄生入体内,河蟹的性腺发育及形态不受阻碍。由于蟹奴以根代首作树枝状分枝可深入河蟹体内,固着的牢度非常大。蟹奴、薮枝虫和苔藓虫的寄生、附生并发一起,使繁殖后体质衰弱的河蟹种群雪上加霜,导致它们产后在河口浅海必死无疑。蟹奴的感染强度为1~10个。该病对一般淡水成蟹养殖危害不大。

(3)防治方法　由于寄生的蟹奴着生牢固,而仅为蟹奴身体的一部分,其根状部分早已伸入河蟹全身各部位,因此目前尚无良好的治疗方法。但用41.6~83.3 ppm浓度的烟丝汁或110 ppm苦楝树煎煮取汁饲养有一定效果。其他预防的方法有:一是在亲蟹培育池放养前彻底清塘,杀灭蟹奴的无节幼虫和腺介幼体。二是加强检疫,避免被蟹奴感染的蟹苗、蟹种作为亲蟹培育。选用人工繁育的蟹苗,并在淡水中饲养蟹苗、蟹种和商品蟹。

(二)生物敌害

1.病因和症状

由河蟹及其幼体的敌害生物侵袭而引起,两者之间不存在寄生和被寄生关系,而存在侵害、吞食和被侵害、被吞食的关系。主要的敌害有浮游植物中的湖靛,浮游动物中的剑水蚤,水生昆虫中的水蜈蚣、龙虱幼虫、田鳖、红娘华、中华水斧、松藻虫、淡水螯虾(克氏原螯虾)及脊椎动物中的凶猛鱼类(如鳜、黄颡鱼、黄鳝、黑鱼等),两栖类中的青蛙,爬行类中的甲鱼、水蛇和鸟类中的鸬鹚、苍鹭、池鹭等(图7-8)。

2. 危害状况

主要危害蚤状幼体、大眼幼体、蟹种及商品蟹饲养初期的未成年蟹阶段。

3. 防治方法

第一,用生石灰、漂白粉、氨水等彻底清塘。

第二,饲养期间每日早晚频繁巡塘,如发现有敌害用叉刺、网捞、地笼捕捉等方法清除敌害。

第三,进水时用密眼金属网或聚乙烯网片包扎进出水口,达到既防逃又不使敌害生物侵入的目的。

第四,投放或移栽水生作物时用高浓度(100 ppm)漂白粉等药液浸泡水草后再投入饲养塘。

第五,用稻草人、枪、土砲等吓唬、攻击鸟类。

第六,设置隐蔽场,改进河蟹蜕壳和栖息环境。

(三)营养性疾病

由营养不良、饥饿或饵料中长期缺乏某些维生素、无机盐所引起。主要的种类有下列几种。

跑马病

(1)病因及症状　常出现在蟹苗下塘的 1~3 天内,由缺乏适口饵料或营养不良所引起。表现症状为蟹苗沿着蟹塘边四周游动,如适口饵料跟不上在 2~3 天中蟹苗即死亡。

(2)流行状况　常发生在水质未经培育的蟹塘,主要发生在 4~6 月份大眼幼体的下塘阶段。

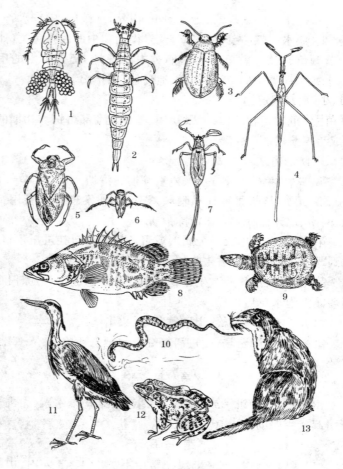

图7-8　河蟹的常见敌害

1.桡足类　2.水蜈蚣　3.龙虱幼虫　4.中华水斧　5.田鳖

6.松藻虫　7.红娘华　8.鳜鱼　9.甲鱼　10.水蛇

11.水鸟　12.青蛙　13.水獭

(3)防治方法

第一,蟹苗放养前先施基肥培育水质,使池中自然饵料生物繁茂。

第二,蟹苗下塘后立即投喂蛋黄粒、蛋羹、豆腐浆、豆饼粉、小杂鱼制成的鱼糜和配合饵料的粉碎料等。日投饵率从蟹苗下塘时占体重的100%到30天第五期幼蟹时日投饵率分别下降到占体重的70%,40%,30%,20%和10%。投饵率每5天调低一次,在第五期幼蟹存活率相应分别为80%,60%,50%,40%和30%估算。

萎瘪病

(1)症状及病因 蟹种培育和商品蟹饲养阶段都可能发生,但主要由饲养专业户或商家饵料配方制定不良和投饵率过低或停食过长所引起。尤其是在蟹种培育阶段,许多养蟹专业户怕营养过剩而使当年幼蟹性成熟率出现过高而停止给食。病蟹表现为体质弱,形态消瘦,壳长和体厚比例失调,爬行无力,翻动和复位能力差等症状。

(2)流行状况 蟹种发病季节为每年5～10月份的夏、秋季节。商品蟹养殖全年此病均可发生。

(3)防治方法

第一,适当增加日投饵率,在长江流域3～7月份日投饵率为1%～4%,上半年逐旬增加投饵率;7～10月份日投饵率为4%～2%,逐旬减少投饵率,但给食量在白露之前可保持不变,白露之后给食率和给食量均应逐旬减少。

第二,各饲养对象在不同发育阶段按需调整饵料配方。无论商品蟹或蟹种培育均可采用中期粗和青,前后期两头足和精的饵料配选方式。

营养素缺乏症

(1)病因和症状　由饵料配方不合理所引起。通常表现为饵料中的蛋白质含量过低和营养配比不平衡。如脂肪、淀粉过高引起的脂肪肝、性早熟、生长不良、饵料系数过高等营养性疾病或障碍。同时由于维生素、无机盐不足引起缺乏微量元素的专一性疾病。即蟹苗、蟹种放养后的前期和后期投个饵的量要足,饵料质量要精,但在饲养中期投饵数量要控制,质量要粗,并多用青饲料。

(2)流行状况　高密度饲养条件下用不全价配合饵料喂养的部分地区。主要危害对象为商品蟹。

(3)防治方法　正确配制营养全面配组合理的饵料。在不清楚合理饵料配方的情况下,可以将配合饵料作为基础,再添加一定量的杂食性自然饵料,如小杂鱼、螺蚬类、水草和各类植物等,投喂时饵料原料需按上述有关章节提示作出折算,合理投饵。

蜕壳未遂病

(1)病因及症状　由于饵料中缺乏钙、磷等矿物质所引起。隔年老"绿蟹"第二年春季在淡水湖泊中迷途失返,不能回归到河口浅海抱卵繁殖也能引起此病发生。病蟹在蜕壳过程中需要大量的钙和磷无法得到满足,或河蟹蜕壳前盐分浓度的积累不够,难以借体内外溶液的渗透压差帮助蜕壳过程的完成。此时病蟹在头胸甲后缘与腹甲交界处虽已出现裂缝,但未能诱导完成整个蜕壳过程而胀死。患此病的河蟹一般周身发黑,后缘肥大,解剖后其三角膜或围心腔常水肿。如是性腺业已成熟年后晚春的淡水湖泊蟹,此时生殖腺常肿胀自溶。

(2)流行状况　每年4～10月份,从蟹种到商品蟹完成成熟蜕壳前的未成年蟹(黄蟹)均有发生。

(3)防治方法

第一,增加钙、磷元素,每月全池泼洒生石灰 1 次,使浓度达到 10~20ppm。

第二,提高饵料质量,在饵料中添加 1‰~2‰的蜕壳素或 2%的碳酸钙盐,或 1%~2%的贝壳粉、骨粉、鸡蛋壳等。

第三,改善和营造水草丛生的生态环境,增设攀附物和隐蔽设施等易使河蟹蜕壳生长的环境。

主要参考资料

1 堵南山,赵乃刚等.河蟹的人工繁殖与增养殖(第一、二章).安徽科学技术出版社,1988.1~55页

2 沈嘉瑞,刘瑞玉.我国的虾蟹.科学普及出版社,1965.80~82页

3 邱涛等.RAPD方法对中华绒螯蟹长江、辽河、瓯江三群体的遗传多样性分析.淡水渔业.1997(5):3~6

4 陈义.无脊椎动物学(节肢动物).商务印书馆,1960.199~209页

5 周炳元,程崇亮.瓯江河蟹资源的可行性探讨.浙江水产学院学报.1988(2):139~144

6 Clarke(杨思谅等译).节肢动物生物学.科学出版社,1985.24~96,165~180页

7 赵乃刚,张列士等.河蟹的人工繁殖和增养殖(第三、四章).安徽科学技术出版社,1988.56~121页

8 张列士等.长江口河蟹繁殖场环境调查.水产科技情报.1988(1):3~8

9 宋卫红等.长江口水质环境对河蟹苗资源的影响.水产科技情报.1987(2):21~22

10 张列士等.河蟹生活史的研究及蟹苗的捕捞.水产科技情报.1972(2):5~21

11 张列士等.河蟹生态生活史.上海市水产研究所报告(所庆十周年特刊).1989.26~37页

12 戴祥庆等.河蟹养殖新技术.上海科普出版社,1999.1~67,114~137页

13 徐生俊等.中华绒螯蟹胃、肠及肝胰脏蛋白酶初探.水产科技情报.1993(5):196~199

14 罗荣生(译).甲壳纲动物的蜕皮.水产科技情报.1989(6):186~189

15 罗荣生(译).甲壳动物激素.水产科技情报.1993(1)88~90

16 姜仁良等.虾、蟹类的蜕壳和生长.水产科技情报.1993(1):

55~57

17 何林岗(译).中华绒螯蟹的受精.水产科技情报.1991(1): 91~94

18 堵南山.中华绒螯蟹的受精.水产科技情报.1998(1):9~13

19 陈吉余等.上海市海岸带和海涂资源综合调查报告(第八章 海洋生物).上海科学技术出版社,1988.125~133页

20 张列士等.长江口中华绒螯蟹蟹苗汛期预报的研究.上海市 水产研究所研究报告(建所20周年特刊).1988.182~190页

21 张列士等.长江口中华绒螯蟹蟹苗资源预报方法的研究.上 海市水产研究所报告(建所20周年特刊).1988.170~181页

22 张列士等.长江口中华绒螯蟹(*Zriocleir Senensis*)及蟹苗资源变 动的研究.上海市水产研究所研究报告.1989.1~14页

23 华东师范大学等.动物生态学(种群生态学).人民教育出版 社,1981.115~136页

24 许步劭,何林岗.河蟹养殖技术.金盾出版社,1987.1~50, 68~102页

25 顾新根等.长江口羽状锋海区浮游植物的生态研究.华东师 范大学学报.1995.147~159页

26 朱文祥等.河蟹低盐度人工育苗试验.水产科技情报.1992 (4):111~112

27 刘学军等.河蟹离体卵人工孵化试验.淡水渔业.1994(6): 34~35

28 赵乃刚,包祥生等.河蟹的人工繁殖与增养殖(第五~八章). 安徽科学技术出版社,1988.122~228页

29 张列士等.河蟹幼体发育形态的研究.上海市水产研究所(内 部资料).1973.1~20页

30 刘修业等.河蟹苗期微粒饲料在生产上的应用.淡水渔 业.1990(5):6~8

31 湛江水产专科学校.海洋饵料生物培养.农业出版社, 1980.95~161页

32 浙江省淡水水产研究所.河蟹人工繁殖中试报告.1980.3~17 页

33 洪桂善．中华绒螯蟹在珠江流域繁殖．水产科技情报．1992 (2):56

34 张萍等．河蟹的营养需求与营养生理研究进展．水产养殖．1996(2):22~24

35 王云龙．苏南沿海河蟹种类组成的初步调查．水产科技情报．1997(1):41~42

36 方于人等．网箱育成Ⅱ~Ⅲ期仔蟹的试验报告．水产科技情报．1988(6):13~14

37 邵贻钧．几种养蟹防逃设施效果的比较．水产科技情报．1997 (2):70~72

38 叶奕佐．沼虾、河蟹对栖息隐蔽物的选择性．水产科技情况．1995(6):243~249

39 姜连锋．稻田栽插干草培育仔蟹试验．水产科技情报．1997 (6):268~269

40 陈要武等．利用网箱培育仔蟹和水泥池培育仔蟹试验．水产科技情报．1989(3):87~89

41 刘学军等．人工配合饵料养殖河蟹高产技术试验．淡水渔业．1990(5):20~22

42 宋长大．大面积塘口鱼蟹混养经验．科学养鱼．1995(2):28

43 钱枫仪．池塘虾、蟹、鱼混养技术．水产养殖．1996(4):10~11

44 丁文玲．幼蟹养成试验．科学养鱼．1995(12):37~38

45 林立彬等．池塘幼蟹当年养成商品蟹技术．水产养殖．1998 (3):13~14

46 曹福根．蟹虾混养技术效果初探．科学养鱼．1995(6):10

47 陆桂娟等．阳澄湖东湖河蟹增养殖效果．淡水渔业．1990(6):27~29

48 曹正光．淡水养鱼高产新技术（第七章）．金盾出版社，1989.189~209页

49 汪铭芳．淡水养鱼高产新技术（第十一章）．金盾出版社，1989.314~332页

50 李勤福等．湖泊围栏蟹鱼混养技术．淡水渔业．1994(5):30~31

51 朱双喜.湖泊围栏蟹鱼混养技术.淡水渔业.1993(4):43～44

52 李海峰等.稻虾鱼蟹联作的稻田养鱼效益.水产养殖.1997(1):4～5

53 李成之,陈文生.蟹鱼稻综合养殖和种植技术.水产养殖.1996(1):15～16

54 李瑞富等.稻田养鱼灭蚊与农村经济发展的研究.广西农学院.1988(4):8

55 徐增洪等.河蟹配合饵料添加诱食剂的研究.淡水渔业.1997(2):16～17

56 陈立侨.中华绒螯蟹蟹种配饵中豆饼替代部分鱼粉的适宜含量.水产学报.1994(1):24～31

57 杨先乐.河蟹的主要疾病及其防治.水产科技情报.1998(1):40～41

58 杨先乐.河蟹的主要疾病及其防治.水产科技情报.1998(3):133～135

59 阎斌伦.河蟹抱卵亲体纤毛虫病初报.水产科技情报.1998(1):17～19

60 肖前柱等(译).动物学教程(腔肠动物门、苔藓动物门).财政经济出版社,1955.228～240,446～451页

61 陈义.无脊椎动物学(腔肠动物门、节肢动物门、苔藓动物门).商务印书馆,1954.80～89,209～223,311～314页

62 何筱洁等.锯缘青蟹蟹奴病的研究.湛江水产学院学报.1992(2):41～45

63 杨先乐等.中华绒螯蟹"抖抖病"流行情况初步调查.水产科技情报.1998(6):278～283

64 潘连德.养殖河蟹"抖抖病"的病原检验与病理学初步研究.水产科技情报.1998(6):273～277

65 吴小琴.虾蟹病害逞凶狂.诚盼专家献良方.水产科技情报.1998(6):272～273

金盾版图书,科学实用,
通俗易懂,物美价廉,欢迎选购

鱼虾蟹饲料的配制及配方精选	8.50元	池塘成鱼养殖工培训教材	9.00元
水产活饵料培育新技术	12.00元	盐碱地区养鱼技术	16.00元
引进水产优良品种及养殖技术	14.50元	流水养鱼技术	5.00元
无公害水产品高效生产技术	8.50元	稻田养鱼虾蟹蛙贝技术	8.50元
淡水养鱼高产新技术（第二次修订版）	26.00元	网箱养鱼与围栏养鱼	7.00元
淡水养殖500问	23.00元	海水网箱养鱼	9.00元
淡水鱼繁殖工培训教材	9.00元	海洋贝类养殖新技术	11.00元
淡水鱼苗种培育工培训教材	9.00元	海水种养技术500问	20.00元
池塘养鱼高产技术（修订本）	3.20元	海水养殖鱼类疾病防治	15.00元
池塘鱼虾高产养殖技术	8.00元	海蜇增养殖技术	6.50元
池塘养鱼新技术	16.00元	海参海胆增养殖技术	10.00元
池塘养鱼实用技术	9.00元	大黄鱼养殖技术	8.50元
池塘养鱼与鱼病防治（修订版）	9.00元	牙鲆养殖技术	9.00元
		黄姑鱼养殖技术	10.00元
		鲽鳎鱼类养殖技术	9.50元
		海马养殖技术	6.00元
		银鱼移植与捕捞技术	2.50元
		鲶形目良种鱼养殖技术	7.00元
		黄鳝实用养殖技术	7.50元

以上图书由全国各地新华书店经销。凡向本社邮购图书或音像制品,可通过邮局汇款,在汇单"附言"栏填写所购书目,邮购图书均可享受9折优惠。购书30元(按打折后实款计算)以上的免收邮挂费,购书不足30元的按邮局资费标准收取3元挂号费,邮寄费由我社承担。邮购地址:北京市丰台区晓月中路29号,邮政编码:100072,联系人:金友,电话:(010)83210681、83210682、83219215、83219217(传真)。